소방관계법규
COMMENTARY OF FIRE PROTECTION LAWS

이 책은 소방사, 공무원 등의 자격시험을 준비하는 수험생들을 위해 만들었습니다. 자격시험은 수험 전략을 어떻게 짜느냐가 등락을 좌우합니다. 짧은 기간 내에 승부를 걸어야 하는 수험생들은 방대한 분량을 자신의 것으로 정리하고 이해해 나가는 과정에서 시간과 노력을 낭비하지 않도록 주의를 기울여야 합니다.

수험생들이 법령을 공부하는 데 조금이나마 시간을 줄이고 좀 더 학습에 집중할 수 있도록 본서는 다음과 같이 구성하였습니다.

첫째, 법률과 그 시행령 및 시행규칙, 그리고 부칙과 별표까지 자세하게 실었습니다.

둘째, 법 조항은 물론 그와 관련된 시행령과 시행규칙을 한눈에 알아볼 수 있도록 체계적으로 정리하였습니다.

셋째, 최근 법령까지 완벽하게 반영하여 별도로 찾거나 보완하는 번거로움을 줄였습니다.

모쪼록 이 책이 수업생 여러분에게 많은 도움이 되기를 바랍니다. 쉽지 않은 여건에서 시간을 쪼개어 책과 씨름하며 자기개발에 분투하는 수험생 여러분의 건승을 기원합니다.

2020년 11월

법(法)의 개념

1. 법 정의
① 국가의 강제력을 수반하는 사회 규범.
② 국가 및 공공 기관이 제정한 법률, 명령, 조례, 규칙 따위이다.
③ 다 같이 자유롭고 올바르게 잘 살 것을 목적으로 하는 규범이며,
④ 서로가 자제하고 존중함으로써 더불어 사는 공동체를 형성해 가는 평화의 질서.

2. 법 시행
① 발안
② 심의
③ 공포
④ 시행

3. 법의 위계구조
① 헌법(최고의 법)
② 법률 : 국회의 의결 후 대통령이 서명·공포
③ 명령 : 행정기관에 의하여 제정되는 국가의 법령(대통령령, 총리령, 부령)
④ 조례 : 지방자치단체가 지방자치법에 의거하여 그 의회의 의결로 제정
⑤ 규칙 : 지방자치단체의 장(시장, 군수)이 조례의 범위 안에서 사무에 관하여 제정

4. 법 분류
① 공법 : 공익보호 목적(헌법, 형법)
② 사법 : 개인의 이익보호 목적(민법, 상법)
③ 사회법 : 인간다운 생활보장(근로기준법, 국민건강보험법)

5. 형벌의 종류
① 사형
② 징역 : 교도소에 구치(유기, 무기징역, 노역 부과)

③ 금고 : 명예 존중(노역 비부과)

④ 구류 : 30일 미만 교도소에서 구치(노역 비부과)

⑤ 벌금 : 금액을 강제 부담

⑥ 과태료 : 공법에서, 의무 이행을 태만히 한 사람에게 벌로 물게 하는 돈(경범죄처벌
　　　　　법, 교통범칙금)

⑦ 몰수 : 강제로 국가 소유로 권리를 넘김

⑧ 자격정지 : 명예형(名譽刑), 일정 기간 동안 자격을 정지시킴(유기징역 이하)

⑨ 자격상실 : 명예형(名譽刑), 일정한 자격을 갖지 못하게 하는 일(무기금고이상). 공
　　　　　법상 공무원이 될 자격, 피선거권, 법인 임원 등

차례

제1부

소방기본법

제1장 총칙 〈개정 2011. 5. 30.〉

제1조 목적

이 법은 화재를 예방·경계하거나 진압하고 화재, 재난·재해, 그 밖의 위급한 상황에서의 구조·구급 활동 등을 통하여 국민의 생명·신체 및 재산을 보호함으로써 공공의 안녕 및 질서 유지와 복리증진에 이바지함을 목적으로 한다.

[전문개정 2011. 5. 30.]

제2조(정의)

이 법에서 사용하는 용어의 뜻은 다음과 같다.

〈개정 2007. 8. 3., 2010. 2. 4., 2011. 5. 30., 2014. 1. 28., 2014. 12. 30.〉

1. "소방대상물"이란 건축물, 차량, 선박(「선박법」 제1조의2제1항에 따른 선박으로서 항구에 매어둔 선박만 해당한다), 선박 건조 구조물, 산림, 그 밖의 인공 구조물 또는 물건을 말한다.

2. "관계지역"이란 소방대상물이 있는 장소 및 그 이웃 지역으로서 화재의 예방·경계·진압, 구조·구급 등의 활동에 필요한 지역을 말한다.

3. "관계인"이란 소방대상물의 소유자·관리자 또는 점유자를 말한다.

4. "소방본부장"이란 특별시·광역시·특별자치시·도 또는 특별자치도(이하 "시·도"라 한다)에서 화재의 예방·경계·진압·조사 및 구조·구급 등의 업무를 담당하는 부서의 장을 말한다.

5. "소방대"(消防隊)란 화재를 진압하고 화재, 재난·재해, 그 밖의 위급한 상황에서 구조·구급 활동 등을 하기 위하여 다음 각 목의 사람으로 구성된 조직체를 말한다.

   가. 「소방공무원법」에 따른 소방공무원

   나. 「의무소방대설치법」 제3조에 따라 임용된 의무소방원(義務消防員)

   다. 「의용소방대 설치 및 운영에 관한 법률」에 따른 의용소방대원(義勇消防隊員)

6. "소방대장"(消防隊長)이란 소방본부장 또는 소방서장 등 화재, 재난·재해, 그 밖의 위급한 상황이 발생한 현장에서 소방대를 지휘하는 사람을 말한다.

제2조의2(국가와 지방자치단체의 책무)

국가와 지방자치단체는 화재, 재난·재해, 그 밖의 위급한 상황으로부터 국민의 생명·신체 및 재산을 보호하기 위하여 필요한 시책을 수립·시행하여야 한다.

[본조신설 2019. 12. 10.]

제3조(소방기관의 설치 등)

① 시·도의 화재 예방·경계·진압 및 조사, 소방안전교육·홍보와 화재, 재난·재해, 그 밖의 위급한 상황에서의 구조·구급 등의 업무(이하 "소방업무"라 한다)를 수행하는 소방기관의 설치에 필요한 사항은 대통령령으로 정한다. 〈개정 2015. 7. 24.〉

② 소방업무를 수행하는 소방본부장 또는 소방서장은 그 소재지를 관할하는 특별시장·광역시장·특별자치시장·도지사 또는 특별자치도지사(이하 "시·도지사"라 한다)의 지휘와 감독을 받는다. 〈개정 2014. 12. 30.〉

③ 제2항에도 불구하고 소방청장은 화재 예방 및 대형 재난 등 필요한 경우 시·도 소방본부장 및 소방서장을 지휘·감독할 수 있다. 〈신설 2019. 12. 10.〉

④ 시·도에서 소방업무를 수행하기 위하여 시·도지사 직속으로 소방본부를 둔다. 〈신설 2019. 12. 10.〉

[전문개정 2011. 5. 30.]

제3조의2(소방공무원의 배치)

제3조제1항의 소방기관 및 같은 조 제4항의 소방본부에는 「지방자치단체에 두는 국가공무원의 정원에 관한 법률」에도 불구하고 대통령령으로 정하는 바에 따라 소방공무원을 둘 수 있다.

[본조신설 2019. 12. 10.]

제3조의3(다른 법률과의 관계)

제주특별자치도에는 「제주특별자치도 설치 및 국제자유도시 조성을 위한 특별법」 제44조에도 불구하고 같은 법 제6조제1항 단서에 따라 이 법 제3조의2를 우선하여 적용한다.

[본조신설 2019. 12. 10.]

제4조(119종합상황실의 설치와 운영)

① 소방청장, 소방본부장 및 소방서장은 화재, 재난·재해, 그 밖에 구조·구급이 필요한 상황이 발생하였을 때에 신속한 소방활동(소방업무를 위한 모든 활동을 말한다. 이하 같다)을 위한 정

보의 수집 · 분석과 판단 · 전파, 상황관리, 현장 지휘 및 조정 · 통제 등의 업무를 수행하기 위하여 119종합상황실을 설치 · 운영하여야 한다.　　　　〈개정 2014. 11. 19., 2014. 12. 30., 2017. 7. 26.〉

② 제1항에 따른 119종합상황실의 설치 · 운영에 필요한 사항은 행정안전부령으로 정한다.
〈개정 2013. 3. 23., 2014. 11. 19., 2014. 12. 30., 2017. 7. 26.〉

[전문개정 2011. 5. 30.]
[제목개정 2014. 12. 30.]

제5조(소방박물관 등의 설립과 운영)

① 소방의 역사와 안전문화를 발전시키고 국민의 안전의식을 높이기 위하여 소방청장은 소방박물관을, 시 · 도지사는 소방체험관(화재 현장에서의 피난 등을 체험할 수 있는 체험관을 말한다. 이하 이 조에서 같다)을 설립하여 운영할 수 있다.　　　　〈개정 2014. 11. 19., 2017. 7. 26.〉

② 제1항에 따른 소방박물관의 설립과 운영에 필요한 사항은 행정안전부령으로 정하고, 소방체험관의 설립과 운영에 필요한 사항은 행정안전부령으로 정하는 기준에 따라 시 · 도의 조례로 정한다.　　　　〈개정 2013. 3. 23., 2014. 11. 19., 2015. 7. 24., 2017. 7. 26.〉

[전문개정 2011. 5. 30.]

제6조(소방업무에 관한 종합계획의 수립 · 시행 등)

① 소방청장은 화재, 재난 · 재해, 그 밖의 위급한 상황으로부터 국민의 생명 · 신체 및 재산을 보호하기 위하여 소방업무에 관한 종합계획(이하 이 조에서 "종합계획"이라 한다)을 5년마다 수립 · 시행하여야 하고, 이에 필요한 재원을 확보하도록 노력하여야 한다.
〈개정 2015. 7. 24., 2017. 7. 26.〉

② 종합계획에는 다음 각 호의 사항이 포함되어야 한다.　　　　〈신설 2015. 7. 24.〉

　　1. 소방서비스의 질 향상을 위한 정책의 기본방향

　　2. 소방업무에 필요한 체계의 구축, 소방기술의 연구 · 개발 및 보급

　　3. 소방업무에 필요한 장비의 구비

　　4. 소방전문인력 양성

　　5. 소방업무에 필요한 기반조성

　　6. 소방업무의 교육 및 홍보(제21조에 따른 소방자동차의 우선 통행 등에 관한 홍보를 포함한다)

　　7. 그 밖에 소방업무의 효율적 수행을 위하여 필요한 사항으로서 대통령령으로 정하는 사항

③ 소방청장은 제1항에 따라 수립한 종합계획을 관계 중앙행정기관의 장, 시 · 도지사에게 통보하

여야 한다. 〈신설 2015. 7. 24., 2017. 7. 26.〉

④ 시·도지사는 관할 지역의 특성을 고려하여 종합계획의 시행에 필요한 세부계획(이하 이 조에서 "세부계획"이라 한다)을 매년 수립하여 소방청장에게 제출하여야 하며, 세부계획에 따른 소방업무를 성실히 수행하여야 한다. 〈개정 2015. 7. 24., 2017. 7. 26.〉

⑤ 소방청장은 소방업무의 체계적 수행을 위하여 필요한 경우 제4항에 따라 시·도지사가 제출한 세부계획의 보완 또는 수정을 요청할 수 있다. 〈신설 2015. 7. 24., 2017. 7. 26.〉

⑥ 그 밖에 종합계획 및 세부계획의 수립·시행에 필요한 사항은 대통령령으로 정한다. 〈신설 2015. 7. 24.〉

[전문개정 2011. 7. 14.]

제7조(소방의 날 제정과 운영 등)

① 국민의 안전의식과 화재에 대한 경각심을 높이고 안전문화를 정착시키기 위하여 매년 11월 9일을 소방의 날로 정하여 기념행사를 한다.

② 소방의 날 행사에 관하여 필요한 사항은 소방청장 또는 시·도지사가 따로 정하여 시행할 수 있다. 〈개정 2014. 11. 19., 2017. 7. 26.〉

③ 소방청장은 다음 각 호에 해당하는 사람을 명예직 소방대원으로 위촉할 수 있다. 〈개정 2014. 11. 19., 2017. 7. 26.〉

1. 「의사상자 등 예우 및 지원에 관한 법률」 제2조에 따른 의사상자(義死傷者)로서 같은 법 제3조제3호 또는 제4호에 해당하는 사람

2. 소방행정 발전에 공로가 있다고 인정되는 사람

[전문개정 2011. 5. 30.]

제2장 소방장비 및 소방용수시설 등

제8조(소방력의 기준 등)

① 소방기관이 소방업무를 수행하는 데에 필요한 인력과 장비 등[이하 "소방력"(消防力)이라 한다]에 관한 기준은 행정안전부령으로 정한다. 〈개정 2013. 3. 23., 2014. 11. 19., 2017. 7. 26.〉

② 시·도지사는 제1항에 따른 소방력의 기준에 따라 관할구역의 소방력을 확충하기 위하여 필요한 계획을 수립하여 시행하여야 한다.

③ 소방자동차 등 소방장비의 분류·표준화와 그 관리 등에 필요한 사항은 따로 법률에서 정한다. 〈개정 2013. 3. 23., 2014. 11. 19., 2017. 7. 26., 2017. 12. 26.〉

[전문개정 2011. 5. 30.]

제9조(소방장비 등에 대한 국고보조)

① 국가는 소방장비의 구입 등 시·도의 소방업무에 필요한 경비의 일부를 보조한다.

② 제1항에 따른 보조 대상사업의 범위와 기준보조율은 대통령령으로 정한다.

[전문개정 2011. 5. 30.]

제10조(소방용수시설의 설치 및 관리 등)

① 시·도지사는 소방활동에 필요한 소화전(消火栓)·급수탑(給水塔)·저수조(貯水槽)(이하 "소방용수시설"이라 한다)를 설치하고 유지·관리하여야 한다. 다만, 「수도법」 제45조에 따라 소화전을 설치하는 일반수도사업자는 관할 소방서장과 사전협의를 거친 후 소화전을 설치하여야 하며, 설치 사실을 관할 소방서장에게 통지하고, 그 소화전을 유지·관리하여야 한다. 〈개정 2007. 4. 11., 2011. 3. 8.〉

② 시·도지사는 제21조제1항에 따른 소방자동차의 진입이 곤란한 지역 등 화재발생 시에 초기대응이 필요한 지역으로서 대통령령으로 정하는 지역에 소방호스 또는 호스 릴 등을 소방용수시설에 연결하여 화재를 진압하는 시설이나 장치(이하 "비상소화장치"라 한다)를 설치하고 유지·관리할 수 있다. 〈개정 2017. 12. 26.〉

③ 제1항에 따른 소방용수시설과 제2항에 따른 비상소화장치의 설치기준은 행정안전부령으로 정한다. 〈신설 2017. 12. 26.〉

제11조(소방업무의 응원)

① 소방본부장이나 소방서장은 소방활동을 할 때에 긴급한 경우에는 이웃한 소방본부장 또는 소방서장에게 소방업무의 응원(應援)을 요청할 수 있다.

② 제1항에 따라 소방업무의 응원 요청을 받은 소방본부장 또는 소방서장은 정당한 사유 없이 그 요청을 거절하여서는 아니 된다.

③ 제1항에 따라 소방업무의 응원을 위하여 파견된 소방대원은 응원을 요청한 소방본부장 또는 소방서장의 지휘에 따라야 한다.

④ 시·도지사는 제1항에 따라 소방업무의 응원을 요청하는 경우를 대비하여 출동 대상지역 및 규모와 필요한 경비의 부담 등에 관하여 필요한 사항을 행정안전부령으로 정하는 바에 따라 이웃하는 시·도지사와 협의하여 미리 규약(規約)으로 정하여야 한다.

〈개정 2013. 3. 23., 2014. 11. 19., 2017. 7. 26.〉

[전문개정 2011. 5. 30.]

제11조의2(소방력의 동원)

① 소방청장은 해당 시·도의 소방력만으로는 소방활동을 효율적으로 수행하기 어려운 화재, 재난·재해, 그 밖의 구조·구급이 필요한 상황이 발생하거나 특별히 국가적 차원에서 소방활동을 수행할 필요가 인정될 때에는 각 시·도지사에게 행정안전부령으로 정하는 바에 따라 소방력을 동원할 것을 요청할 수 있다. 〈개정 2013. 3. 23., 2014. 11. 19., 2017. 7. 26.〉

② 제1항에 따라 동원 요청을 받은 시·도지사는 정당한 사유 없이 요청을 거절하여서는 아니 된다.

③ 소방청장은 시·도지사에게 제1항에 따라 동원된 소방력을 화재, 재난·재해 등이 발생한 지역에 지원·파견하여 줄 것을 요청하거나 필요한 경우 직접 소방대를 편성하여 화재진압 및 인명구조 등 소방에 필요한 활동을 하게 할 수 있다. 〈개정 2014. 11. 19., 2017. 7. 26.〉

④ 제1항에 따라 동원된 소방대원이 다른 시·도에 파견·지원되어 소방활동을 수행할 때에는 특별한 사정이 없으면 화재, 재난·재해 등이 발생한 지역을 관할하는 소방본부장 또는 소방서장의 지휘에 따라야 한다. 다만, 소방청장이 직접 소방대를 편성하여 소방활동을 하게 하는 경우에는 소방청장의 지휘에 따라야 한다. 〈개정 2014. 11. 19., 2017. 7. 26.〉

⑤ 제3항 및 제4항에 따른 소방활동을 수행하는 과정에서 발생하는 경비 부담에 관한 사항, 제3항 및 제4항에 따라 소방활동을 수행한 민간 소방 인력이 사망하거나 부상을 입었을 경우의 보상 주체·보상기준 등에 관한 사항, 그 밖에 동원된 소방력의 운용과 관련하여 필요한 사항은 대통령령으로 정한다.

[본조신설 2011. 5. 30.]

제3장 화재의 예방과 경계(警戒)

제12조(화재의 예방조치 등)

① 소방본부장이나 소방서장은 화재의 예방상 위험하다고 인정되는 행위를 하는 사람이나 소화(消火) 활동에 지장이 있다고 인정되는 물건의 소유자·관리자 또는 점유자에게 다음 각 호의 명령을 할 수 있다. 〈개정 2017. 12. 26.〉

1. 불장난, 모닥불, 흡연, 화기(火氣) 취급, 풍등 등 소형 열기구 날리기, 그 밖에 화재예방상 위험하다고 인정되는 행위의 금지 또는 제한
2. 타고 남은 불 또는 화기가 있을 우려가 있는 재의 처리
3. 함부로 버려두거나 그냥 둔 위험물, 그 밖에 불에 탈 수 있는 물건을 옮기거나 치우게 하는 등의 조치

② 소방본부장이나 소방서장은 제1항제3호에 해당하는 경우로서 그 위험물 또는 물건의 소유자·관리자 또는 점유자의 주소와 성명을 알 수 없어서 필요한 명령을 할 수 없을 때에는 소속 공무원으로 하여금 그 위험물 또는 물건을 옮기거나 치우게 할 수 있다.

③ 소방본부장이나 소방서장은 제2항에 따라 옮기거나 치운 위험물 또는 물건을 보관하여야 한다.

④ 소방본부장이나 소방서장은 제3항에 따라 위험물 또는 물건을 보관하는 경우에는 그 날부터 14일 동안 소방본부 또는 소방서의 게시판에 그 사실을 공고하여야 한다.

⑤ 제3항에 따라 소방본부장이나 소방서장이 보관하는 위험물 또는 물건의 보관기간 및 보관기간 경과 후 처리 등에 대하여는 대통령령으로 정한다.

[전문개정 2011. 5. 30.]

제13조(화재경계지구의 지정 등)

① 시·도지사는 다음 각 호의 어느 하나에 해당하는 지역 중 화재가 발생할 우려가 높거나 화재가 발생하는 경우 그로 인하여 피해가 클 것으로 예상되는 지역을 화재경계지구(火災警戒地區)로 지정할 수 있다. 〈개정 2016. 1. 27., 2017. 7. 26.〉

1. 시장지역
2. 공장·창고가 밀집한 지역
3. 목조건물이 밀집한 지역
4. 위험물의 저장 및 처리 시설이 밀집한 지역

5. 석유화학제품을 생산하는 공장이 있는 지역

6. 「산업입지 및 개발에 관한 법률」 제2조제8호에 따른 산업단지

7. 소방시설·소방용수시설 또는 소방출동로가 없는 지역

8. 그 밖에 제1호부터 제7호까지에 준하는 지역으로서 소방청장·소방본부장 또는 소방서장이 화재경계지구로 지정할 필요가 있다고 인정하는 지역

② 제1항에도 불구하고 시·도지사가 화재경계지구로 지정할 필요가 있는 지역을 화재경계지구로 지정하지 아니하는 경우 소방청장은 해당 시·도지사에게 해당 지역의 화재경계지구 지정을 요청할 수 있다. 〈신설 2016. 1. 27., 2017. 7. 26.〉

③ 소방본부장이나 소방서장은 대통령령으로 정하는 바에 따라 제1항에 따른 화재경계지구 안의 소방대상물의 위치·구조 및 설비 등에 대하여 「화재예방, 소방시설 설치·유지 및 안전관리에 관한 법률」 제4조에 따른 소방특별조사를 하여야 한다.
〈개정 2011. 8. 4., 2016. 1. 27., 2017. 12. 26.〉

④ 소방본부장이나 소방서장은 제3항에 따른 소방특별조사를 한 결과 화재의 예방과 경계를 위하여 필요하다고 인정할 때에는 관계인에게 소방용수시설, 소화기구, 그 밖에 소방에 필요한 설비의 설치를 명할 수 있다. 〈개정 2011. 8. 4., 2016. 1. 27.〉

⑤ 소방본부장이나 소방서장은 화재경계지구 안의 관계인에 대하여 대통령령으로 정하는 바에 따라 소방에 필요한 훈련 및 교육을 실시할 수 있다. 〈개정 2016. 1. 27.〉

⑥ 시·도지사는 대통령령으로 정하는 바에 따라 제1항에 따른 화재경계지구의 지정 현황, 제3항에 따른 소방특별조사의 결과, 제4항에 따른 소방설비 설치 명령 현황, 제5항에 따른 소방교육의 현황 등이 포함된 화재경계지구에서의 화재예방 및 경계에 필요한 자료를 매년 작성·관리하여야 한다. 〈신설 2016. 1. 27.〉

[전문개정 2011. 5. 30.]

[제목개정 2016. 1. 27.]

제14조(화재에 관한 위험경보)

소방본부장이나 소방서장은 「기상법」 제13조제1항에 따른 이상기상(異常氣象)의 예보 또는 특보가 있을 때에는 화재에 관한 경보를 발령하고 그에 따른 조치를 할 수 있다.

[전문개정 2011. 5. 30.]

제15조(불을 사용하는 설비 등의 관리와 특수가연물의 저장·취급)

① 보일러, 난로, 건조설비, 가스·전기시설, 그 밖에 화재 발생 우려가 있는 설비 또는 기구 등의

위치·구조 및 관리와 화재 예방을 위하여 불을 사용할 때 지켜야 하는 사항은 대통령령으로 정한다.

② 화재가 발생하는 경우 불길이 빠르게 번지는 고무류·면화류·석탄 및 목탄 등 대통령령으로 정하는 특수가연물(特殊可燃物)의 저장 및 취급 기준은 대통령령으로 정한다.

[전문개정 2011. 5. 30.]

제4장 소방활동 등 〈개정 2011. 3. 8.〉

제16조(소방활동)

① 소방청장, 소방본부장 또는 소방서장은 화재, 재난·재해, 그 밖의 위급한 상황이 발생하였을 때에는 소방대를 현장에 신속하게 출동시켜 화재진압과 인명구조·구급 등 소방에 필요한 활동을 하게 하여야 한다. 〈개정 2014. 11. 19., 2017. 7. 26.〉

② 누구든지 정당한 사유 없이 제1항에 따라 출동한 소방대의 화재진압 및 인명구조·구급 등 소방활동을 방해하여서는 아니 된다.

[전문개정 2011. 5. 30.]

제16조의2(소방지원활동)

① 소방청장·소방본부장 또는 소방서장은 공공의 안녕질서 유지 또는 복리증진을 위하여 필요한 경우 소방활동 외에 다음 각 호의 활동(이하 "소방지원활동"이라 한다)을 하게 할 수 있다.

〈개정 2013. 3. 23., 2014. 11. 19., 2017. 7. 26.〉

1. 산불에 대한 예방·진압 등 지원활동

2. 자연재해에 따른 급수·배수 및 제설 등 지원활동

3. 집회·공연 등 각종 행사 시 사고에 대비한 근접대기 등 지원활동

4. 화재, 재난·재해로 인한 피해복구 지원활동

5. 삭제 〈2015. 7. 24.〉

6. 그 밖에 행정안전부령으로 정하는 활동

② 소방지원활동은 제16조의 소방활동 수행에 지장을 주지 아니하는 범위에서 할 수 있다.

③ 유관기관·단체 등의 요청에 따른 소방지원활동에 드는 비용은 지원요청을 한 유관기관·단체 등에게 부담하게 할 수 있다. 다만, 부담금액 및 부담방법에 관하여는 지원요청을 한 유관기관·단체 등과 협의하여 결정한다.

[본조신설 2011. 3. 8.]

제16조의3(생활안전활동)

① 소방청장·소방본부장 또는 소방서장은 신고가 접수된 생활안전 및 위험제거 활동(화재, 재난·재해, 그 밖의 위급한 상황에 해당하는 것은 제외한다)에 대응하기 위하여 소방대를 출동

시켜 다음 각 호의 활동(이하 "생활안전활동"이라 한다)을 하게 하여야 한다. 〈개정 2017. 7. 26.〉

1. 붕괴, 낙하 등이 우려되는 고드름, 나무, 위험 구조물 등의 제거활동
2. 위해동물, 벌 등의 포획 및 퇴치 활동
3. 끼임, 고립 등에 따른 위험제거 및 구출 활동
4. 단전사고 시 비상전원 또는 조명의 공급
5. 그 밖에 방치하면 급박해질 우려가 있는 위험을 예방하기 위한 활동

② 누구든지 정당한 사유 없이 제1항에 따라 출동하는 소방대의 생활안전활동을 방해하여서는 아니 된다.

③ 삭제 〈2017. 12. 26.〉

[본조신설 2015. 7. 24.]

제16조의4(소방자동차의 보험 가입 등)

① 시 · 도지사는 소방자동차의 공무상 운행 중 교통사고가 발생한 경우 그 운전자의 법률상 분쟁에 소요되는 비용을 지원할 수 있는 보험에 가입하여야 한다.

② 국가는 제1항에 따른 보험 가입비용의 일부를 지원할 수 있다.

[본조신설 2016. 1. 27.]

제16조의5(소방활동에 대한 면책)

소방공무원이 제16조제1항에 따른 소방활동으로 인하여 타인을 사상(死傷)에 이르게 한 경우 그 소방활동이 불가피하고 소방공무원에게 고의 또는 중대한 과실이 없는 때에는 그 정상을 참작하여 사상에 대한 형사책임을 감경하거나 면제할 수 있다.

[본조신설 2017. 12. 26.]

제16조의6(소송지원)

소방청장, 소방본부장 또는 소방서장은 소방공무원이 제16조제1항에 따른 소방활동, 제16조의2제1항에 따른 소방지원활동, 제16조의3제1항에 따른 생활안전활동으로 인하여 민 · 형사상 책임과 관련된 소송을 수행할 경우 변호인 선임 등 소송수행에 필요한 지원을 할 수 있다.

[본조신설 2017. 12. 26.]

제17조(소방교육 · 훈련)

① 소방청장, 소방본부장 또는 소방서장은 소방업무를 전문적이고 효과적으로 수행하기 위하여

소방대원에게 필요한 교육·훈련을 실시하여야 한다. 〈개정 2014. 11. 19., 2017. 7. 26.〉

② 소방청장, 소방본부장 또는 소방서장은 화재를 예방하고 화재 발생 시 인명과 재산피해를 최소화하기 위하여 다음 각 호에 해당하는 사람을 대상으로 행정안전부령으로 정하는 바에 따라 소방안전에 관한 교육과 훈련을 실시할 수 있다. 이 경우 소방청장, 소방본부장 또는 소방서장은 해당 어린이집·유치원·학교의 장과 교육일정 등에 관하여 협의하여야 한다.

〈개정 2011. 6. 7., 2013. 3. 23., 2014. 11. 19., 2017. 7. 26.〉

1. 「영유아보육법」 제2조에 따른 어린이집의 영유아

2. 「유아교육법」 제2조에 따른 유치원의 유아

3. 「초·중등교육법」 제2조에 따른 학교의 학생

③ 소방청장, 소방본부장 또는 소방서장은 국민의 안전의식을 높이기 위하여 화재 발생 시 피난 및 행동 방법 등을 홍보하여야 한다. 〈개정 2014. 11. 19., 2017. 7. 26.〉

④ 제1항에 따른 교육·훈련의 종류 및 대상자, 그 밖에 교육·훈련의 실시에 필요한 사항은 행정안전부령으로 정한다. 〈개정 2013. 3. 23., 2014. 11. 19., 2017. 7. 26.〉

[전문개정 2011. 5. 30.]

제17조의2(소방안전교육사)

① 소방청장은 제17조제2항에 따른 소방안전교육을 위하여 소방청장이 실시하는 시험에 합격한 사람에게 소방안전교육사 자격을 부여한다. 〈개정 2014. 11. 19., 2017. 7. 26.〉

② 소방안전교육사는 소방안전교육의 기획·진행·분석·평가 및 교수업무를 수행한다.

③ 제1항에 따른 소방안전교육사 시험의 응시자격, 시험방법, 시험과목, 시험위원, 그 밖에 소방안전교육사 시험의 실시에 필요한 사항은 대통령령으로 정한다.

④ 제1항에 따른 소방안전교육사 시험에 응시하려는 사람은 대통령령으로 정하는 바에 따라 수수료를 내야 한다.

[전문개정 2011. 5. 30.]

제17조의3(소방안전교육사의 결격사유)

다음 각 호의 어느 하나에 해당하는 사람은 소방안전교육사가 될 수 없다. 〈개정 2016. 1. 27.〉

1. 피성년후견인 또는 피한정후견인

2. 금고 이상의 실형을 선고받고 그 집행이 끝나거나(집행이 끝난 것으로 보는 경우를 포함한다) 집행이 면제된 날부터 2년이 지나지 아니한 사람

3. 금고 이상의 형의 집행유예를 선고받고 그 유예기간 중에 있는 사람

4. 법원의 판결 또는 다른 법률에 따라 자격이 정지되거나 상실된 사람

[전문개정 2011. 5. 30.]

제17조의4(부정행위자에 대한 조치)

① 소방청장은 제17조의2에 따른 소방안전교육사 시험에서 부정행위를 한 사람에 대하여는 해당 시험을 정지시키거나 무효로 처리한다. 〈개정 2017. 7. 26.〉

② 제1항에 따라 시험이 정지되거나 무효로 처리된 사람은 그 처분이 있은 날부터 2년간 소방안전교육사 시험에 응시하지 못한다.

[본조신설 2016. 1. 27.]

[종전 제17조의4는 제17조의5로 이동 〈2016. 1. 27.〉]

제17조의5(소방안전교육사의 배치)

① 제17조의2제1항에 따른 소방안전교육사를 소방청, 소방본부 또는 소방서, 그 밖에 대통령령으로 정하는 대상에 배치할 수 있다. 〈개정 2014. 11. 19., 2017. 7. 26.〉

② 제1항에 따른 소방안전교육사의 배치대상 및 배치기준, 그 밖에 필요한 사항은 대통령령으로 정한다.

[전문개정 2011. 5. 30.]

[제17조의4에서 이동 〈2016. 1. 27.〉]

제17조의6(한국119청소년단)

① 청소년에게 소방안전에 관한 올바른 이해와 안전의식을 함양시키기 위하여 한국119청소년단을 설립한다.

② 한국119청소년단은 법인으로 하고, 그 주된 사무소의 소재지에 설립등기를 함으로써 성립한다.

③ 국가나 지방자치단체는 한국119청소년단에 그 조직 및 활동에 필요한 시설·장비를 지원할 수 있으며, 운영경비와 시설비 및 국내외 행사에 필요한 경비를 보조할 수 있다.

④ 개인·법인 또는 단체는 한국119청소년단의 시설 및 운영 등을 지원하기 위하여 금전이나 그 밖의 재산을 기부할 수 있다.

⑤ 이 법에 따른 한국119청소년단이 아닌 자는 한국119청소년단 또는 이와 유사한 명칭을 사용할 수 없다.

⑥ 한국119청소년단의 정관 또는 사업의 범위·지도·감독 및 지원에 필요한 사항은 행정안전부령으로 정한다.

⑦ 한국119청소년단에 관하여 이 법에서 규정한 것을 제외하고는 「민법」 중 사단법인에 관한 규정을 준용한다.

[본조신설 2020. 6. 9.]

제18조(소방신호)

화재예방, 소방활동 또는 소방훈련을 위하여 사용되는 소방신호의 종류와 방법은 행정안전부령으로 정한다. 〈개정 2013. 3. 23., 2014. 11. 19., 2017. 7. 26.〉

[전문개정 2011. 5. 30.]

제19조(화재 등의 통지)

① 화재 현장 또는 구조 · 구급이 필요한 사고 현장을 발견한 사람은 그 현장의 상황을 소방본부, 소방서 또는 관계 행정기관에 지체 없이 알려야 한다.

② 다음 각 호의 어느 하나에 해당하는 지역 또는 장소에서 화재로 오인할 만한 우려가 있는 불을 피우거나 연막(煙幕) 소독을 하려는 자는 시 · 도의 조례로 정하는 바에 따라 관할 소방본부장 또는 소방서장에게 신고하여야 한다.

1. 시장지역

2. 공장 · 창고가 밀집한 지역

3. 목조건물이 밀집한 지역

4. 위험물의 저장 및 처리시설이 밀집한 지역

5. 석유화학제품을 생산하는 공장이 있는 지역

6. 그 밖에 시 · 도의 조례로 정하는 지역 또는 장소

[전문개정 2011. 5. 30.]

제20조(관계인의 소방활동)

관계인은 소방대상물에 화재, 재난 · 재해, 그 밖의 위급한 상황이 발생한 경우에는 소방대가 현장에 도착할 때까지 경보를 울리거나 대피를 유도하는 등의 방법으로 사람을 구출하는 조치 또는 불을 끄거나 불이 번지지 아니하도록 필요한 조치를 하여야 한다.

[전문개정 2011. 5. 30.]

제21조(소방자동차의 우선 통행 등)

① 모든 차와 사람은 소방자동차(지휘를 위한 자동차와 구조 · 구급차를 포함한다. 이하 같다)가

화재진압 및 구조 · 구급 활동을 위하여 출동을 할 때에는 이를 방해하여서는 아니 된다.

② 소방자동차가 화재진압 및 구조 · 구급 활동을 위하여 출동하거나 훈련을 위하여 필요할 때에는 사이렌을 사용할 수 있다. 〈개정 2017. 12. 26.〉

③ 모든 차와 사람은 소방자동차가 화재진압 및 구조 · 구급 활동을 위하여 제2항에 따라 사이렌을 사용하여 출동하는 경우에는 다음 각 호의 행위를 하여서는 아니 된다. 〈신설 2017. 12. 26.〉

1. 소방자동차에 진로를 양보하지 아니하는 행위

2. 소방자동차 앞에 끼어들거나 소방자동차를 가로막는 행위

3. 그 밖에 소방자동차의 출동에 지장을 주는 행위

④ 제3항의 경우를 제외하고 소방자동차의 우선 통행에 관하여는 「도로교통법」에서 정하는 바에 따른다. 〈신설 2017. 12. 26.〉

[전문개정 2011. 5. 30.]

제21조의2(소방자동차 전용구역 등)

① 「건축법」 제2조제2항제2호에 따른 공동주택 중 대통령령으로 정하는 공동주택의 건축주는 제16조제1항에 따른 소방활동의 원활한 수행을 위하여 공동주택에 소방자동차 전용구역(이하 "전용구역"이라 한다)을 설치하여야 한다.

② 누구든지 전용구역에 차를 주차하거나 전용구역에의 진입을 가로막는 등의 방해행위를 하여서는 아니 된다.

③ 전용구역의 설치 기준 · 방법, 제2항에 따른 방해행위의 기준, 그 밖의 필요한 사항은 대통령령으로 정한다.

[본조신설 2018. 2. 9.]

제22조(소방대의 긴급통행)

소방대는 화재, 재난 · 재해, 그 밖의 위급한 상황이 발생한 현장에 신속하게 출동하기 위하여 긴급할 때에는 일반적인 통행에 쓰이지 아니하는 도로 · 빈터 또는 물 위로 통행할 수 있다.

[전문개정 2011. 5. 30.]

제23조(소방활동구역의 설정)

① 소방대장은 화재, 재난 · 재해, 그 밖의 위급한 상황이 발생한 현장에 소방활동구역을 정하여 소방활동에 필요한 사람으로서 대통령령으로 정하는 사람 외에는 그 구역에 출입하는 것을 제한할 수 있다.

② 경찰공무원은 소방대가 제1항에 따른 소방활동구역에 있지 아니하거나 소방대장의 요청이 있을 때에는 제1항에 따른 조치를 할 수 있다.

[전문개정 2011. 5. 30.]

제24조(소방활동 종사 명령)

① 소방본부장, 소방서장 또는 소방대장은 화재, 재난·재해, 그 밖의 위급한 상황이 발생한 현장에서 소방활동을 위하여 필요할 때에는 그 관할구역에 사는 사람 또는 그 현장에 있는 사람으로 하여금 사람을 구출하는 일 또는 불을 끄거나 불이 번지지 아니하도록 하는 일을 하게 할 수 있다. 이 경우 소방본부장, 소방서장 또는 소방대장은 소방활동에 필요한 보호장구를 지급하는 등 안전을 위한 조치를 하여야 한다.

② 삭제 〈2017. 12. 26.〉

③ 제1항에 따른 명령에 따라 소방활동에 종사한 사람은 시·도지사로부터 소방활동의 비용을 지급받을 수 있다. 다만, 다음 각 호의 어느 하나에 해당하는 사람의 경우에는 그러하지 아니하다.

1. 소방대상물에 화재, 재난·재해, 그 밖의 위급한 상황이 발생한 경우 그 관계인

2. 고의 또는 과실로 화재 또는 구조·구급 활동이 필요한 상황을 발생시킨 사람

3. 화재 또는 구조·구급 현장에서 물건을 가져간 사람

[전문개정 2011. 5. 30.]

제25조(강제처분 등)

① 소방본부장, 소방서장 또는 소방대장은 사람을 구출하거나 불이 번지는 것을 막기 위하여 필요할 때에는 화재가 발생하거나 불이 번질 우려가 있는 소방대상물 및 토지를 일시적으로 사용하거나 그 사용의 제한 또는 소방활동에 필요한 처분을 할 수 있다.

② 소방본부장, 소방서장 또는 소방대장은 사람을 구출하거나 불이 번지는 것을 막기 위하여 긴급하다고 인정할 때에는 제1항에 따른 소방대상물 또는 토지 외의 소방대상물과 토지에 대하여 제1항에 따른 처분을 할 수 있다.

③ 소방본부장, 소방서장 또는 소방대장은 소방활동을 위하여 긴급하게 출동할 때에는 소방자동차의 통행과 소방활동에 방해가 되는 주차 또는 정차된 차량 및 물건 등을 제거하거나 이동시킬 수 있다.

④ 소방본부장, 소방서장 또는 소방대장은 제3항에 따른 소방활동에 방해가 되는 주차 또는 정차된 차량의 제거나 이동을 위하여 관할 지방자치단체 등 관련 기관에 견인차량과 인력 등에 대한 지원을 요청할 수 있고, 요청을 받은 관련 기관의 장은 정당한 사유가 없으면 이에 협조하여야

한다.　　　　　　　　　　　　　　　　　　　　　　　　　〈신설 2018. 3. 27.〉

⑤ 시·도지사는 제4항에 따라 견인차량과 인력 등을 지원한 자에게 시·도의 조례로 정하는 바에 따라 비용을 지급할 수 있다.　　　　　　　　　　　　　　　　〈신설 2018. 3. 27.〉

[전문개정 2011. 5. 30.]

제26조(피난 명령)

① 소방본부장, 소방서장 또는 소방대장은 화재, 재난·재해, 그 밖의 위급한 상황이 발생하여 사람의 생명을 위험하게 할 것으로 인정할 때에는 일정한 구역을 지정하여 그 구역에 있는 사람에게 그 구역 밖으로 피난할 것을 명할 수 있다.

② 소방본부장, 소방서장 또는 소방대장은 제1항에 따른 명령을 할 때 필요하면 관할 경찰서장 또는 자치경찰단장에게 협조를 요청할 수 있다.

[전문개정 2011. 5. 30.]

제27조(위험시설 등에 대한 긴급조치)

① 소방본부장, 소방서장 또는 소방대장은 화재 진압 등 소방활동을 위하여 필요할 때에는 소방용수 외에 댐·저수지 또는 수영장 등의 물을 사용하거나 수도(水道)의 개폐장치 등을 조작할 수 있다.

② 소방본부장, 소방서장 또는 소방대장은 화재 발생을 막거나 폭발 등으로 화재가 확대되는 것을 막기 위하여 가스·전기 또는 유류 등의 시설에 대하여 위험물질의 공급을 차단하는 등 필요한 조치를 할 수 있다.

③ 삭제 〈2017. 12. 26.〉

[전문개정 2011. 5. 30.]

제28조(소방용수시설 또는 비상소화장치의 사용금지 등)

누구든지 다음 각 호의 어느 하나에 해당하는 행위를 하여서는 아니 된다.　　〈개정 2017. 12. 26.〉

　　1. 정당한 사유 없이 소방용수시설 또는 비상소화장치를 사용하는 행위

　　2. 정당한 사유 없이 손상·파괴, 철거 또는 그 밖의 방법으로 소방용수시설 또는 비상소화장치의 효용(效用)을 해치는 행위

　　3. 소방용수시설 또는 비상소화장치의 정당한 사용을 방해하는 행위

[전문개정 2011. 5. 30.]

[제목개정 2017. 12. 26.]

제5장 화재의 조사

제29조(화재의 원인 및 피해 조사)

① 소방청장, 소방본부장 또는 소방서장은 화재가 발생하였을 때에는 화재의 원인 및 피해 등에 대한 조사(이하 "화재조사"라 한다)를 하여야 한다. 〈개정 2014. 11. 19., 2017. 7. 26.〉

② 제1항에 따른 화재조사의 방법 및 전담조사반의 운영과 화재조사자의 자격 등 화재조사에 필요한 사항은 행정안전부령으로 정한다. 〈개정 2013. 3. 23., 2014. 11. 19., 2017. 7. 26.〉

[전문개정 2011. 5. 30.]

제30조(출입 · 조사 등)

① 소방청장, 소방본부장 또는 소방서장은 화재조사를 하기 위하여 필요하면 관계인에게 보고 또는 자료 제출을 명하거나 관계 공무원으로 하여금 관계 장소에 출입하여 화재의 원인과 피해의 상황을 조사하거나 관계인에게 질문하게 할 수 있다. 〈개정 2014. 11. 19., 2017. 7. 26.〉

② 제1항에 따라 화재조사를 하는 관계 공무원은 그 권한을 표시하는 증표를 지니고 이를 관계인에게 보여 주어야 한다.

③ 제1항에 따라 화재조사를 하는 관계 공무원은 관계인의 정당한 업무를 방해하거나 화재조사를 수행하면서 알게 된 비밀을 다른 사람에게 누설하여서는 아니 된다.

[전문개정 2011. 5. 30.]

제31조(수사기관에 체포된 사람에 대한 조사)

소방청장, 소방본부장 또는 소방서장은 수사기관이 방화(放火) 또는 실화(失火)의 혐의가 있어서 이미 피의자를 체포하였거나 증거물을 압수하였을 때에 화재조사를 위하여 필요한 경우에는 수사에 지장을 주지 아니하는 범위에서 그 피의자 또는 압수된 증거물에 대한 조사를 할 수 있다. 이 경우 수사기관은 소방청장, 소방본부장 또는 소방서장의 신속한 화재조사를 위하여 특별한 사유가 없으면 조사에 협조하여야 한다. 〈개정 2014. 11. 19., 2017. 7. 26.〉

[전문개정 2011. 5. 30.]

제32조(소방공무원과 국가경찰공무원의 협력 등)

① 소방공무원과 국가경찰공무원은 화재조사를 할 때에 서로 협력하여야 한다.

② 소방본부장이나 소방서장은 화재조사 결과 방화 또는 실화의 혐의가 있다고 인정하면 지체 없이 관할 경찰서장에게 그 사실을 알리고 필요한 증거를 수집·보존하여 그 범죄수사에 협력하여야 한다.

[전문개정 2011. 5. 30.]

제33조(소방기관과 관계 보험회사의 협력)

소방본부, 소방서 등 소방기관과 관계 보험회사는 화재가 발생한 경우 그 원인 및 피해상황을 조사할 때 필요한 사항에 대하여 서로 협력하여야 한다.

[전문개정 2011. 5. 30.]

제6장 구조 및 구급

제34조(구조대 및 구급대의 편성과 운영)

  구조대 및 구급대의 편성과 운영에 관하여는 별도의 법률로 정한다.

  [전문개정 2011. 3. 8.]

제35조 삭제 〈2011. 3. 8.〉

제36조 삭제 〈2011. 3. 8.〉

제7장 의용소방대

제37조(의용소방대의 설치 및 운영)

　의용소방대의 설치 및 운영에 관하여는 별도의 법률로 정한다.

　[전문개정 2014. 1. 28.]

제38조 삭제 〈2014. 1. 28.〉

제39조 삭제 〈2014. 1. 28.〉

제39조의2 삭제 〈2014. 1. 28.〉

제8장 소방산업의 육성ㆍ진흥 및 지원 등 〈신설 2008. 1. 17.〉

제39조의3(국가의 책무)

국가는 소방산업(소방용 기계ㆍ기구의 제조, 연구ㆍ개발 및 판매 등에 관한 일련의 산업을 말한다. 이하 같다)의 육성ㆍ진흥을 위하여 필요한 계획의 수립 등 행정상ㆍ재정상의 지원시책을 마련하여야 한다.

[전문개정 2011. 5. 30.]

제39조의4 삭제 〈2008. 6. 5.〉

제39조의5(소방산업과 관련된 기술개발 등의 지원)

① 국가는 소방산업과 관련된 기술(이하 "소방기술"이라 한다)의 개발을 촉진하기 위하여 기술개발을 실시하는 자에게 그 기술개발에 드는 자금의 전부나 일부를 출연하거나 보조할 수 있다.

② 국가는 우수소방제품의 전시ㆍ홍보를 위하여 「대외무역법」 제4조제2항에 따른 무역전시장 등을 설치한 자에게 다음 각 호에서 정한 범위에서 재정적인 지원을 할 수 있다.

1. 소방산업전시회 운영에 따른 경비의 일부

2. 소방산업전시회 관련 국외 홍보비

3. 소방산업전시회 기간 중 국외의 구매자 초청 경비

[전문개정 2011. 5. 30.]

제39조의6(소방기술의 연구ㆍ개발사업 수행)

① 국가는 국민의 생명과 재산을 보호하기 위하여 다음 각 호의 어느 하나에 해당하는 기관이나 단체로 하여금 소방기술의 연구ㆍ개발사업을 수행하게 할 수 있다. 〈개정 2016. 3. 22.〉

1. 국공립 연구기관

2. 「과학기술분야 정부출연연구기관 등의 설립ㆍ운영 및 육성에 관한 법률」 에 따라 설립된 연구기관

3. 「특정연구기관 육성법」 제2조에 따른 특정연구기관

4. 「고등교육법」 에 따른 대학ㆍ산업대학ㆍ전문대학 및 기술대학

5. 「민법」 이나 다른 법률에 따라 설립된 소방기술 분야의 법인인 연구기관 또는 법인 부설

연구소

6. 「기초연구진흥 및 기술개발지원에 관한 법률」 제14조의2제1항에 따라 인정받은 기업부설연구소

7. 「소방산업의 진흥에 관한 법률」 제14조에 따른 한국소방산업기술원

8. 그 밖에 대통령령으로 정하는 소방에 관한 기술개발 및 연구를 수행하는 기관·협회

② 국가가 제1항에 따른 기관이나 단체로 하여금 소방기술의 연구·개발사업을 수행하게 하는 경우에는 필요한 경비를 지원하여야 한다.

[전문개정 2011. 5. 30.]

제39조의7(소방기술 및 소방산업의 국제화사업)

① 국가는 소방기술 및 소방산업의 국제경쟁력과 국제적 통용성을 높이는 데에 필요한 기반 조성을 촉진하기 위한 시책을 마련하여야 한다.

② 소방청장은 소방기술 및 소방산업의 국제경쟁력과 국제적 통용성을 높이기 위하여 다음 각 호의 사업을 추진하여야 한다.　　　　　　　　　　〈개정 2014. 11. 19., 2017. 7. 26.〉

1. 소방기술 및 소방산업의 국제 협력을 위한 조사·연구

2. 소방기술 및 소방산업에 관한 국제 전시회, 국제 학술회의 개최 등 국제 교류

3. 소방기술 및 소방산업의 국외시장 개척

4. 그 밖에 소방기술 및 소방산업의 국제경쟁력과 국제적 통용성을 높이기 위하여 필요하다고 인정하는 사업

[전문개정 2011. 5. 30.]

제9장 한국소방안전원 〈개정 2017. 12. 26.〉

제40조(한국소방안전원의 설립 등)

① 소방기술과 안전관리기술의 향상 및 홍보, 그 밖의 교육·훈련 등 행정기관이 위탁하는 업무의 수행과 소방 관계 종사자의 기술 향상을 위하여 한국소방안전원(이하 "안전원"이라 한다)을 소방청장의 인가를 받아 설립한다. 〈개정 2017. 12. 26.〉

② 제1항에 따라 설립되는 안전원은 법인으로 한다. 〈개정 2017. 12. 26.〉

③ 안전원에 관하여 이 법에 규정된 것을 제외하고는 「민법」 중 재단법인에 관한 규정을 준용한다. 〈개정 2017. 12. 26.〉

[전문개정 2011. 5. 30.]
[제목개정 2017. 12. 26.]

제40조의2(교육계획의 수립 및 평가 등)

① 안전원의 장(이하 "안전원장"이라 한다)은 소방기술과 안전관리의 기술향상을 위하여 매년 교육 수요조사를 실시하여 교육계획을 수립하고 소방청장의 승인을 받아야 한다.

② 안전원장은 소방청장에게 해당 연도 교육결과를 평가·분석하여 보고하여야 하며, 소방청장은 교육평가 결과를 제1항의 교육계획에 반영하게 할 수 있다.

③ 안전원장은 제2항의 교육결과를 객관적이고 정밀하게 분석하기 위하여 필요한 경우 교육 관련 전문가로 구성된 위원회를 운영할 수 있다.

④ 제3항에 따른 위원회의 구성·운영에 필요한 사항은 대통령령으로 정한다.

[본조신설 2017. 12. 26.]

제41조(안전원의 업무)

안전원은 다음 각 호의 업무를 수행한다. 〈개정 2017. 12. 26.〉

1. 소방기술과 안전관리에 관한 교육 및 조사·연구
2. 소방기술과 안전관리에 관한 각종 간행물 발간
3. 화재 예방과 안전관리의식 고취를 위한 대국민 홍보
4. 소방업무에 관하여 행정기관이 위탁하는 업무
5. 소방안전에 관한 국제협력

6. 그 밖에 회원에 대한 기술지원 등 정관으로 정하는 사항

[전문개정 2011. 5. 30.]

[제목개정 2017. 12. 26.]

제42조(회원의 관리)

안전원은 소방기술과 안전관리 역량의 향상을 위하여 다음 각 호의 사람을 회원으로 관리할 수 있다. 〈개정 2011. 8. 4., 2017. 12. 26.〉

1. 「화재예방, 소방시설 설치·유지 및 안전관리에 관한 법률」, 「소방시설공사업법」 또는 「위험물안전관리법」에 따라 등록을 하거나 허가를 받은 사람으로서 회원이 되려는 사람

2. 「화재예방, 소방시설 설치·유지 및 안전관리에 관한 법률」, 「소방시설공사업법」 또는 「위험물안전관리법」에 따라 소방안전관리자, 소방기술자 또는 위험물안전관리자로 선임되거나 채용된 사람으로서 회원이 되려는 사람

3. 그 밖에 소방 분야에 관심이 있거나 학식과 경험이 풍부한 사람으로서 회원이 되려는 사람

[전문개정 2011. 5. 30.]

[제목개정 2017. 12. 26.]

제43조(안전원의 정관)

① 안전원의 정관에는 다음 각 호의 사항이 포함되어야 한다. 〈개정 2017. 12. 26.〉

1. 목적

2. 명칭

3. 주된 사무소의 소재지

4. 사업에 관한 사항

5. 이사회에 관한 사항

6. 회원과 임원 및 직원에 관한 사항

7. 재정 및 회계에 관한 사항

8. 정관의 변경에 관한 사항

② 안전원은 정관을 변경하려면 소방청장의 인가를 받아야 한다.

〈개정 2014. 11. 19., 2017. 7. 26., 2017. 12. 26.〉

[전문개정 2011. 5. 30.]

[제목개정 2017. 12. 26.]

제44조(안전원의 운영 경비)

안전원의 운영 및 사업에 소요되는 경비는 다음 각 호의 재원으로 충당한다.

1. 제41조제1호 및 제4호의 업무 수행에 따른 수입금

2. 제42조에 따른 회원의 회비

3. 자산운영수익금

4. 그 밖의 부대수입

[전문개정 2017. 12. 26.]

제44조의2(안전원의 임원)

① 안전원에 임원으로 원장 1명을 포함한 9명 이내의 이사와 1명의 감사를 둔다.

② 제1항에 따른 원장과 감사는 소방청장이 임명한다.

[본조신설 2017. 12. 26.]

제44조의3(유사명칭의 사용금지)

이 법에 따른 안전원이 아닌 자는 한국소방안전원 또는 이와 유사한 명칭을 사용하지 못한다.

[본조신설 2017. 12. 26.]

제45조 삭제 〈2008. 6. 5.〉

제46조 삭제 〈2008. 6. 5.〉

제47조 삭제 〈2008. 6. 5.〉

제10장 보칙 〈개정 2011. 5. 30.〉

제48조(감독)

① 소방청장은 안전원의 업무를 감독한다.

〈개정 2005. 8. 4., 2008. 6. 5., 2014. 11. 19., 2017. 7. 26., 2017. 12. 26.〉

② 소방청장은 안전원에 대하여 업무 · 회계 및 재산에 관하여 필요한 사항을 보고하게 하거나, 소속 공무원으로 하여금 안전원의 장부 · 서류 및 그 밖의 물건을 검사하게 할 수 있다.

〈신설 2017. 12. 26.〉

③ 소방청장은 제2항에 따른 보고 또는 검사의 결과 필요하다고 인정되면 시정명령 등 필요한 조치를 할 수 있다.

〈신설 2017. 12. 26.〉

제49조(권한의 위임)

소방청장은 이 법에 따른 권한의 일부를 대통령령으로 정하는 바에 따라 시 · 도지사, 소방본부장 또는 소방서장에게 위임할 수 있다.

〈개정 2014. 11. 19., 2017. 7. 26.〉

[전문개정 2011. 5. 30.]

제49조의2(손실보상)

① 소방청장 또는 시 · 도지사는 다음 각 호의 어느 하나에 해당하는 자에게 제3항의 손실보상심의위원회의 심사 · 의결에 따라 정당한 보상을 하여야 한다.

1. 제16조의3제1항에 따른 조치로 인하여 손실을 입은 자

2. 제24조제1항 전단에 따른 소방활동 종사로 인하여 사망하거나 부상을 입은 자

3. 제25조제2항 또는 제3항에 따른 처분으로 인하여 손실을 입은 자. 다만, 같은 조 제3항에 해당하는 경우로서 법령을 위반하여 소방자동차의 통행과 소방활동에 방해가 된 경우는 제외한다.

4. 제27조제1항 또는 제2항에 따른 조치로 인하여 손실을 입은 자

5. 그 밖에 소방기관 또는 소방대의 적법한 소방업무 또는 소방활동으로 인하여 손실을 입은 자

② 제1항에 따라 손실보상을 청구할 수 있는 권리는 손실이 있음을 안 날부터 3년, 손실이 발생한 날부터 5년간 행사하지 아니하면 시효의 완성으로 소멸한다.

③ 제1항에 따른 손실보상청구 사건을 심사·의결하기 위하여 손실보상심의위원회를 둔다.

④ 제1항에 따른 손실보상의 기준, 보상금액, 지급절차 및 방법, 제3항에 따른 손실보상심의위원회의 구성 및 운영, 그 밖에 필요한 사항은 대통령령으로 정한다.

[본조신설 2017. 12. 26.]

제49조의3(벌칙 적용에서 공무원 의제)

제41조제4호에 따라 위탁받은 업무에 종사하는 안전원의 임직원은 「형법」 제129조부터 제132조까지를 적용할 때에는 공무원으로 본다.

[본조신설 2017. 12. 26.]

제11장 벌칙 〈개정 2011. 5. 30.〉

제50조(벌칙)

다음 각 호의 어느 하나에 해당하는 사람은 5년 이하의 징역 또는 5천만원 이하의 벌금에 처한다.

〈개정 2017. 12. 26., 2018. 3. 27.〉

1. 제16조제2항을 위반하여 다음 각 목의 어느 하나에 해당하는 행위를 한 사람
   가. 위력(威力)을 사용하여 출동한 소방대의 화재진압·인명구조 또는 구급활동을 방해하는 행위
   나. 소방대가 화재진압·인명구조 또는 구급활동을 위하여 현장에 출동하거나 현장에 출입하는 것을 고의로 방해하는 행위
   다. 출동한 소방대원에게 폭행 또는 협박을 행사하여 화재진압·인명구조 또는 구급활동을 방해하는 행위
   라. 출동한 소방대의 소방장비를 파손하거나 그 효용을 해하여 화재진압·인명구조 또는 구급활동을 방해하는 행위
2. 제21조제1항을 위반하여 소방자동차의 출동을 방해한 사람
3. 제24조제1항에 따른 사람을 구출하는 일 또는 불을 끄거나 불이 번지지 아니하도록 하는 일을 방해한 사람
4. 제28조를 위반하여 정당한 사유 없이 소방용수시설 또는 비상소화장치를 사용하거나 소방용수시설 또는 비상소화장치의 효용을 해치거나 그 정당한 사용을 방해한 사람

[전문개정 2011. 5. 30.]

제51조(벌칙)

제25조제1항에 따른 처분을 방해한 자 또는 정당한 사유 없이 그 처분에 따르지 아니한 자는 3년 이하의 징역 또는 3천만원 이하의 벌금에 처한다. 〈개정 2018. 3. 27.〉

[전문개정 2011. 5. 30.]

제52조(벌칙)

다음 각 호의 어느 하나에 해당하는 자는 300만원 이하의 벌금에 처한다.

1. 제25조제2항 및 제3항에 따른 처분을 방해한 자 또는 정당한 사유 없이 그 처분에 따르지

아니한 자

2. 제30조제3항을 위반하여 관계인의 정당한 업무를 방해하거나 화재조사를 수행하면서 알
게 된 비밀을 다른 사람에게 누설한 사람

[전문개정 2011. 5. 30.]

제53조(벌칙)

다음 각 호의 어느 하나에 해당하는 자는 200만원 이하의 벌금에 처한다.

〈개정 2010. 2. 4., 2011. 5. 30.〉

1. 정당한 사유 없이 제12조제1항 각 호의 어느 하나에 따른 명령에 따르지 아니하거나 이를
방해한 자

2. 정당한 사유 없이 제30조제1항에 따른 관계 공무원의 출입 또는 조사를 거부 · 방해 또는
기피한 자

제54조(벌칙)

다음 각 호의 어느 하나에 해당하는 자는 100만원 이하의 벌금에 처한다.

〈개정 2011. 8. 4., 2015. 7. 24., 2016. 1. 27.〉

1. 제13조제3항에 따른 화재경계지구 안의 소방대상물에 대한 소방특별조사를 거부 · 방해
또는 기피한 자

1의2. 제16조의3제2항을 위반하여 정당한 사유 없이 소방대의 생활안전활동을 방해한 자

2. 제20조를 위반하여 정당한 사유 없이 소방대가 현장에 도착할 때까지 사람을 구출하는 조
치 또는 불을 끄거나 불이 번지지 아니하도록 하는 조치를 하지 아니한 사람

3. 제26조제1항에 따른 피난 명령을 위반한 사람

4. 제27조제1항을 위반하여 정당한 사유 없이 물의 사용이나 수도의 개폐장치의 사용 또는
조작을 하지 못하게 하거나 방해한 자

5. 제27조제2항에 따른 조치를 정당한 사유 없이 방해한 자

[전문개정 2011. 5. 30.]

제55조(양벌규정)

법인의 대표자나 법인 또는 개인의 대리인, 사용인, 그 밖의 종업원이 그 법인 또는 개인의 업무에
관하여 제50조부터 제54조까지의 어느 하나에 해당하는 위반행위를 하면 그 행위자를 벌하는 외에
그 법인 또는 개인에게도 해당 조문의 벌금형을 과(科)한다. 다만, 법인 또는 개인이 그 위반행위를

방지하기 위하여 해당 업무에 관하여 상당한 주의와 감독을 게을리하지 아니한 경우에는 그러하지 아니하다.

[전문개정 2011. 5. 30.]

제56조(과태료)

① 다음 각 호의 어느 하나에 해당하는 자에게는 200만원 이하의 과태료를 부과한다.

〈개정 2016. 1. 27., 2017. 12. 26., 2020. 6. 9.〉

1. 제13조제4항에 따른 소방용수시설, 소화기구 및 설비 등의 설치 명령을 위반한 자
2. 제15조제1항에 따른 불을 사용할 때 지켜야 하는 사항 및 같은 조 제2항에 따른 특수가연물의 저장 및 취급 기준을 위반한 자
2의2. 제17조의6제5항을 위반하여 한국119청소년단 또는 이와 유사한 명칭을 사용한 자
3. 제19조제1항을 위반하여 화재 또는 구조·구급이 필요한 상황을 거짓으로 알린 사람
3의2. 제21조제3항을 위반하여 소방자동차의 출동에 지장을 준 자
4. 제23조제1항을 위반하여 소방활동구역을 출입한 사람
5. 제30조제1항에 따른 명령을 위반하여 보고 또는 자료 제출을 하지 아니하거나 거짓으로 보고 또는 자료 제출을 한 자
6. 제44조의3을 위반하여 한국소방안전원 또는 이와 유사한 명칭을 사용한 자

② 제21조의2제2항을 위반하여 전용구역에 차를 주차하거나 전용구역에의 진입을 가로막는 등의 방해행위를 한 자에게는 100만원 이하의 과태료를 부과한다. 〈신설 2018. 2. 9.〉

③ 제1항 및 제2항에 따른 과태료는 대통령령으로 정하는 바에 따라 관할 시·도지사, 소방본부장 또는 소방서장이 부과·징수한다. 〈개정 2018. 2. 9.〉

[전문개정 2011. 5. 30.]

제57조(과태료)

① 제19조제2항에 따른 신고를 하지 아니하여 소방자동차를 출동하게 한 자에게는 20만원 이하의 과태료를 부과한다.

② 제1항에 따른 과태료는 조례로 정하는 바에 따라 관할 소방본부장 또는 소방서장이 부과·징수한다.

[전문개정 2011. 5. 30.]

부칙 〈제17376호, 2020. 6. 9.〉

제1조(시행일)
이 법은 공포 후 6개월이 경과한 날부터 시행한다.

제2조(한국119소년단연맹에 관한 경과조치)
① 이 법 시행 당시 「민법」에 따라 설립된 사단법인 한국119소년단연맹은 제17조의6의 개정규정에 따라 설립된 한국119청소년단으로 본다.

② 이 법 시행 당시 「민법」에 따라 설립된 사단법인 한국119소년단연맹은 이 법 시행 후 2개월 이내에 이 법에 따른 한국119청소년단의 정관을 작성하여 소방청장의 인가를 받아야 한다.

③ 이 법 시행 당시 「민법」에 따라 설립된 사단법인 한국119소년단연맹은 제2항에 따른 인가를 받은 때에는 지체 없이 이 법에 따른 한국119청소년단의 설립등기를 하여야 한다.

④ 이 법 시행 당시 「민법」에 따라 설립된 사단법인 한국119소년단연맹은 제3항에 따라 설립등기를 마친 때에는 「민법」 중 법인의 해산 및 청산에 관한 규정에도 불구하고 해산된 것으로 본다.

⑤ 이 법 시행 당시 「민법」에 따라 설립된 사단법인 한국119소년단연맹의 모든 재산과 권리·의무는 이 법에 따른 한국119청소년단이 그 설립등기일에 승계한다.

⑥ 이 법 시행 당시 「민법」에 따라 설립된 사단법인 한국119소년단연맹의 임직원은 이 법에 따른 한국119청소년단의 임직원으로 보며, 임원의 임기는 종전의 임명일부터 기산(起算)한다.

소방기본법
시행령

[시행 2020. 4. 1]
[대통령령 제30515호, 2020. 3. 10, 타법개정]

제1조 목적

이 영은 「소방기본법」에서 위임된 사항과 그 시행에 관하여 필요한 사항을 규정함을 목적으로 한다. 〈개정 2005. 10. 20.〉

제1조의2(소방업무에 관한 종합계획 및 세부계획의 수립ㆍ시행)

① 소방청장은 「소방기본법」(이하 "법"이라 한다) 제6조제1항에 따른 소방업무에 관한 종합계획을 관계 중앙행정기관의 장과의 협의를 거쳐 계획 시행 전년도 10월 31일까지 수립하여야 한다. 〈개정 2017. 7. 26.〉

② 법 제6조제2항제7호에서 "대통령령으로 정하는 사항"이란 다음 각 호의 사항을 말한다.

　1. 재난ㆍ재해 환경 변화에 따른 소방업무에 필요한 대응 체계 마련

　2. 장애인, 노인, 임산부, 영유아 및 어린이 등 이동이 어려운 사람을 대상으로 한 소방활동에 필요한 조치

③ 특별시장ㆍ광역시장ㆍ특별자치시장ㆍ도지사 또는 특별자치도지사(이하 "시ㆍ도지사"라 한다)는 법 제6조제4항에 따른 종합계획의 시행에 필요한 세부계획을 계획 시행 전년도 12월 31일까지 수립하여 소방청장에게 제출하여야 한다. 〈개정 2017. 7. 26., 2018. 6. 26.〉

[본조신설 2016. 10. 25.]

제2조(국고보조 대상사업의 범위와 기준보조율)

① 법 제9조제2항에 따른 국고보조 대상사업의 범위는 다음 각 호와 같다. 〈개정 2005. 10. 20., 2011. 11. 30., 2016. 10. 25.〉

　1. 다음 각 목의 소방활동장비와 설비의 구입 및 설치

　　가. 소방자동차

　　나. 소방헬리콥터 및 소방정

　　다. 소방전용통신설비 및 전산설비

　　라. 그 밖에 방화복 등 소방활동에 필요한 소방장비

　2. 소방관서용 청사의 건축(「건축법」 제2조제1항제8호에 따른 건축을 말한다)

② 제1항제1호에 따른 소방활동장비 및 설비의 종류와 규격은 행정안전부령으로 정한다. 〈개정 2011. 11. 30., 2013. 3. 23., 2014. 11. 19., 2017. 7. 26.〉

③ 제1항에 따른 국고보조 대상사업의 기준보조율은 「보조금 관리에 관한 법률 시행령」에서 정하는 바에 따른다. 〈개정 2011. 11. 30.〉

[제목개정 2011. 11. 30.]

제2조의2(비상소화장치의 설치대상 지역)

법 제10조제2항에서 "대통령령으로 정하는 지역"이란 다음 각 호의 어느 하나에 해당하는 지역을 말한다.

　　1. 법 제13조제1항에 따라 지정된 화재경계지구

　　2. 시·도지사가 법 제10조제2항에 따른 비상소화장치의 설치가 필요하다고 인정하는 지역

[본조신설 2018. 6. 26.]

[종전 제2조의2는 제2조의3으로 이동 〈2018. 6. 26.〉]

제2조의3(소방력의 동원)

① 법 제11조의2제3항 및 제4항에 따라 동원된 소방력의 소방활동 수행 과정에서 발생하는 경비는 화재, 재난·재해 또는 그 밖의 구조·구급이 필요한 상황이 발생한 특별시·광역시·도 또는 특별자치도(이하 "시·도"라 한다)에서 부담하는 것을 원칙으로 하되, 구체적인 내용은 해당 시·도가 서로 협의하여 정한다.

② 법 제11조의2제3항 및 제4항에 따라 동원된 민간 소방 인력이 소방활동을 수행하다가 사망하거나 부상을 입은 경우 화재, 재난·재해 또는 그 밖의 구조·구급이 필요한 상황이 발생한 시·도가 해당 시·도의 조례로 정하는 바에 따라 보상한다.

③ 제1항 및 제2항에서 규정한 사항 외에 법 제11조의2에 따라 동원된 소방력의 운용과 관련하여 필요한 사항은 소방청장이 정한다. 〈개정 2014. 11. 19., 2017. 7. 26.〉

[본조신설 2011. 11. 30.]

[제2조의2에서 이동 〈2018. 6. 26.〉]

제3조(위험물 또는 물건의 보관기간 및 보관기간 경과후 처리 등)

① 법 제12조제5항의 규정에 의한 위험물 또는 물건의 보관기간은 법 제12조제4항의 규정에 의하여 소방본부 또는 소방서의 게시판에 공고하는 기간의 종료일 다음 날부터 7일로 한다.

② 소방본부장 또는 소방서장은 제1항의 규정에 의한 보관기간이 종료되는 때에는 보관하고 있는 위험물 또는 물건을 매각하여야 한다. 다만, 보관하고 있는 위험물 또는 물건이 부패·파손 또는 이와 유사한 사유로 소정의 용도에 계속 사용할 수 없는 경우에는 폐기할 수 있다.

③ 소방본부장 또는 소방서장은 보관하던 위험물 또는 물건을 제2항의 규정에 의하여 매각한 경우에는 지체없이 「국가재정법」에 의하여 세입조치를 하여야 한다. 〈개정 2005. 10. 20., 2006. 12. 29.〉

④ 소방본부장 또는 소방서장은 제2항의 규정에 의하여 매각되거나 폐기된 위험물 또는 물건의

소유자가 보상을 요구하는 경우에는 보상금액에 대하여 소유자와 협의를 거쳐 이를 보상하여야 한다.

제4조(화재경계지구의 관리)

① 삭제 〈2018. 3. 20.〉

② 소방본부장 또는 소방서장은 법 제13조제3항에 따라 화재경계지구 안의 소방대상물의 위치·구조 및 설비 등에 대한 소방특별조사를 연 1회 이상 실시하여야 한다.

〈개정 2012. 1. 31., 2018. 3. 20.〉

③ 소방본부장 또는 소방서장은 법 제13조제5항에 따라 화재경계지구 안의 관계인에 대하여 소방상 필요한 훈련 및 교육을 연 1회 이상 실시할 수 있다.　〈개정 2009. 5. 21., 2018. 3. 20.〉

④ 소방본부장 또는 소방서장은 제3항의 규정에 의한 소방상 필요한 훈련 및 교육을 실시하고자 하는 때에는 화재경계지구 안의 관계인에게 훈련 또는 교육 10일 전까지 그 사실을 통보하여야 한다.

⑤ 시·도지사는 법 제13조제6항에 따라 다음 각 호의 사항을 행정안전부령으로 정하는 화재경계지구 관리대장에 작성하고 관리하여야 한다.　〈신설 2018. 3. 20.〉

1. 화재경계지구의 지정 현황

2. 소방특별조사의 결과

3. 소방설비의 설치 명령 현황

4. 소방교육의 실시 현황

5. 소방훈련의 실시 현황

6. 그 밖에 화재예방 및 경계에 필요한 사항

[제목개정 2018. 3. 20.]

제5조(불을 사용하는 설비의 관리기준 등)

① 법 제15조제1항의 규정에 의한 보일러, 난로, 건조설비, 가스·전기시설 그 밖에 화재발생의 우려가 있는 설비 또는 기구 등의 위치·구조 및 관리와 화재예방을 위하여 불의 사용에 있어서 지켜야 하는 사항은 별표 1과 같다.

② 제1항에 규정된 것 외에 불을 사용하는 설비의 세부관리기준은 시·도의 조례로 정한다.

〈신설 2005. 10. 20., 2011. 11. 30.〉

제6조(화재의 확대가 빠른 특수가연물)

법 제15조제2항에서 "대통령령으로 정하는 특수가연물(特殊可燃物)"이란 별표 2에 규정된 품명별 수량 이상의 가연물을 말한다. 〈개정 2012. 7. 10.〉

제7조(특수가연물의 저장 및 취급의 기준)

법 제15조제2항에 따른 특수가연물의 저장 및 취급의 기준은 다음 각 호와 같다.

〈개정 2005. 10. 20., 2008. 1. 22.〉

1. 특수가연물을 저장 또는 취급하는 장소에는 품명·최대수량 및 화기취급의 금지표지를 설치할 것
2. 다음 각 목의 기준에 따라 쌓아 저장할 것. 다만, 석탄·목탄류를 발전(發電)용으로 저장하는 경우에는 그러하지 아니하다.
   가. 품명별로 구분하여 쌓을 것
   나. 쌓는 높이는 10미터 이하가 되도록 하고, 쌓는 부분의 바닥면적은 50제곱미터(석탄·목탄류의 경우에는 200제곱미터) 이하가 되도록 할 것. 다만, 살수설비를 설치하거나, 방사능력 범위에 해당 특수가연물이 포함되도록 대형수동식소화기를 설치하는 경우에는 쌓는 높이를 15미터 이하, 쌓는 부분의 바닥면적을 200제곱미터(석탄·목탄류의 경우에는 300제곱미터) 이하로 할 수 있다.
   다. 쌓는 부분의 바닥면적 사이는 1미터 이상이 되도록 할 것

제7조의2(소방안전교육사시험의 응시자격)

법 제17조의2제3항에 따른 소방안전교육사시험의 응시자격은 별표 2의2와 같다.

[전문개정 2016. 6. 30.]

제7조의3(시험방법)

① 소방안전교육사시험은 제1차 시험 및 제2차 시험으로 구분하여 시행한다.

② 제1차 시험은 선택형을, 제2차 시험은 논술형을 원칙으로 한다. 다만, 제2차 시험에는 주관식 단답형 또는 기입형을 포함할 수 있다.

③ 제1차 시험에 합격한 사람에 대해서는 다음 회의 시험에 한정하여 제1차 시험을 면제한다.

[전문개정 2016. 6. 30.]

제7조의4(시험과목)

① 소방안전교육사시험의 제1차 시험 및 제2차 시험 과목은 다음 각 호와 같다.

　　1. 제1차 시험: 소방학개론, 구급 · 응급처치론, 재난관리론 및 교육학개론 중 응시자가 선택하는 3과목

　　2. 제2차 시험: 국민안전교육 실무

② 제1항에 따른 시험 과목별 출제범위는 행정안전부령으로 정한다.　　　　〈개정 2017. 7. 26.〉

[전문개정 2016. 6. 30.]

제7조의5(시험위원 등)

① 소방청장은 소방안전교육사시험 응시자격심사, 출제 및 채점을 위하여 다음 각 호의 어느 하나에 해당하는 사람을 응시자격심사위원 및 시험위원으로 임명 또는 위촉하여야 한다.

　　　　　　　　　　〈개정 2009. 5. 21., 2014. 11. 19., 2016. 6. 30., 2017. 7. 26., 2020. 3. 10.〉

　　1. 소방 관련 학과, 교육학과 또는 응급구조학과 박사학위 취득자

　　2. 「고등교육법」 제2조제1호부터 제6호까지의 규정 중 어느 하나에 해당하는 학교에서 소방 관련 학과, 교육학과 또는 응급구조학과에서 조교수 이상으로 2년 이상 재직한 자

　　3. 소방위 이상의 소방공무원

　　4. 소방안전교육사 자격을 취득한 자

② 제1항에 따른 응시자격심사위원 및 시험위원의 수는 다음 각 호와 같다.

　　　　　　　　　　　　　　　　〈개정 2009. 5. 21., 2016. 6. 30.〉

　　1. 응시자격심사위원: 3명

　　2. 시험위원 중 출제위원: 시험과목별 3명

　　3. 시험위원 중 채점위원: 5명

　　4. 삭제 〈2016. 6. 30.〉

③ 제1항에 따라 응시자격심사위원 및 시험위원으로 임명 또는 위촉된 자는 소방청장이 정하는 시험문제 등의 작성시 유의사항 및 서약서 등에 따른 준수사항을 성실히 이행해야 한다.

　　　　　　　　　　　　　　　〈개정 2014. 11. 19., 2017. 7. 26.〉

④ 제1항에 따라 임명 또는 위촉된 응시자격심사위원 및 시험위원과 시험감독업무에 종사하는 자에 대하여는 예산의 범위에서 수당 및 여비를 지급할 수 있다.

[본조신설 2007. 2. 1.]

제7조의6(시험의 시행 및 공고)

① 소방안전교육사시험은 2년마다 1회 시행함을 원칙으로 하되, 소방청장이 필요하다고 인정하는 때에는 그 횟수를 증감할 수 있다. 〈개정 2014. 11. 19., 2017. 7. 26.〉

② 소방청장은 소방안전교육사시험을 시행하려는 때에는 응시자격·시험과목·일시·장소 및 응시절차 등에 관하여 필요한 사항을 모든 응시 희망자가 알 수 있도록 소방안전교육사시험의 시행일 90일 전까지 1개 이상의 일간신문(「신문 등의 진흥에 관한 법률」 제9조제1항제9호에 따라 전국을 보급지역으로 등록한 일간신문으로서 같은 법 제2조제1호가목 또는 나목에 해당하는 것을 말한다. 이하 같다)·소방기관의 게시판 또는 인터넷 홈페이지 그 밖의 효과적인 방법에 따라 공고해야 한다. 〈개정 2010. 1. 27., 2012. 5. 1., 2014. 11. 19., 2017. 7. 26.〉

[본조신설 2007. 2. 1.]

제7조의7(응시원서 제출 등)

① 소방안전교육사시험에 응시하려는 자는 행정안전부령으로 정하는 소방안전교육사시험응시원서를 소방청장에게 제출(정보통신망에 의한 제출을 포함한다. 이하 이 조에서 같다)하여야 한다. 〈개정 2008. 12. 31., 2013. 3. 23., 2014. 11. 19., 2016. 6. 30., 2017. 7. 26.〉

② 소방안전교육사시험에 응시하려는 자는 행정안전부령으로 정하는 제7조의2에 따른 응시자격에 관한 증명서류를 소방청장이 정하는 기간 내에 제출해야 한다. 〈개정 2008. 12. 31., 2009. 5. 21., 2013. 3. 23., 2014. 11. 19., 2017. 7. 26.〉

③ 소방안전교육사시험에 응시하려는 자는 행정안전부령으로 정하는 응시수수료를 납부해야 한다. 〈개정 2008. 12. 31., 2013. 3. 23., 2014. 11. 19., 2017. 7. 26.〉

④ 제3항에 따라 납부한 응시수수료는 다음 각 호의 어느 하나에 해당하는 경우에는 해당 금액을 반환하여야 한다. 〈개정 2012. 7. 10.〉

1. 응시수수료를 과오납한 경우: 과오납한 응시수수료 전액

2. 시험 시행기관의 귀책사유로 시험에 응시하지 못한 경우: 납입한 응시수수료 전액

3. 시험시행일 20일 전까지 접수를 철회하는 경우: 납입한 응시수수료 전액

4. 시험시행일 10일 전까지 접수를 철회하는 경우: 납입한 응시수수료의 100분의 50

[본조신설 2007. 2. 1.]

제7조의8(시험의 합격자 결정 등)

① 제1차 시험은 매과목 100점을 만점으로 하여 매과목 40점 이상, 전과목 평균 60점 이상 득점한 자를 합격자로 한다.

② 제2차 시험은 100점을 만점으로 하되, 시험위원의 채점점수 중 최고점수와 최저점수를 제외한 점수의 평균이 60점 이상인 사람을 합격자로 한다. 〈개정 2016. 6. 30.〉

③ 소방청장은 제1항 및 제2항에 따라 소방안전교육사시험 합격자를 결정한 때에는 이를 일간신문·소방기관의 게시판 또는 인터넷 홈페이지 그 밖의 효과적인 방법에 따라 공고해야 한다. 〈개정 2009. 5. 21., 2014. 11. 19., 2016. 6. 30., 2017. 7. 26.〉

④ 소방청장은 제3항에 따른 시험합격자 공고일부터 1개월 이내에 행정안전부령으로 정하는 소방안전교육사증을 시험합격자에게 발급하며, 이를 소방안전교육사증 교부대장에 기재하고 관리하여야 한다.
〈개정 2008. 12. 31., 2009. 5. 21., 2013. 3. 23., 2014. 11. 19., 2016. 6. 30., 2017. 7. 26.〉

[본조신설 2007. 2. 1.]

제7조의9 삭제 〈2016. 6. 30.〉

제7조의10(소방안전교육사의 배치대상)

법 제17조의5제1항에서 "그 밖에 대통령령으로 정하는 대상"이란 다음 각 호의 어느 하나에 해당하는 기관이나 단체를 말한다. 〈개정 2008. 12. 3., 2012. 7. 10., 2016. 6. 30., 2018. 6. 26.〉

1. 법 제40조에 따라 설립된 한국소방안전원(이하 "안전원"이라 한다)

2. 「소방산업의 진흥에 관한 법률」 제14조에 따른 한국소방산업기술원

[본조신설 2007. 2. 1.]

제7조의11(소방안전교육사의 배치대상별 배치기준)

법 제17조의5제2항에 따른 소방안전교육사의 배치대상별 배치기준은 별표 2의3과 같다.

〈개정 2016. 6. 30.〉

[본조신설 2007. 2. 1.]

제7조의12(소방자동차 전용구역 설치 대상)

법 제21조의2제1항에서 "대통령령으로 정하는 공동주택"이란 다음 각 호의 주택을 말한다.

1. 「건축법 시행령」 별표 1 제2호가목의 아파트 중 세대수가 100세대 이상인 아파트

2. 「건축법 시행령」 별표 1 제2호라목의 기숙사 중 3층 이상의 기숙사

[본조신설 2018. 8. 7.]

제7조의13(소방자동차 전용구역의 설치 기준 · 방법)

① 제7조의12에 따른 공동주택의 건축주는 소방자동차가 접근하기 쉽고 소방활동이 원활하게 수행될 수 있도록 각 동별 전면 또는 후면에 소방자동차 전용구역(이하 "전용구역"이라 한다)을 1개소 이상 설치하여야 한다. 다만, 하나의 전용구역에서 여러 동에 접근하여 소방활동이 가능한 경우로서 소방청장이 정하는 경우에는 각 동별로 설치하지 아니할 수 있다.

② 전용구역의 설치 방법은 별표 2의5와 같다.

[본조신설 2018. 8. 7.]

제7조의14(전용구역 방해행위의 기준)

법 제21조의2제2항에 따른 방해행위의 기준은 다음 각 호와 같다.

1. 전용구역에 물건 등을 쌓거나 주차하는 행위
2. 전용구역의 앞면, 뒷면 또는 양 측면에 물건 등을 쌓거나 주차하는 행위. 다만, 「주차장법」 제19조에 따른 부설주차장의 주차구획 내에 주차하는 경우는 제외한다.
3. 전용구역 진입로에 물건 등을 쌓거나 주차하여 전용구역으로의 진입을 가로막는 행위
4. 전용구역 노면표지를 지우거나 훼손하는 행위
5. 그 밖의 방법으로 소방자동차가 전용구역에 주차하는 것을 방해하거나 전용구역으로 진입하는 것을 방해하는 행위

[본조신설 2018. 8. 7.]

제8조(소방활동구역의 출입자)

법 제23조제1항에서 "대통령령으로 정하는 사람"이란 다음 각 호의 사람을 말한다.

〈개정 2012. 7. 10.〉

1. 소방활동구역 안에 있는 소방대상물의 소유자 · 관리자 또는 점유자
2. 전기 · 가스 · 수도 · 통신 · 교통의 업무에 종사하는 사람으로서 원활한 소방활동을 위하여 필요한 사람
3. 의사 · 간호사 그 밖의 구조 · 구급업무에 종사하는 사람
4. 취재인력 등 보도업무에 종사하는 사람
5. 수사업무에 종사하는 사람
6. 그 밖에 소방대장이 소방활동을 위하여 출입을 허가한 사람

제9조(교육평가심의위원회의 구성 · 운영)

① 안전원의 장(이하 "안전원장"이라 한다)은 법 제40조의2제3항에 따라 다음 각 호의 사항을 심의하기 위하여 교육평가심의위원회(이하 "평가위원회"라 한다)를 둔다.

  1. 교육평가 및 운영에 관한 사항

  2. 교육결과 분석 및 개선에 관한 사항

  3. 다음 연도의 교육계획에 관한 사항

② 평가위원회는 위원장 1명을 포함하여 9명 이하의 위원으로 성별을 고려하여 구성한다.

③ 평가위원회의 위원장은 위원 중에서 호선(互選)한다.

④ 평가위원회의 위원은 다음 각 호의 어느 하나에 해당하는 사람 중에서 안전원장이 임명 또는 위촉한다.

  1. 소방안전교육 업무 담당 소방공무원 중 소방청장이 추천하는 사람

  2. 소방안전교육 전문가

  3. 소방안전교육 수료자

  4. 소방안전에 관한 학식과 경험이 풍부한 사람

⑤ 평가위원회에 참석한 위원에게는 예산의 범위에서 수당을 지급할 수 있다. 다만, 공무원인 위원이 소관 업무와 직접 관련되어 참석하는 경우에는 수당을 지급하지 아니한다.

⑥ 제1항부터 제5항까지에서 규정한 사항 외에 평가위원회의 운영 등에 필요한 사항은 안전원장이 정한다.

[본조신설 2018. 6. 26.]

제10조(감독 등)

① 소방청장은 법 제48조제1항에 따라 안전원의 다음 각 호의 업무를 감독하여야 한다.

〈개정 2008. 12. 3., 2014. 11. 19., 2017. 7. 26., 2018. 6. 26.〉

  1. 이사회의 중요의결 사항

  2. 회원의 가입 · 탈퇴 및 회비에 관한 사항

  3. 사업계획 및 예산에 관한 사항

  4. 기구 및 조직에 관한 사항

  5. 그 밖에 소방청장이 위탁한 업무의 수행 또는 정관에서 정하고 있는 업무의 수행에 관한 사항

② 협회의 사업계획 및 예산에 관하여는 소방청장의 승인을 얻어야 한다.

〈개정 2005. 10. 20., 2008. 12. 3., 2014. 11. 19., 2017. 7. 26.〉

③ 소방청장은 협회의 업무감독을 위하여 필요한 자료의 제출을 명하거나 「화재예방, 소방시설 설치·유지 및 안전관리에 관한 법률」 제45조, 「소방시설공사업법」 제33조 및 「위험물안전관리법」 제30조의 규정에 의하여 위탁된 업무와 관련된 규정의 개선을 명할 수 있다. 이 경우 협회는 정당한 사유가 없는 한 이에 따라야 한다.

〈개정 2005. 10. 20., 2008. 12. 3., 2014. 11. 19., 2017. 1. 26., 2017. 7. 26.〉

[제18조에서 이동 〈2018. 6. 26.〉]

제11조(손실보상의 기준 및 보상금액)

① 법 제49조의2제1항에 따라 같은 항 각 호(제2호는 제외한다)의 어느 하나에 해당하는 자에게 물건의 멸실·훼손으로 인한 손실보상을 하는 때에는 다음 각 호의 기준에 따른 금액으로 보상한다. 이 경우 영업자가 손실을 입은 물건의 수리나 교환으로 인하여 영업을 계속할 수 없는 때에는 영업을 계속할 수 없는 기간의 영업이익액에 상당하는 금액을 더하여 보상한다.

1. 손실을 입은 물건을 수리할 수 있는 때: 수리비에 상당하는 금액

2. 손실을 입은 물건을 수리할 수 없는 때: 손실을 입은 당시의 해당 물건의 교환가액

② 물건의 멸실·훼손으로 인한 손실 외의 재산상 손실에 대해서는 직무집행과 상당한 인과관계가 있는 범위에서 보상한다.

③ 법 제49조의2제1항제2호에 따른 사상자의 보상금액 등의 기준은 별표 2의4와 같다.

[본조신설 2018. 6. 26.]

제12조(손실보상의 지급절차 및 방법)

① 법 제49조의2제1항에 따라 소방기관 또는 소방대의 적법한 소방업무 또는 소방활동으로 인하여 발생한 손실을 보상받으려는 자는 행정안전부령으로 정하는 보상금 지급 청구서에 손실내용과 손실금액을 증명할 수 있는 서류를 첨부하여 소방청장 또는 시·도지사(이하 "소방청장등"이라 한다)에게 제출하여야 한다. 이 경우 소방청장등은 손실보상금의 산정을 위하여 필요하면 손실보상을 청구한 자에게 증빙·보완 자료의 제출을 요구할 수 있다.

② 소방청장등은 제13조에 따른 손실보상심의위원회의 심사·의결을 거쳐 특별한 사유가 없으면 보상금 지급 청구서를 받은 날부터 60일 이내에 보상금 지급 여부 및 보상금액을 결정하여야 한다.

③ 소방청장등은 다음 각 호의 어느 하나에 해당하는 경우에는 그 청구를 각하(却下)하는 결정을 하여야 한다.

1. 청구인이 같은 청구 원인으로 보상금 청구를 하여 보상금 지급 여부 결정을 받은 경우. 다

만, 기각 결정을 받은 청구인이 손실을 증명할 수 있는 새로운 증거가 발견되었음을 소명(疎明)하는 경우는 제외한다.

2. 손실보상 청구가 요건과 절차를 갖추지 못한 경우. 다만, 그 잘못된 부분을 시정할 수 있는 경우는 제외한다.

④ 소방청장등은 제2항 또는 제3항에 따른 결정일부터 10일 이내에 행정안전부령으로 정하는 바에 따라 결정 내용을 청구인에게 통지하고, 보상금을 지급하기로 결정한 경우에는 특별한 사유가 없으면 통지한 날부터 30일 이내에 보상금을 지급하여야 한다.

⑤ 소방청장등은 보상금을 지급받을 자가 지정하는 예금계좌(「우체국예금·보험에 관한 법률」에 따른 체신관서 또는 「은행법」에 따른 은행의 계좌를 말한다)에 입금하는 방법으로 보상금을 지급한다. 다만, 보상금을 지급받을 자가 체신관서 또는 은행이 없는 지역에 거주하는 등 부득이한 사유가 있는 경우에는 그 보상금을 지급받을 자의 신청에 따라 현금으로 지급할 수 있다.

⑥ 보상금은 일시불로 지급하되, 예산 부족 등의 사유로 일시불로 지급할 수 없는 특별한 사정이 있는 경우에는 청구인의 동의를 받아 분할하여 지급할 수 있다.

⑦ 제1항부터 제6항까지에서 규정한 사항 외에 보상금의 청구 및 지급에 필요한 사항은 소방청장이 정한다.

[본조신설 2018. 6. 26.]

제13조(손실보상심의위원회의 설치 및 구성)

① 소방청장등은 법 제49조의2제3항에 따라 손실보상청구 사건을 심사·의결하기 위하여 각각 손실보상심의위원회(이하 "보상위원회"라 한다)를 둔다.

② 보상위원회는 위원장 1명을 포함하여 5명 이상 7명 이하의 위원으로 구성한다.

③ 보상위원회의 위원은 다음 각 호의 어느 하나에 해당하는 사람 중에서 소방청장등이 위촉하거나 임명한다. 이 경우 위원의 과반수는 성별을 고려하여 소방공무원이 아닌 사람으로 하여야 한다.

1. 소속 소방공무원

2. 판사·검사 또는 변호사로 5년 이상 근무한 사람

3. 「고등교육법」 제2조에 따른 학교에서 법학 또는 행정학을 가르치는 부교수 이상으로 5년 이상 재직한 사람

4. 「보험업법」 제186조에 따른 손해사정사

5. 소방안전 또는 의학 분야에 관한 학식과 경험이 풍부한 사람

④ 제3항에 따라 위촉되는 위원의 임기는 2년으로 하며, 한 차례만 연임할 수 있다.

⑤ 보상위원회의 사무를 처리하기 위하여 보상위원회에 간사 1명을 두되, 간사는 소속 소방공무원 중에서 소방청장등이 지명한다.

[본조신설 2018. 6. 26.]

제14조(보상위원회의 위원장)

① 보상위원회의 위원장(이하 "보상위원장"이라 한다)은 위원 중에서 호선한다.

② 보상위원장은 보상위원회를 대표하며, 보상위원회의 업무를 총괄한다.

③ 보상위원장이 부득이한 사유로 직무를 수행할 수 없는 때에는 보상위원장이 미리 지명한 위원이 그 직무를 대행한다.

[본조신설 2018. 6. 26.]

제15조(보상위원회의 운영)

① 보상위원장은 보상위원회의 회의를 소집하고, 그 의장이 된다.

② 보상위원회의 회의는 재적위원 과반수의 출석으로 개의(開議)하고, 출석위원 과반수의 찬성으로 의결한다.

③ 보상위원회는 심의를 위하여 필요한 경우에는 관계 공무원이나 관계 기관에 사실조사나 자료의 제출 등을 요구할 수 있으며, 관계 전문가에게 필요한 정보의 제공이나 의견의 진술 등을 요청할 수 있다.

[전문개정 2018. 6. 26.]

제16조(보상위원회 위원의 제척 · 기피 · 회피)

① 보상위원회의 위원이 다음 각 호의 어느 하나에 해당하는 경우에는 보상위원회의 심의 · 의결에서 제척(除斥)된다.

1. 위원 또는 그 배우자나 배우자였던 사람이 심의 안건의 청구인인 경우

2. 위원이 심의 안건의 청구인과 친족이거나 친족이었던 경우

3. 위원이 심의 안건에 대하여 증언, 진술, 자문, 용역 또는 감정을 한 경우

4. 위원이나 위원이 속한 법인(법무조합 및 공증인가합동법률사무소를 포함한다)이 심의 안건 청구인의 대리인이거나 대리인이었던 경우

5. 위원이 해당 심의 안건의 청구인인 법인의 임원인 경우

② 청구인은 보상위원회의 위원에게 공정한 심의 · 의결을 기대하기 어려운 사정이 있는 때에

는 보상위원회에 기피 신청을 할 수 있고, 보상위원회는 의결로 이를 결정한다. 이 경우 기피 신청의 대상인 위원은 그 의결에 참여하지 못한다.

③ 보상위원회의 위원이 제1항 각 호에 따른 제척 사유에 해당하는 경우에는 스스로 해당 안건의 심의 · 의결에서 회피(回避)하여야 한다.

[전문개정 2018. 6. 26.]

제17조(보상위원회 위원의 해촉 및 해임)

소방청장등은 보상위원회의 위원이 다음 각 호의 어느 하나에 해당하는 경우에는 해당 위원을 해촉(解囑)하거나 해임할 수 있다.

1. 심신장애로 인하여 직무를 수행할 수 없게 된 경우
2. 직무태만, 품위손상이나 그 밖의 사유로 위원으로 적합하지 아니하다고 인정되는 경우
3. 제16조제1항 각 호의 어느 하나에 해당하는 데에도 불구하고 회피하지 아니한 경우
4. 제17조의2를 위반하여 직무상 알게 된 비밀을 누설한 경우

[본조신설 2018. 6. 26.]

제17조의2(보상위원회의 비밀 누설 금지)

보상위원회의 회의에 참석한 사람은 직무상 알게 된 비밀을 누설해서는 아니 된다.

[본조신설 2018. 6. 26.]

제18조(보상위원회의 운영 등에 필요한 사항)

제13조부터 제17조까지 및 제17조의2에서 규정한 사항 외에 보상위원회의 운영 등에 필요한 사항은 소방청장등이 정한다.

[본조신설 2018. 6. 26.]

[종전 제18조는 제10조로 이동 〈2018. 6. 26.〉]

제18조의2(고유식별정보의 처리)

소방청장(해당 권한이 위임 · 위탁된 경우에는 그 권한을 위임 · 위탁받은 자를 포함한다), 시 · 도지사는 다음 각 호의 사무를 수행하기 위하여 불가피한 경우 「개인정보 보호법 시행령」 제19조제1호 또는 제4호에 따른 주민등록번호 또는 외국인등록번호가 포함된 자료를 처리할 수 있다.　　　　　　　　　　　　　　〈개정 2014. 11. 19., 2017. 7. 26., 2018. 6. 26.〉

1. 법 제17조의2에 따른 소방안전교육사 자격시험 운영 · 관리에 관한 사무

2. 법 제17조의3에 따른 소방안전교육사의 결격사유 확인에 관한 사무

3. 법 제49조의2에 따른 손실보상에 관한 사무

[본조신설 2014. 9. 30.]

제19조(과태료 부과기준)

법 제56조제1항 및 제2항에 따른 과태료의 부과기준은 별표 3과 같다. 〈개정 2018. 8. 7.〉

[전문개정 2009. 5. 21.]

부칙 〈제30515호, 2020. 3. 10.〉

이 영은 2020년 4월 1일부터 시행한다. 〈단서 생략〉

소방기본법
시행규칙

[시행 2020. 2. 20]
[행정안전부령 제160호, 2020. 2. 20, 일부개정]

제1조 목적

이 규칙은 「소방기본법」 및 같은 법 시행령에서 위임된 사항과 그 시행에 관하여 필요한 사항을 규정함을 목적으로 한다. 〈개정 2017. 7. 6.〉

제2조(종합상황실의 설치·운영)

① 「소방기본법」(이하 "법"이라 한다) 제4조제2항의 규정에 의한 종합상황실은 소방청과 특별시·광역시·특별자치시·도 또는 특별자치도(이하 "시·도"라 한다)의 소방본부 및 소방서에 각각 설치·운영하여야 한다. 〈개정 2007. 2. 1., 2014. 11. 19., 2017. 7. 6., 2017. 7. 26.〉

② 소방청장, 소방본부장 또는 소방서장은 신속한 소방활동을 위한 정보를 수집·전파하기 위하여 종합상황실에 「소방력 기준에 관한 규칙」에 의한 전산·통신요원을 배치하고, 소방청장이 정하는 유·무선통신시설을 갖추어야 한다. 〈개정 2007. 2. 1., 2014. 11. 19., 2017. 7. 26.〉

③ 종합상황실은 24시간 운영체제를 유지하여야 한다.

제3조(종합상황실의 실장의 업무 등)

① 종합상황실의 실장[종합상황실에 근무하는 자 중 최고직위에 있는 자(최고직위에 있는 자가 2인이상인 경우에는 선임자)를 말한다. 이하 같다]은 다음 각호의 업무를 행하고, 그에 관한 내용을 기록·관리하여야 한다.

  1. 화재, 재난·재해 그 밖에 구조·구급이 필요한 상황(이하 "재난상황"이라 한다)의 발생의 신고접수

  2. 접수된 재난상황을 검토하여 가까운 소방서에 인력 및 장비의 동원을 요청하는 등의 사고수습

  3. 하급소방기관에 대한 출동지령 또는 동급 이상의 소방기관 및 유관기관에 대한 지원요청

  4. 재난상황의 전파 및 보고

  5. 재난상황이 발생한 현장에 대한 지휘 및 피해현황의 파악

  6. 재난상황의 수습에 필요한 정보수집 및 제공

② 종합상황실의 실장은 다음 각호의 1에 해당하는 상황이 발생하는 때에는 그 사실을 지체없이 별지 제1호서식에 의하여 서면·모사전송 또는 컴퓨터통신 등으로 소방서의 종합상황실의 경우는 소방본부의 종합상황실에, 소방본부의 종합상황실의 경우는 소방청의 종합상황실에 각각 보고하여야 한다. 〈개정 2007. 2. 1., 2011. 3. 24., 2014. 11. 19., 2017. 7. 26.〉

  1. 다음 각목의 1에 해당하는 화재

   가. 사망자가 5인 이상 발생하거나 사상자가 10인 이상 발생한 화재

　　나. 이재민이 100인 이상 발생한 화재

　　다. 재산피해액이 50억원 이상 발생한 화재

　　라. 관공서·학교·정부미도정공장·문화재·지하철 또는 지하구의 화재

　　마. 관광호텔, 층수(「건축법 시행령」 제119조제1항제9호의 규정에 의하여 산정한 층수를 말한다. 이하 이 목에서 같다)가 11층 이상인 건축물, 지하상가, 시장, 백화점, 「위험물안전관리법」 제2조제2항의 규정에 의한 지정수량의 3천배 이상의 위험물의 제조소·저장소·취급소, 층수가 5층 이상이거나 객실이 30실 이상인 숙박시설, 층수가 5층 이상이거나 병상이 30개 이상인 종합병원·정신병원·한방병원·요양소, 연면적 1만5천제곱미터 이상인 공장 또는 소방기본법 시행령(이하 "영"이라 한다) 제4조제1항 각 목에 따른 화재경계지구에서 발생한 화재

　　바. 철도차량, 항구에 매어둔 총 톤수가 1천톤 이상인 선박, 항공기, 발전소 또는 변전소에서 발생한 화재

　　사. 가스 및 화약류의 폭발에 의한 화재

　　아. 「다중이용업소의 안전관리에 관한 특별법」 제2조에 따른 다중이용업소의 화재

2. 「긴급구조대응활동 및 현장지휘에 관한 규칙」에 의한 통제단장의 현장지휘가 필요한 재난상황

3. 언론에 보도된 재난상황

4. 그 밖에 소방청장이 정하는 재난상황

③ 종합상황실 근무자의 근무방법 등 종합상황실의 운영에 관하여 필요한 사항은 종합상황실을 설치하는 소방청장, 소방본부장 또는 소방서장이 각각 정한다.

〈개정 2007. 2. 1., 2014. 11. 19., 2017. 7. 26.〉

제4조(소방박물관의 설립과 운영)

① 소방청장은 법 제5조제2항의 규정에 의하여 소방박물관을 설립·운영하는 경우에는 소방박물관에 소방박물관장 1인과 부관장 1인을 두되, 소방박물관장은 소방공무원중에서 소방청장이 임명한다.　　〈개정 2007. 2. 1., 2014. 11. 19., 2017. 7. 26.〉

② 소방박물관은 국내·외의 소방의 역사, 소방공무원의 복장 및 소방장비 등의 변천 및 발전에 관한 자료를 수집·보관 및 전시한다.

③ 소방박물관에는 그 운영에 관한 중요한 사항을 심의하기 위하여 7인 이내의 위원으로 구성된 운영위원회를 둔다.

④ 제1항의 규정에 의하여 설립된 소방박물관의 관광업무·조직·운영위원회의 구성 등에 관

하여 필요한 사항은 소방청장이 정한다. 〈개정 2007. 2. 1., 2014. 11. 19., 2017. 7. 26.〉

제4조의2(소방체험관의 설립 및 운영)

① 법 제5조제1항에 따라 설립된 소방체험관(이하 "소방체험관"이라 한다)은 다음 각 호의 기능을 수행한다.

1. 재난 및 안전사고 유형에 따른 예방, 대처, 대응 등에 관한 체험교육(이하 "체험교육"이라 한다)의 제공

2. 체험교육 프로그램의 개발 및 국민 안전의식 향상을 위한 홍보 · 전시

3. 체험교육 인력의 양성 및 유관기관 · 단체 등과의 협력

4. 그 밖에 체험교육을 위하여 시 · 도지사가 필요하다고 인정하는 사업의 수행

② 법 제5조제2항에서 "행정안전부령으로 정하는 기준"이란 별표 1에 따른 기준을 말한다.

〈개정 2017. 7. 26.〉

[본조신설 2017. 7. 6.]

제5조(소방활동장비 및 설비의 규격 및 종류와 기준가격)

① 영 제2조제2항의 규정에 의한 국고보조의 대상이 되는 소방활동장비 및 설비의 종류 및 규격은 별표 1의2와 같다. 〈개정 2007. 2. 1., 2017. 7. 6.〉

② 영 제2조제2항의 규정에 의한 국고보조산정을 위한 기준가격은 다음 각호와 같다.

1. 국내조달품 : 정부고시가격

2. 수입물품 : 조달청에서 조사한 해외시장의 시가

3. 정부고시가격 또는 조달청에서 조사한 해외시장의 시가가 없는 물품 : 2 이상의 공신력 있는 물가조사기관에서 조사한 가격의 평균가격

제6조(소방용수시설 및 비상소화장치의 설치기준)

① 특별시장 · 광역시장 · 특별자치시장 · 도지사 또는 특별자치도지사(이하 "시 · 도지사"라 한다)는 법 제10조제1항의 규정에 의하여 설치된 소방용수시설에 대하여 별표 2의 소방용수표지를 보기 쉬운 곳에 설치하여야 한다. 〈개정 2017. 7. 6.〉

② 법 제10조제1항에 따른 소방용수시설의 설치기준은 별표 3과 같다. 〈개정 2018. 6. 26.〉

③ 법 제10조제2항에 따른 비상소화장치의 설치기준은 다음 각 호와 같다. 〈신설 2018. 6. 26.〉

1. 비상소화장치는 비상소화장치함, 소화전, 소방호스(소화전의 방수구에 연결하여 소화용수를 방수하기 위한 도관으로서 호스와 연결금속구로 구성되어 있는 소방용릴호스 또는

소방용고무내장호스를 말한다), 관창(소방호스용 연결금속구 또는 중간연결금속구 등의 끝에 연결하여 소화용수를 방수하기 위한 나사식 또는 차입식 토출기구를 말한다)을 포함하여 구성할 것

2. 소방호스 및 관창은 「화재예방, 소방시설 설치·유지 및 안전관리에 관한 법률」 제36조제5항에 따라 소방청장이 정하여 고시하는 형식승인 및 제품검사의 기술기준에 적합한 것으로 설치할 것

3. 비상소화장치함은 「화재예방, 소방시설 설치·유지 및 안전관리에 관한 법률」 제39조제4항에 따라 소방청장이 정하여 고시하는 성능인증 및 제품검사의 기술기준에 적합한 것으로 설치할 것

④ 제3항에서 규정한 사항 외에 비상소화장치의 설치기준에 관한 세부 사항은 소방청장이 정한다. 〈신설 2018. 6. 26.〉

[제목개정 2018. 6. 26.]

제7조(소방용수시설 및 지리조사)

① 소방본부장 또는 소방서장은 원활한 소방활동을 위하여 다음 각호의 조사를 월 1회 이상 실시하여야 한다.

1. 법 제10조의 규정에 의하여 설치된 소방용수시설에 대한 조사

2. 소방대상물에 인접한 도로의 폭·교통상황, 도로주변의 토지의 고저·건축물의 개황 그 밖의 소방활동에 필요한 지리에 대한 조사

② 제1항의 조사결과는 전자적 처리가 불가능한 특별한 사유가 없으면 전자적 처리가 가능한 방법으로 작성·관리하여야 한다. 〈신설 2008. 2. 12.〉

③ 제1항제1호의 조사는 별지 제2호서식에 의하고, 제1항제2호의 조사는 별지 제3호서식에 의하되, 그 조사결과를 2년간 보관하여야 한다. 〈개정 2008. 2. 12.〉

제8조(소방업무의 상호응원협정)

법 제11조제4항의 규정에 의하여 시·도지사는 이웃하는 다른 시·도지사와 소방업무에 관하여 상호응원협정을 체결하고자 하는 때에는 다음 각호의 사항이 포함되도록 하여야 한다.

1. 다음 각목의 소방활동에 관한 사항

가. 화재의 경계·진압활동

나. 구조·구급업무의 지원

다. 화재조사활동

2. 응원출동대상지역 및 규모

3. 다음 각목의 소요경비의 부담에 관한 사항

   가. 출동대원의 수당ㆍ식사 및 피복의 수선

   나. 소방장비 및 기구의 정비와 연료의 보급

   다. 그 밖의 경비

4. 응원출동의 요청방법

5. 응원출동훈련 및 평가

제8조의2(소방력의 동원 요청)

① 소방청장은 법 제11조의2제1항에 따라 각 시ㆍ도지사에게 소방력 동원을 요청하는 경우 동원 요청 사실과 다음 각 호의 사항을 팩스 또는 전화 등의 방법으로 통지하여야 한다. 다만, 긴급을 요하는 경우에는 시ㆍ도 소방본부 또는 소방서의 종합상황실장에게 직접 요청할 수 있다. 〈개정 2014. 11. 19., 2017. 7. 26.〉

1. 동원을 요청하는 인력 및 장비의 규모

2. 소방력 이송 수단 및 집결장소

3. 소방활동을 수행하게 될 재난의 규모, 원인 등 소방활동에 필요한 정보

② 제1항에서 규정한 사항 외에 그 밖의 시ㆍ도 소방력 동원에 필요한 사항은 소방청장이 정한다. 〈개정 2014. 11. 19., 2017. 7. 26.〉

[본조신설 2011. 11. 30.]

제8조의3(화재경계지구 관리대장)

영 제4조제6항에 따른 화재경계지구 관리대장은 별지 제3호의2서식에 따른다.

[본조신설 2018. 3. 20.]

[종전 제8조의3은 제8조의4로 이동 〈2018. 3. 20.〉]

제8조의4(소방지원활동)

법 제16조의2제1항제6호에서 "그 밖에 행정안전부령으로 정하는 활동"이란 다음 각 호의 어느 하나에 해당하는 활동을 말한다. 〈개정 2013. 3. 23., 2014. 11. 19., 2017. 7. 26.〉

1. 군ㆍ경찰 등 유관기관에서 실시하는 훈련지원 활동

2. 소방시설 오작동 신고에 따른 조치활동

3. 방송제작 또는 촬영 관련 지원활동

[본조신설 2011. 11. 30.]

[제8조의3에서 이동 〈2018. 3. 20.〉]

제9조(소방교육 · 훈련의 종류 등)

① 법 제17조제1항에 따라 소방대원에게 실시할 교육 · 훈련의 종류, 해당 교육 · 훈련을 받아야 할 대상자 및 교육 · 훈련기간 등은 별표 3의2와 같다.

② 법 제17조제2항에 따른 소방안전에 관한 교육과 훈련(이하 "소방안전교육훈련"이라 한다)에 필요한 시설, 장비, 강사자격 및 교육방법 등의 기준은 별표 3의3과 같다.

③ 소방청장, 소방본부장 또는 소방서장은 소방안전교육훈련을 실시하려는 경우 매년 12월 31 일까지 다음 해의 소방안전교육훈련 운영계획을 수립하여야 한다. 〈개정 2017. 7. 26.〉

④ 소방청장은 제3항에 따른 소방안전교육훈련 운영계획의 작성에 필요한 지침을 정하여 소방 본부장과 소방서장에게 매년 10월 31일까지 통보하여야 한다. 〈개정 2017. 7. 26.〉

[전문개정 2017. 7. 6.]

제9조의2(시험 과목별 출제범위)

영 제7조의4제2항에 따른 소방안전교육사 시험 과목별 출제범위는 별표 3의4와 같다.

〈개정 2017. 7. 6.〉

[전문개정 2017. 2. 3.]

제9조의3(응시원서 등)

① 영 제7조의7제1항에 따른 소방안전교육사시험 응시원서는 별지 제4호서식과 같다.

② 영 제7조의7제2항에 따라 응시자가 제출하여야 하는 증명서류는 다음 각 호의 서류 중 응시 자에게 해당되는 것으로 한다.

1. 자격증 사본. 다만, 영 별표 2의2 제6호, 제8호 및 제9호에 해당하는 사람이 응시하는 경우 해당 자격증 사본은 제외한다.

2. 교육과정 이수증명서 또는 수료증

3. 교과목 이수증명서 또는 성적증명서

4. 별지 제5호서식에 따른 경력(재직)증명서. 다만, 발행 기관에 별도의 경력(재직)증명서 서 식이 있는 경우는 그에 따를 수 있다.

5. 「화재예방, 소방시설 설치 · 유지 및 안전관리에 관한 법률 시행규칙」 제35조에 따른 소 방안전관리자수첩 사본

③ 소방청장은 제2항제1호 단서에 따라 응시자가 제출하지 아니한 영 별표 2의2 제6호, 제8호 및 제9호에 해당하는 국가기술자격증에 대해서는 「전자정부법」 제36조제1항에 따른 행정정보의 공동이용을 통하여 확인하여야 한다. 다만, 응시자가 확인에 동의하지 아니하는 경우에는 해당 국가기술자격증 사본을 제출하도록 하여야 한다.　　　　　〈개정 2017. 7. 26.〉

[본조신설 2017. 2. 3.]

[종전 제9조의3은 제9조의4로 이동 〈2017. 2. 3.〉]

제9조의4(응시수수료)

① 영 제7조의7제3항에 따른 응시수수료(이하 "수수료"라 한다)는 3만원으로 한다.

② 수수료는 수입인지 또는 정보통신망을 이용한 전자화폐 · 전자결제 등의 방법으로 납부하여야 한다.　　　　　〈신설 2012. 5. 25.〉

③ 삭제 〈2017. 2. 3.〉

[전문개정 2011. 3. 24.]

[제9조의3에서 이동, 종전 제9조의4는 제9조의5로 이동 〈2017. 2. 3.〉]

제9조의5(소방안전교육사증 등의 서식)

영 제7조의8제4항에 따른 소방안전교육사증 및 소방안전교육사증 교부대장은 별지 제6호서식 및 별지 제7호서식과 같다.　　　　　〈개정 2017. 2. 3.〉

[본조신설 2011. 3. 24.]

[제9조의4에서 이동 〈2017. 2. 3.〉]

제10조(소방신호의 종류 및 방법)

① 법 제18조의 규정에 의한 소방신호의 종류는 다음 각호와 같다.

　1. 경계신호 : 화재예방상 필요하다고 인정되거나 법 제14조의 규정에 의한 화재위험경보시 발령

　2. 발화신호 : 화재가 발생한 때 발령

　3. 해제신호 : 소화활동이 필요없다고 인정되는 때 발령

　4. 훈련신호 : 훈련상 필요하다고 인정되는 때 발령

② 제1항의 규정에 의한 소방신호의 종류별 소방신호의 방법은 별표 4와 같다.

제11조(화재조사의 방법 등)

① 법 제29조제1항에 따른 화재조사는 관계 공무원이 화재사실을 인지하는 즉시 제12조제4항에 따른 장비를 활용하여 실시되어야 한다. 〈개정 2018. 10. 25.〉

② 화재조사의 종류 및 조사의 범위는 별표 5와 같다.

제12조(화재조사전담부서의 설치 · 운영 등)

① 법 제29조제2항의 규정에 의하여 화재의 원인과 피해 조사를 위하여 소방청, 시 · 도의 소방본부와 소방서에 화재조사를 전담하는 부서를 설치 · 운영한다.

〈개정 2007. 2. 1., 2014. 11. 19., 2017. 7. 26.〉

② 화재조사전담부서의 장은 다음 각호의 업무를 관장한다.

1. 화재조사의 총괄 · 조정

2. 화재조사의 실시

3. 화재조사의 발전과 조사요원의 능력향상에 관한 사항

4. 화재조사를 위한 장비의 관리운영에 관한 사항

5. 그 밖의 화재조사에 관한 사항

③ 화재조사전담부서의 장은 소속 소방공무원 가운데 다음 각 호의 어느 하나에 해당하는 자로서 소방청장이 실시하는 화재조사에 관한 시험에 합격한 자로 하여금 화재조사를 실시하도록 하여야 한다. 다만, 화재조사에 관한 시험에 합격한 자가 없는 경우에는 소방공무원 중 「국가기술자격법」에 따른 건축 · 위험물 · 전기 · 안전관리(가스 · 소방 · 소방설비 · 전기안전 · 화재감식평가 종목에 한한다) 분야 산업기사 이상의 자격을 취득한 자 또는 소방공무원으로서 화재조사분야에서 1년 이상 근무한 자로 하여금 화재조사를 실시하도록 할 수 있다. 〈개정 2007. 2. 1., 2009. 3. 13., 2010. 8. 19., 2014. 11. 19., 2017. 7. 26., 2018. 10. 25.〉

1. 소방교육기관(중앙 · 지방소방학교 및 시 · 도에서 설치 · 운영하는 소방교육대를 말한다. 이하 같다)에서 8주 이상 화재조사에 관한 전문교육을 이수한 자

2. 국립과학수사연구원 또는 외국의 화재조사관련 기관에서 8주 이상 화재조사에 관한 전문교육을 이수한 자

④ 화재조사전담부서에는 별표 6의 기준에 의한 장비 및 시설을 갖추어야 한다.

〈개정 2009. 3. 13.〉

⑤ 소방청장 · 소방본부장 또는 소방서장은 화재조사전담부서에서 근무하는 자의 업무능력 향상을 위하여 국내 · 외의 소방 또는 안전에 관련된 전문기관에 위탁교육을 실시할 수 있다.

〈개정 2007. 2. 1., 2014. 11. 19., 2017. 7. 26.〉

⑥ 제2항에 따른 화재전담부서의 운영 및 제3항에 따른 화재조사에 관한 시험의 응시자격, 시험 방법, 시험과목, 그 밖에 시험의 시행에 필요한 사항은 소방청장이 정한다.

〈개정 2008. 2. 12., 2014. 11. 19., 2017. 7. 26.〉

제13조(화재조사에 관한 전문교육 등)

① 제12조제3항제1호에 따른 전문교육과정의 교육과목은 별표 7과 같으며, 교육과목별 교육시간과 실습교육의 방법은 전문교육과정을 운영하는 소방교육기관에서 정한다.

〈개정 2009. 3. 13.〉

② 소방청장은 화재조사에 관한 시험에 합격한 자에게 2년마다 전문보수교육을 실시하여야 한다.

〈개정 2007. 2. 1., 2014. 11. 19., 2017. 7. 26.〉

③ 소방청장은 제2항에 따른 전문보수교육을 소방본부장 또는 소방교육기관에 위탁하여 실시할 수 있다.

〈신설 2018. 10. 25.〉

④ 제2항의 규정에 의한 전문보수교육을 받지 아니한 자에 대하여는 전문보수교육을 이수하는 때까지 화재조사를 실시하게 하여서는 아니된다.

〈개정 2018. 10. 25.〉

제14조(보상금 지급 청구서 등의 서식)

① 영 제12조제1항에 따른 보상금 지급 청구서는 별지 제8호서식에 따른다.

② 영 제12조제4항에 따라 결정 내용을 청구인에게 통지하는 경우에는 다음 각 호의 서식에 따른다.

1. 보상금을 지급하기로 결정한 경우: 별지 제9호서식의 보상금 지급 결정 통지서

2. 보상금을 지급하지 아니하기로 결정하거나 보상금 지급 청구를 각하한 경우: 별지 제10호서식의 보상금 지급 청구 (기각 · 각하) 통지서

[본조신설 2018. 6. 26.]

제15조(과태료의 징수절차)

영 제19조제4항의 규정에 의한 과태료의 징수절차에 관하여는 「국고금관리법 시행규칙」을 준용한다. 이 경우 납입고지서에는 이의방법 및 이의기간 등을 함께 기재하여야 한다.

〈개정 2007. 2. 1.〉

부칙 〈제160호, 2020. 2. 20.〉

제1조(시행일)

이 규칙은 공포한 날부터 시행한다.

제2조(소방용수표지에 관한 경과조치)

이 규칙 시행 당시 종전의 규정에 따라 설치한 소방용수표지는 이 규칙 시행 후 3년 이내에 별표 2의 개정규정에 따른 기준에 적합하게 설치해야 한다.

제2부

소방시설공사업법

제1장 총칙 〈개정 2010. 7. 23.〉

제1조 목적

이 법은 소방시설공사 및 소방기술의 관리에 필요한 사항을 규정함으로써 소방시설업을 건전하게 발전시키고 소방기술을 진흥시켜 화재로부터 공공의 안전을 확보하고 국민경제에 이바지함을 목적으로 한다.

[전문개정 2010. 7. 23.]

제2조(정의)

① 이 법에서 사용하는 용어의 뜻은 다음과 같다. 〈개정 2011. 8. 4., 2014. 12. 30., 2018. 2. 9.〉

1. "소방시설업"이란 다음 각 목의 영업을 말한다.

   가. 소방시설설계업: 소방시설공사에 기본이 되는 공사계획, 설계도면, 설계 설명서, 기술계산서 및 이와 관련된 서류(이하 "설계도서"라 한다)를 작성(이하 "설계"라 한다)하는 영업

   나. 소방시설공사업: 설계도서에 따라 소방시설을 신설, 증설, 개설, 이전 및 정비(이하 "시공"이라 한다)하는 영업

   다. 소방공사감리업: 소방시설공사에 관한 발주자의 권한을 대행하여 소방시설공사가 설계도서와 관계 법령에 따라 적법하게 시공되는지를 확인하고, 품질·시공 관리에 대한 기술지도를 하는(이하 "감리"라 한다) 영업

   라. 방염처리업 : 「화재예방, 소방시설 설치·유지 및 안전관리에 관한 법률」 제12조제1항에 따른 방염대상물품에 대하여 방염처리(이하 "방염"이라 한다)하는 영업

2. "소방시설업자"란 소방시설업을 경영하기 위하여 제4조에 따라 소방시설업을 등록한 자를 말한다.

3. "감리원"이란 소방공사감리업자에 소속된 소방기술자로서 해당 소방시설공사를 감리하는 사람을 말한다.

4. "소방기술자"란 제28조에 따라 소방기술 경력 등을 인정받은 사람과 다음 각 목의 어느 하나에 해당하는 사람으로서 소방시설업과 「화재예방, 소방시설 설치·유지 및 안전관리에 관한 법률」에 따른 소방시설관리업의 기술인력으로 등록된 사람을 말한다.

   가. 「화재예방, 소방시설 설치·유지 및 안전관리에 관한 법률」에 따른 소방시설관리사

나. 국가기술자격 법령에 따른 소방기술사, 소방설비기사, 소방설비산업기사, 위험물기능
　　　　장, 위험물산업기사, 위험물기능사

　　5. "발주자"란 소방시설의 설계, 시공, 감리 및 방염(이하 "소방시설공사등"이라 한다)을 소방
　　　시설업자에게 도급하는 자를 말한다. 다만, 수급인으로서 도급받은 공사를 하도급하는 자
　　　는 제외한다.

② 이 법에서 사용하는 용어의 뜻은 제1항에서 규정하는 것을 제외하고는 「소방기본법」, 「화재
　　예방, 소방시설 설치 · 유지 및 안전관리에 관한 법률」, 「위험물안전관리법」 및 「건설산업
　　기본법」에서 정하는 바에 따른다. 　　　　　　　　　　　　　　　　　〈개정 2018. 2. 9.〉

[전문개정 2010. 7. 23.]

제2조의2(소방시설공사등 관련 주체의 책무)

① 소방청장은 소방시설공사등의 품질과 안전이 확보되도록 소방시설공사등에 관한 기준 등을 정
　　하여 보급하여야 한다.

② 발주자는 소방시설이 공공의 안전과 복리에 적합하게 시공되도록 공정한 기준과 절차에 따라
　　능력 있는 소방시설업자를 선정하여야 하고, 소방시설공사등이 적정하게 수행되도록 노력하여
　　야 한다.

③ 소방시설업자는 소방시설공사등의 품질과 안전이 확보되도록 소방시설공사등에 관한 법령을
　　준수하고, 설계도서 · 시방서(示方書) 및 도급계약의 내용 등에 따라 성실하게 소방시설공사등
　　을 수행하여야 한다.

[본조신설 2018. 2. 9.]

제3조(다른 법률과의 관계)

　소방시설공사 및 소방기술의 관리에 관하여 이 법에서 규정하지 아니한 사항에 대하여는 「화재
예방, 소방시설 설치 · 유지 및 안전관리에 관한 법률」과 「위험물안전관리법」을 적용한다.

　　　　　　　　　　　　　　　　　　　　　　　　　　　　　　〈개정 2018. 2. 9.〉

[전문개정 2010. 7. 23.]

제2장 소방시설업

제4조(소방시설업의 등록)

① 특정소방대상물의 소방시설공사등을 하려는 자는 업종별로 자본금(개인인 경우에는 자산 평가액을 말한다), 기술인력 등 대통령령으로 정하는 요건을 갖추어 특별시장·광역시장·특별자치시장·도지사 또는 특별자치도지사(이하 "시·도지사"라 한다)에게 소방시설업을 등록하여야 한다. 〈개정 2014. 12. 30.〉

② 제1항에 따른 소방시설업의 업종별 영업범위는 대통령령으로 정한다.

③ 제1항에 따른 소방시설업의 등록신청과 등록증·등록수첩의 발급·재발급 신청, 그 밖에 소방시설업 등록에 필요한 사항은 행정안전부령으로 정한다.

〈개정 2013. 3. 23., 2014. 11. 19., 2017. 7. 26.〉

④ 제1항에도 불구하고 「공공기관의 운영에 관한 법률」 제5조에 따른 공기업·준정부기관 및 「지방공기업법」 제49조에 따라 설립된 지방공사나 같은 법 제76조에 따라 설립된 지방공단이 다음 각 호의 요건을 모두 갖춘 경우에는 시·도지사에게 등록을 하지 아니하고 자체 기술인력을 활용하여 설계·감리를 할 수 있다. 이 경우 대통령령으로 정하는 기술인력을 보유하여야 한다.

1. 주택의 건설·공급을 목적으로 설립되었을 것

2. 설계·감리 업무를 주요 업무로 규정하고 있을 것

[전문개정 2010. 7. 23.]

제5조(등록의 결격사유)

다음 각 호의 어느 하나에 해당하는 자는 소방시설업을 등록할 수 없다.

〈개정 2013. 5. 22., 2015. 7. 20., 2018. 2. 9.〉

1. 피성년후견인

2. 삭제 〈2015. 7. 20.〉

3. 이 법, 「소방기본법」, 「화재예방, 소방시설 설치·유지 및 안전관리에 관한 법률」 또는 「위험물안전관리법」에 따른 금고 이상의 실형을 선고받고 그 집행이 끝나거나(집행이 끝난 것으로 보는 경우를 포함한다) 면제된 날부터 2년이 지나지 아니한 사람

4. 이 법, 「소방기본법」, 「화재예방, 소방시설 설치·유지 및 안전관리에 관한 법률」 또

는 「위험물안전관리법」에 따른 금고 이상의 형의 집행유예를 선고받고 그 유예기간 중에 있는 사람

5. 등록하려는 소방시설업 등록이 취소(제1호에 해당하여 등록이 취소된 경우는 제외한다)된 날부터 2년이 지나지 아니한 자

6. 법인의 대표자가 제1호부터 제5호까지의 규정에 해당하는 경우 그 법인

7. 법인의 임원이 제3호부터 제5호까지의 규정에 해당하는 경우 그 법인

[전문개정 2010. 7. 23.]

제6조(등록사항의 변경신고)

소방시설업자는 제4조에 따라 등록한 사항 중 행정안전부령으로 정하는 중요 사항을 변경할 때에는 행정안전부령으로 정하는 바에 따라 시·도지사에게 신고하여야 한다.

〈개정 2013. 3. 23., 2014. 11. 19., 2017. 7. 26.〉

[전문개정 2010. 7. 23.]

제6조의2(휴업·폐업 신고 등)

① 소방시설업자는 소방시설업을 휴업·폐업 또는 재개업하는 때에는 행정안전부령으로 정하는 바에 따라 시·도지사에게 신고하여야 한다.　　　　　　　　　　　　〈개정 2017. 7. 26.〉

② 제1항에 따른 폐업신고를 받은 시·도지사는 소방시설업 등록을 말소하고 그 사실을 행정안전부령으로 정하는 바에 따라 공고하여야 한다.　　　　　　　　　〈개정 2017. 7. 26.〉

③ 제1항에 따른 폐업신고를 한 자가 제2항에 따라 소방시설업 등록이 말소된 후 6개월 이내에 같은 업종의 소방시설업을 다시 제4조에 따라 등록한 경우 해당 소방시설업자는 폐업신고 전 소방시설업자의 지위를 승계한다.　　　　　　　　　　　　　　　〈신설 2020. 6. 9.〉

④ 제3항에 따라 소방시설업자의 지위를 승계한 자에 대해서는 폐업신고 전의 소방시설업자에 대한 행정처분의 효과가 승계된다.　　　　　　　　　　　　　　　　〈신설 2020. 6. 9.〉

[본조신설 2016. 1. 27.]

[제목개정 2020. 6. 9.]

제7조(소방시설업자의 지위승계)

① 다음 각 호의 어느 하나에 해당하는 자가 종전의 소방시설업자의 지위를 승계하려는 경우에는 그 상속일, 양수일 또는 합병일부터 30일 이내에 행정안전부령으로 정하는 바에 따라 그 사실을 시·도지사에게 신고하여야 한다.　　　　　　　　　　〈개정 2016. 1. 27., 2020. 6. 9.〉

1. 소방시설업자가 사망한 경우 그 상속인

2. 소방시설업자가 그 영업을 양도한 경우 그 양수인

3. 법인인 소방시설업자가 다른 법인과 합병한 경우 합병 후 존속하는 법인이나 합병으로 설립되는 법인

4. 삭제 〈2020. 6. 9.〉

② 다음 각 호의 어느 하나에 해당하는 절차에 따라 소방시설업자의 소방시설의 전부를 인수한 자가 종전의 소방시설업자의 지위를 승계하려는 경우에는 그 인수일부터 30일 이내에 행정안전부령으로 정하는 바에 따라 그 사실을 시·도지사에게 신고하여야 한다. 〈개정 2016. 12. 27., 2020. 6. 9.〉

1. 「민사집행법」에 따른 경매

2. 「채무자 회생 및 파산에 관한 법률」에 따른 환가(換價)

3. 「국세징수법」, 「관세법」 또는 「지방세징수법」에 따른 압류재산의 매각

4. 그 밖에 제1호부터 제3호까지의 규정에 준하는 절차

③ 시·도지사는 제1항 또는 제2항에 따른 신고를 받은 경우 그 내용을 검토하여 이 법에 적합하면 신고를 수리하여야 한다.   〈개정 2020. 6. 9.〉

④ 제1항이나 제2항에 따른 지위승계에 관하여는 제5조를 준용한다. 다만, 상속인이 제5조 각 호의 어느 하나에 해당하는 경우 상속받은 날부터 3개월 동안은 그러하지 아니하다.

⑤ 제1항 또는 제2항에 따른 신고가 수리된 경우에는 제1항 각 호에 해당하는 자 또는 소방시설업자의 소방시설의 전부를 인수한 자는 그 상속일, 양수일, 합병일 또는 인수일부터 종전의 소방시설업자의 지위를 승계한다.   〈개정 2020. 6. 9.〉

[전문개정 2010. 7. 23.]

제8조(소방시설업의 운영)

① 소방시설업자는 다른 자에게 자기의 성명이나 상호를 사용하여 소방시설공사등을 수급 또는 시공하게 하거나 소방시설업의 등록증 또는 등록수첩을 빌려 주어서는 아니 된다.

〈개정 2020. 6. 9.〉

② 제9조제1항에 따라 영업정지처분이나 등록취소처분을 받은 소방시설업자는 그 날부터 소방시설공사등을 하여서는 아니 된다. 다만, 소방시설의 착공신고가 수리(受理)되어 공사를 하고 있는 자로서 도급계약이 해지되지 아니한 소방시설공사업자 또는 소방공사감리업자가 그 공사를 하는 동안이나 제4조제1항에 따라 방염처리업을 등록한 자(이하 "방염처리업자"라 한다)가 도급을 받아 방염 중인 것으로서 도급계약이 해지되지 아니한 상태에서 그 방염을 하는 동안에는

그러하지 아니하다. 〈개정 2014. 12. 30., 2018. 2. 9.〉

③ 소방시설업자는 다음 각 호의 어느 하나에 해당하는 경우에는 소방시설공사등을 맡긴 특정소방대상물의 관계인에게 지체 없이 그 사실을 알려야 한다. 〈개정 2014. 12. 30.〉

1. 제7조에 따라 소방시설업자의 지위를 승계한 경우

2. 제9조제1항에 따라 소방시설업의 등록취소처분 또는 영업정지처분을 받은 경우

3. 휴업하거나 폐업한 경우

④ 소방시설업자는 행정안전부령으로 정하는 관계 서류를 제15조제1항에 따른 하자보수 보증기간 동안 보관하여야 한다. 〈개정 2013. 3. 23., 2014. 11. 19., 2017. 7. 26.〉

[전문개정 2010. 7. 23.]

제9조(등록취소와 영업정지 등)

① 시ㆍ도지사는 소방시설업자가 다음 각 호의 어느 하나에 해당하면 행정안전부령으로 정하는 바에 따라 그 등록을 취소하거나 6개월 이내의 기간을 정하여 시정이나 그 영업의 정지를 명할 수 있다. 다만, 제1호ㆍ제3호 또는 제7호에 해당하는 경우에는 그 등록을 취소하여야 한다.
〈개정 2013. 3. 23., 2014. 11. 19., 2014. 12. 30., 2015. 7. 20., 2016. 1. 27., 2017. 7. 26., 2018. 2. 9., 2020. 6. 9.〉

1. 거짓이나 그 밖의 부정한 방법으로 등록한 경우

2. 제4조제1항에 따른 등록기준에 미달하게 된 후 30일이 경과한 경우. 다만, 자본금기준에 미달한 경우 중 「채무자 회생 및 파산에 관한 법률」에 따라 법원이 회생절차의 개시의 결정을 하고 그 절차가 진행 중인 경우 등 대통령령으로 정하는 경우는 30일이 경과한 경우에도 예외로 한다.

3. 제5조 각 호의 등록 결격사유에 해당하게 된 경우

4. 등록을 한 후 정당한 사유 없이 1년이 지날 때까지 영업을 시작하지 아니하거나 계속하여 1년 이상 휴업한 때

5. 삭제 〈2013. 5. 22.〉

6. 제8조제1항을 위반하여 다른 자에게 자기의 성명이나 상호를 사용하여 소방시설공사등을 수급 또는 시공하게 하거나 소방시설업의 등록증 또는 등록수첩을 빌려준 경우

7. 제8조제2항을 위반하여 영업정지 기간 중에 소방시설공사등을 한 경우

8. 제8조제3항 또는 제4항을 위반하여 통지를 하지 아니하거나 관계서류를 보관하지 아니한 경우

9. 제11조나 제12조제1항을 위반하여 「화재예방, 소방시설 설치ㆍ유지 및 안전관리에 관한 법률」 제9조제1항에 따른 화재안전기준(이하 "화재안전기준"이라 한다) 등에 적합하게 설계ㆍ시공을 하지 아니하거나, 제16조제1항에 따라 적합하게 감리를 하지 아니한 경우

10. 제11조, 제12조제1항, 제16조제1항 또는 제20조의2에 따른 소방시설공사등의 업무수행 의무 등을 고의 또는 과실로 위반하여 다른 자에게 상해를 입히거나 재산피해를 입힌 경우

11. 제12조제2항을 위반하여 소속 소방기술자를 공사현장에 배치하지 아니하거나 거짓으로 한 경우

12. 제13조나 제14조를 위반하여 착공신고(변경신고를 포함한다)를 하지 아니하거나 거짓으로 한 때 또는 완공검사(부분완공검사를 포함한다)를 받지 아니한 경우

13. 제13조제2항 후단을 위반하여 착공신고사항 중 중요한 사항에 해당하지 아니하는 변경사항을 같은 항 각 호의 어느 하나에 해당하는 서류에 포함하여 보고하지 아니한 경우

14. 제15조제3항을 위반하여 하자보수 기간 내에 하자보수를 하지 아니하거나 하자보수계획을 통보하지 아니한 경우

14의2. 제16조제3항에 따른 감리의 방법을 위반한 경우

15. 제17조제3항을 위반하여 인수 · 인계를 거부 · 방해 · 기피한 경우

16. 제18조제1항을 위반하여 소속 감리원을 공사현장에 배치하지 아니하거나 거짓으로 한 경우

17. 제18조제3항의 감리원 배치기준을 위반한 경우

18. 제19조제1항에 따른 요구에 따르지 아니한 경우

19. 제19조제3항을 위반하여 보고하지 아니한 경우

20. 제20조를 위반하여 감리 결과를 알리지 아니하거나 거짓으로 알린 경우 또는 공사감리 결과보고서를 제출하지 아니하거나 거짓으로 제출한 경우

20의2. 제20조의2를 위반하여 방염을 한 경우

20의3. 제20조의3제2항에 따른 방염처리능력 평가에 관한 서류를 거짓으로 제출한 경우

20의4. 제21조의3제4항을 위반하여 하도급 등에 관한 사항을 관계인과 발주자에게 알리지 아니하거나 거짓으로 알린 경우

21. 제22조제1항 본문을 위반하여 도급받은 소방시설의 설계, 시공, 감리를 하도급한 경우

21의2. 제22조제2항을 위반하여 하도급받은 소방시설공사를 다시 하도급한 경우

22.

[제22호는 제20호의4로 이동 〈2020. 6. 9.〉]

23. 제22조의2제2항을 위반하여 정당한 사유 없이 하수급인 또는 하도급 계약내용의 변경요구에 따르지 아니한 경우

23의2. 제22조의3을 위반하여 하수급인에게 대금을 지급하지 아니한 경우

24. 제24조를 위반하여 시공과 감리를 함께 한 경우

24의2. 제26조제2항에 따른 시공능력 평가에 관한 서류를 거짓으로 제출한 경우

24의3. 제26조의2제2항에 따른 사업수행능력 평가에 관한 서류를 위조하거나 변조하는 등 거짓이나 그 밖의 부정한 방법으로 입찰에 참여한 경우

25. 제31조에 따른 명령을 위반하여 보고 또는 자료 제출을 하지 아니하거나 거짓으로 보고 또는 자료 제출을 한 경우

26. 정당한 사유 없이 제31조에 따른 관계 공무원의 출입 또는 검사 · 조사를 거부 · 방해 또는 기피한 경우

② 제7조에 따라 소방시설업자의 지위를 승계한 상속인이 제5조 각 호의 어느 하나에 해당할 때에는 상속을 개시한 날부터 6개월 동안은 제1항제3호를 적용하지 아니한다.

③ 발주자는 소방시설업자가 제1항 각 호의 어느 하나에 해당하는 경우 그 사실을 시 · 도지사에게 통보하여야 한다. 〈신설 2016. 1. 27.〉

④ 시 · 도지사는 제1항 또는 제10조제1항에 따라 등록취소, 영업정지 또는 과징금 부과 등의 처분을 하는 경우 해당 발주자에게 그 내용을 통보하여야 한다. 〈신설 2016. 1. 27.〉

[전문개정 2010. 7. 23.]

제10조(과징금처분) ① 시 · 도지사는 제9조제1항 각 호의 어느 하나에 해당하는 경우로서 영업정지가 그 이용자에게 불편을 주거나 그 밖에 공익을 해칠 우려가 있을 때에는 영업정지처분을 갈음하여 2억원 이하의 과징금을 부과할 수 있다. 〈개정 2020. 6. 9.〉

② 제1항에 따른 과징금을 부과하는 위반행위의 종류와 위반 정도 등에 따른 과징금과 그 밖에 필요한 사항은 행정안전부령으로 정한다. 〈개정 2013. 3. 23., 2014. 11. 19., 2017. 7. 26.〉

③ 시 · 도지사는 제1항에 따른 과징금을 내야 할 자가 납부기한까지 과징금을 내지 아니하면 「지방행정제재 · 부과금의 징수 등에 관한 법률」에 따라 징수한다. 〈개정 2013. 8. 6., 2020. 3. 24.〉

[전문개정 2010. 7. 23.]

제3장 소방시설공사등 〈개정 2014. 12. 30.〉

제1절 설계 〈개정 2010. 7. 23.〉

제11조(설계)

① 제4조제1항에 따라 소방시설설계업을 등록한 자(이하 "설계업자"라 한다)는 이 법이나 이 법에 따른 명령과 화재안전기준에 맞게 소방시설을 설계하여야 한다. 다만, 「화재예방, 소방시설 설치·유지 및 안전관리에 관한 법률」 제11조의2제1항에 따른 중앙소방기술심의위원회의 심의를 거쳐 소방시설의 구조와 원리 등에서 특수한 설계로 인정된 경우는 화재안전기준을 따르지 아니할 수 있다.　　　　　　　　　　　　　　　　　　　〈개정 2014. 12. 30., 2018. 2. 9.〉

② 제1항 본문에도 불구하고 「화재예방, 소방시설 설치·유지 및 안전관리에 관한 법률」 제9조의3에 따른 특정소방대상물(신축하는 것만 해당한다)에 대해서는 그 용도, 위치, 구조, 수용 인원, 가연물(可燃物)의 종류 및 양 등을 고려하여 설계(이하 "성능위주설계"라 한다)하여야 한다.　　　　　　　　　　　　　　　　　　　　　　〈개정 2014. 12. 30., 2018. 2. 9.〉

③ 성능위주설계를 할 수 있는 자의 자격, 기술인력 및 자격에 따른 설계의 범위와 그 밖에 필요한 사항은 대통령령으로 정한다.

④ 삭제 〈2014. 12. 30.〉

[전문개정 2010. 7. 23.]

제2절 시공 〈개정 2010. 7. 23.〉

제12조(시공) ① 제4조제1항에 따라 소방시설공사업을 등록한 자(이하 "공사업자"라 한다)는 이 법이나 이 법에 따른 명령과 화재안전기준에 맞게 시공하여야 한다. 이 경우 소방시설의 구조와 원리 등에서 그 공법이 특수한 시공에 관하여는 제11조제1항 단서를 준용한다.

② 공사업자는 소방시설공사의 책임시공 및 기술관리를 위하여 대통령령으로 정하는 바에 따라 소속 소방기술자를 공사 현장에 배치하여야 한다.

[전문개정 2010. 7. 23.]

제13조(착공신고)

① 공사업자는 대통령령으로 정하는 소방시설공사를 하려면 행정안전부령으로 정하는 바에 따라 그 공사의 내용, 시공 장소, 그 밖에 필요한 사항을 소방본부장이나 소방서장에게 신고하여야 한다. 〈개정 2013. 3. 23., 2014. 11. 19., 2017. 7. 26.〉

② 공사업자가 제1항에 따라 신고한 사항 가운데 행정안전부령으로 정하는 중요한 사항을 변경하였을 때에는 행정안전부령으로 정하는 바에 따라 변경신고를 하여야 한다. 이 경우 중요한 사항에 해당하지 아니하는 변경 사항은 다음 각 호의 어느 하나에 해당하는 서류에 포함하여 소방본부장이나 소방서장에게 보고하여야 한다.
〈개정 2013. 3. 23., 2014. 11. 19., 2017. 7. 26., 2020. 6. 9.〉

1. 제14조제1항 또는 제2항에 따른 완공검사 또는 부분완공검사를 신청하는 서류
2. 제20조에 따른 공사감리 결과보고서

③ 소방본부장 또는 소방서장은 제1항 또는 제2항 전단에 따른 착공신고 또는 변경신고를 받은 날부터 2일 이내에 신고수리 여부를 신고인에게 통지하여야 한다. 〈신설 2020. 6. 9.〉

④ 소방본부장 또는 소방서장이 제3항에서 정한 기간 내에 신고수리 여부 또는 민원 처리 관련 법령에 따른 처리기간의 연장을 신고인에게 통지하지 아니하면 그 기간(민원처리 관련 법령에 따라 처리기간이 연장 또는 재연장된 경우에는 해당 처리기간을 말한다)이 끝난 날의 다음 날에 신고를 수리한 것으로 본다. 〈신설 2020. 6. 9.〉

[전문개정 2010. 7. 23.]

제14조(완공검사)

① 공사업자는 소방시설공사를 완공하면 소방본부장 또는 소방서장의 완공검사를 받아야 한다. 다만, 제17조제1항에 따라 공사감리자가 지정되어 있는 경우에는 공사감리 결과보고서로 완공검사를 갈음하되, 대통령령으로 정하는 특정소방대상물의 경우에는 소방본부장이나 소방서장이 소방시설공사가 공사감리 결과보고서대로 완공되었는지를 현장에서 확인할 수 있다.

② 공사업자가 소방대상물 일부분의 소방시설공사를 마친 경우로서 전체 시설이 준공되기 전에 부분적으로 사용할 필요가 있는 경우에는 그 일부분에 대하여 소방본부장이나 소방서장에게 완공검사(이하 "부분완공검사"라 한다)를 신청할 수 있다. 이 경우 소방본부장이나 소방서장은 그 일부분의 공사가 완공되었는지를 확인하여야 한다.

③ 소방본부장이나 소방서장은 제1항에 따른 완공검사나 제2항에 따른 부분완공검사를 하였을 때에는 완공검사증명서나 부분완공검사증명서를 발급하여야 한다.

④ 제1항부터 제3항까지의 규정에 따른 완공검사 및 부분완공검사의 신청과 검사증명서의 발급,

그 밖에 완공검사 및 부분완공검사에 필요한 사항은 행정안전부령으로 정한다.

〈개정 2013. 3. 23., 2014. 11. 19., 2017. 7. 26.〉

[전문개정 2010. 7. 23.]

제15조(공사의 하자보수 등)

① 공사업자는 소방시설공사 결과 자동화재탐지설비 등 대통령령으로 정하는 소방시설에 하자가 있을 때에는 대통령령으로 정하는 기간 동안 그 하자를 보수하여야 한다. 〈개정 2015. 7. 20.〉

② 삭제 〈2015. 7. 20.〉

③ 관계인은 제1항에 따른 기간에 소방시설의 하자가 발생하였을 때에는 공사업자에게 그 사실을 알려야 하며, 통보를 받은 공사업자는 3일 이내에 하자를 보수하거나 보수 일정을 기록한 하자보수계획을 관계인에게 서면으로 알려야 한다.

④ 관계인은 공사업자가 다음 각 호의 어느 하나에 해당하는 경우에는 소방본부장이나 소방서장에게 그 사실을 알릴 수 있다.

  1. 제3항에 따른 기간에 하자보수를 이행하지 아니한 경우

  2. 제3항에 따른 기간에 하자보수계획을 서면으로 알리지 아니한 경우

  3. 하자보수계획이 불합리하다고 인정되는 경우

⑤ 소방본부장이나 소방서장은 제4항에 따른 통보를 받았을 때에는 「화재예방, 소방시설 설치ㆍ유지 및 안전관리에 관한 법률」 제11조의2제2항에 따른 지방소방기술심의위원회에 심의를 요청하여야 하며, 그 심의 결과 제4항 각 호의 어느 하나에 해당하는 것으로 인정할 때에는 시공자에게 기간을 정하여 하자보수를 명하여야 한다. 〈개정 2014. 12. 30., 2018. 2. 9.〉

⑥ 삭제 〈2015. 7. 20.〉

[전문개정 2010. 7. 23.]

[제목개정 2015. 7. 20.]

제3절 감리 〈개정 2010. 7. 23.〉

제16조(감리)

① 제4조제1항에 따라 소방공사감리업을 등록한 자(이하 "감리업자"라 한다)는 소방공사를 감리할 때 다음 각 호의 업무를 수행하여야 한다. 〈개정 2014. 12. 30., 2018. 2. 9.〉

  1. 소방시설등의 설치계획표의 적법성 검토

2. 소방시설등 설계도서의 적합성(적법성과 기술상의 합리성을 말한다. 이하 같다) 검토

3. 소방시설등 설계 변경 사항의 적합성 검토

4. 「화재예방, 소방시설 설치 · 유지 및 안전관리에 관한 법률」 제2조제1항제4호의 소방용품의 위치 · 규격 및 사용 자재의 적합성 검토

5. 공사업자가 한 소방시설등의 시공이 설계도서와 화재안전기준에 맞는지에 대한 지도 · 감독

6. 완공된 소방시설등의 성능시험

7. 공사업자가 작성한 시공 상세 도면의 적합성 검토

8. 피난시설 및 방화시설의 적법성 검토

9. 실내장식물의 불연화(不燃化)와 방염 물품의 적법성 검토

② 용도와 구조에서 특별히 안전성과 보안성이 요구되는 소방대상물로서 대통령령으로 정하는 장소에서 시공되는 소방시설물에 대한 감리는 감리업자가 아닌 자도 할 수 있다.

③ 감리업자는 제1항 각 호의 업무를 수행할 때에는 대통령령으로 정하는 감리의 종류 및 대상에 따라 공사기간 동안 소방시설공사 현장에 소속 감리원을 배치하고 업무수행 내용을 감리일지에 기록하는 등 대통령령으로 정하는 감리의 방법에 따라야 한다. 〈개정 2020. 6. 9.〉

[전문개정 2010. 7. 23.]

제17조(공사감리자의 지정 등)

① 대통령령으로 정하는 특정소방대상물의 관계인이 특정소방대상물에 대하여 자동화재탐지설비, 옥내소화전설비 등 대통령령으로 정하는 소방시설을 시공할 때에는 소방시설공사의 감리를 위하여 감리업자를 공사감리자로 지정하여야 한다. 〈개정 2015. 7. 20., 2020. 6. 9.〉

② 관계인은 제1항에 따라 공사감리자를 지정하였을 때에는 행정안전부령으로 정하는 바에 따라 소방본부장이나 소방서장에게 신고하여야 한다. 공사감리자를 변경하였을 때에도 또한 같다.

〈개정 2013. 3. 23., 2014. 11. 19., 2017. 7. 26.〉

③ 관계인이 제1항에 따른 공사감리자를 변경하였을 때에는 새로 지정된 공사감리자와 종전의 공사감리자는 감리 업무 수행에 관한 사항과 관계 서류를 인수 · 인계하여야 한다.

④ 소방본부장 또는 소방서장은 제2항에 따른 공사감리자 지정신고 또는 변경신고를 받은 날부터 2일 이내에 신고수리 여부를 신고인에게 통지하여야 한다. 〈신설 2020. 6. 9.〉

⑤ 소방본부장 또는 소방서장이 제4항에서 정한 기간 내에 신고수리 여부 또는 민원 처리 관련 법령에 따른 처리기간의 연장을 신고인에게 통지하지 아니하면 그 기간(민원처리 관련 법령에 따라 처리기간이 연장 또는 재연장된 경우에는 해당 처리기간을 말한다)이 끝난 날의 다음 날에 신고를 수리한 것으로 본다. 〈신설 2020. 6. 9.〉

제18조(감리원의 배치 등)

① 감리업자는 소방시설공사의 감리를 위하여 소속 감리원을 대통령령으로 정하는 바에 따라 소방시설공사 현장에 배치하여야 한다.

② 감리업자는 제1항에 따라 소속 감리원을 배치하였을 때에는 행정안전부령으로 정하는 바에 따라 소방본부장이나 소방서장에게 통보하여야 한다. 감리원의 배치를 변경하였을 때에도 또한 같다. 〈개정 2014. 12. 30., 2017. 7. 26.〉

③ 제1항에 따른 감리원의 세부적인 배치 기준은 행정안전부령으로 정한다.
〈신설 2014. 12. 30., 2017. 7. 26.〉

[전문개정 2010. 7. 23.]

제19조(위반사항에 대한 조치)

① 감리업자는 감리를 할 때 소방시설공사가 설계도서나 화재안전기준에 맞지 아니할 때에는 관계인에게 알리고, 공사업자에게 그 공사의 시정 또는 보완 등을 요구하여야 한다.

② 공사업자가 제1항에 따른 요구를 받았을 때에는 그 요구에 따라야 한다.

③ 감리업자는 공사업자가 제1항에 따른 요구를 이행하지 아니하고 그 공사를 계속할 때에는 행정안전부령으로 정하는 바에 따라 소방본부장이나 소방서장에게 그 사실을 보고하여야 한다.
〈개정 2013. 3. 23., 2014. 11. 19., 2017. 7. 26.〉

④ 관계인은 감리업자가 제3항에 따라 소방본부장이나 소방서장에게 보고한 것을 이유로 감리계약을 해지하거나 감리의 대가 지급을 거부하거나 지연시키거나 그 밖의 불이익을 주어서는 아니 된다.

[전문개정 2010. 7. 23.]

제20조(공사감리 결과의 통보 등)

감리업자는 소방공사의 감리를 마쳤을 때에는 행정안전부령으로 정하는 바에 따라 그 감리 결과를 그 특정소방대상물의 관계인, 소방시설공사의 도급인, 그 특정소방대상물의 공사를 감리한 건축사에게 서면으로 알리고, 소방본부장이나 소방서장에게 공사감리 결과보고서를 제출하여야 한다.
〈개정 2013. 3. 23., 2014. 11. 19., 2017. 7. 26.〉

[전문개정 2010. 7. 23.]

제3절의2 방염 〈신설 2014. 12. 30.〉

제20조의2(방염)

방염처리업자는 「화재예방, 소방시설 설치·유지 및 안전관리에 관한 법률」 제12조제3항에 따른 방염성능기준 이상이 되도록 방염을 하여야 한다. 〈개정 2018. 2. 9.〉

[본조신설 2014. 12. 30.]

제20조의3(방염처리능력 평가 및 공시)

① 소방청장은 방염처리업자의 방염처리능력 평가 요청이 있는 경우 해당 방염처리업자의 방염처리 실적 등에 따라 방염처리능력을 평가하여 공시할 수 있다.

② 제1항에 따른 평가를 받으려는 방염처리업자는 전년도 방염처리 실적이나 그 밖에 행정안전부령으로 정하는 서류를 소방청장에게 제출하여야 한다.

③ 제1항 및 제2항에 따른 방염처리능력 평가신청 절차, 평가방법 및 공시방법 등에 필요한 사항은 행정안전부령으로 정한다.

[본조신설 2018. 2. 9.]

제4절 도급 〈개정 2010. 7. 23.〉

제21조(소방시설공사등의 도급)

① 특정소방대상물의 관계인 또는 발주자는 소방시설공사등을 도급할 때에는 해당 소방시설업자에게 도급하여야 한다. 〈개정 2014. 12. 30., 2020. 6. 9.〉

② 소방시설공사는 다른 업종의 공사와 분리하여 도급하여야 한다. 다만, 공사의 성질상 또는 기술관리상 분리하여 도급하는 것이 곤란한 경우로서 대통령령으로 정하는 경우에는 다른 업종의 공사와 분리하지 아니하고 도급할 수 있다. 〈신설 2020. 6. 9.〉

[전문개정 2010. 7. 23.]

제21조의2(노임에 대한 압류의 금지)

① 공사업자가 도급받은 소방시설공사의 도급금액 중 그 공사(하도급한 공사를 포함한다)의 근로자에게 지급하여야 할 노임(勞賃)에 해당하는 금액은 압류할 수 없다.

② 제1항의 노임에 해당하는 금액의 범위와 산정방법은 대통령령으로 정한다.

[본조신설 2011. 8. 4.]

제21조의3(도급의 원칙 등)

① 소방시설공사등의 도급 또는 하도급의 계약당사자는 서로 대등한 입장에서 합의에 따라 공정하게 계약을 체결하고, 신의에 따라 성실하게 계약을 이행하여야 한다.

② 소방시설공사등의 도급 또는 하도급의 계약당사자는 그 계약을 체결할 때 도급 또는 하도급 금액, 공사기간, 그 밖에 대통령령으로 정하는 사항을 계약서에 분명히 밝혀야 하며, 서명날인한 계약서를 서로 내주고 보관하여야 한다.

③ 수급인은 하수급인에게 하도급과 관련하여 자재구입처의 지정 등 하수급인에게 불리하다고 인정되는 행위를 강요하여서는 아니 된다.

④ 제21조에 따라 도급을 받은 자가 해당 소방시설공사등을 하도급할 때에는 행정안전부령으로 정하는 바에 따라 미리 관계인과 발주자에게 알려야 한다. 하수급인을 변경하거나 하도급 계약을 해지할 때에도 또한 같다.　　　　　　　　　　　　　　　　　　〈개정 2017. 7. 26.〉

⑤ 하도급에 관하여 이 법에서 규정하는 것을 제외하고는 그 성질에 반하지 아니하는 범위에서 「하도급거래 공정화에 관한 법률」의 해당 규정을 준용한다.

[본조신설 2014. 12. 30.]

제22조(하도급의 제한)

① 제21조에 따라 도급을 받은 자는 소방시설의 설계, 시공, 감리를 제3자에게 하도급할 수 없다. 다만, 시공의 경우에는 대통령령으로 정하는 바에 따라 도급받은 소방시설공사의 일부를 다른 공사업자에게 하도급할 수 있다.　　　　　　　　　　　　　　　〈개정 2020. 6. 9.〉

② 하수급인은 제1항 단서에 따라 하도급받은 소방시설공사를 제3자에게 다시 하도급할 수 없다.

　　　　　　　　　　　　　　　　　　　　　　　　　　〈신설 2020. 6. 9.〉

③ 삭제 〈2014. 12. 30.〉

[전문개정 2010. 7. 23.]

제22조의2(하도급계약의 적정성 심사 등)

① 발주자는 하수급인이 계약내용을 수행하기에 현저하게 부적당하다고 인정되거나 하도급계약 금액이 대통령령으로 정하는 비율에 따른 금액에 미달하는 경우에는 하수급인의 시공 및 수행능력, 하도급계약 내용의 적정성 등을 심사할 수 있다. 이 경우, 국가, 지방자치단체 또는 대통령령으로 정하는 공공기관이 발주자인 때에는 적정성 심사를 실시하여야 한다.

② 발주자는 제1항에 따라 심사한 결과 하수급인의 시공 및 수행능력 또는 하도급계약 내용이 적정하지 아니한 경우에는 그 사유를 분명하게 밝혀 수급인에게 하수급인 또는 하도급계약 내용의 변경을 요구할 수 있다. 이 경우 제1항 후단에 따라 적정성 심사를 하였을 때에는 하수급인 또는 하도급계약 내용의 변경을 요구하여야 한다.

③ 발주자는 수급인이 정당한 사유 없이 제2항에 따른 요구에 따르지 아니하여 공사 등의 결과에 중대한 영향을 끼칠 우려가 있는 경우에는 해당 소방시설공사등의 도급계약을 해지할 수 있다.

④ 제1항 후단에 따른 발주자는 하수급인의 시공 및 수행능력, 하도급계약 내용의 적정성 등을 심사하기 위하여 하도급계약심사위원회를 두어야 한다.

⑤ 제1항 및 제2항에 따른 하도급계약의 적정성 심사기준, 하수급인 또는 하도급계약 내용의 변경 요구 절차, 그 밖에 필요한 사항 및 제4항에 따른 하도급계약심사위원회의 설치 · 구성 및 심사 방법 등에 관하여 필요한 사항은 대통령령으로 정한다.

[본조신설 2014. 12. 30.]

제22조의3(하도급대금의 지급 등)

① 수급인은 발주자로부터 도급받은 소방시설공사등에 대한 준공금(竣工金)을 받은 경우에는 하도급대금의 전부를, 기성금(旣成金)을 받은 경우에는 하수급인이 시공하거나 수행한 부분에 상당한 금액을 각각 지급받은 날(수급인이 발주자로부터 대금을 어음으로 받은 경우에는 그 어음 만기일을 말한다)부터 15일 이내에 하수급인에게 현금으로 지급하여야 한다.

② 수급인은 발주자로부터 선급금을 받은 경우에는 하수급인이 자재의 구입, 현장근로자의 고용, 그 밖에 하도급 공사 등을 시작할 수 있도록 그가 받은 선급금의 내용과 비율에 따라 하수급인에게 선금을 받은 날(하도급 계약을 체결하기 전에 선급금을 받은 경우에는 하도급 계약을 체결한 날을 말한다)부터 15일 이내에 선급금을 지급하여야 한다. 이 경우 수급인은 하수급인이 선급금을 반환하여야 할 경우에 대비하여 하수급인에게 보증을 요구할 수 있다.

③ 수급인은 하도급을 한 후 설계변경 또는 물가변동 등의 사정으로 도급금액이 조정되는 경우에는 조정된 금액과 비율에 따라 하수급인에게 하도급 금액을 증액하거나 감액하여 지급할 수 있다.

[본조신설 2014. 12. 30.]

제22조의4(하도급계약 자료의 공개)

① 국가 · 지방자치단체 또는 대통령령으로 정하는 공공기관이 발주하는 소방시설공사등을 하도급한 경우 해당 발주자는 다음 각 호의 사항을 누구나 볼 수 있는 방법으로 공개하여야 한다.

   1. 공사명

2. 예정가격 및 수급인의 도급금액 및 낙찰률

3. 수급인(상호 및 대표자, 영업소 소재지, 하도급 사유)

4. 하수급인(상호 및 대표자, 업종 및 등록번호, 영업소 소재지)

5. 하도급 공사업종

6. 하도급 내용(도급금액 대비 하도급 금액 비교명세, 하도급률)

7. 선급금 지급 방법 및 비율

8. 기성금 지급 방법(지급 주기, 현금지급 비율)

9. 설계변경 및 물가변동에 따른 대금 조정 여부

10. 하자담보 책임기간

11. 하도급대금 지급보증서 발급 여부(발급하지 아니한 경우에는 그 사유를 말한다)

12. 표준하도급계약서 사용 유무

13. 하도급계약 적정성 심사 결과

② 제1항에 따른 하도급계약 자료의 공개와 관련된 절차 및 방법, 공개대상 계약규모 등에 관하여 필요한 사항은 대통령령으로 정한다.

[본조신설 2014. 12. 30.]

제23조(도급계약의 해지)

특정소방대상물의 관계인 또는 발주자는 해당 도급계약의 수급인이 다음 각 호의 어느 하나에 해당하는 경우에는 도급계약을 해지할 수 있다. 〈개정 2014. 12. 30.〉

1. 소방시설업이 등록취소되거나 영업정지된 경우

2. 소방시설업을 휴업하거나 폐업한 경우

3. 정당한 사유 없이 30일 이상 소방시설공사를 계속하지 아니하는 경우

4. 제22조의2제2항에 따른 요구에 정당한 사유 없이 따르지 아니하는 경우

[전문개정 2010. 7. 23.]

제24조(공사업자의 감리 제한)

다음 각 호의 어느 하나에 해당되면 동일한 특정소방대상물의 소방시설에 대한 시공과 감리를 함께 할 수 없다.

1. 공사업자와 감리업자가 같은 자인 경우

2. 「독점규제 및 공정거래에 관한 법률」 제2조제2호에 따른 기업집단의 관계인 경우

3. 법인과 그 법인의 임직원의 관계인 경우

4. 「민법」 제777조에 따른 친족관계인 경우

[전문개정 2014. 12. 30.]

제25조(소방 기술용역의 대가 기준)

소방시설공사의 설계와 감리에 관한 약정을 할 때 그 대가는 「엔지니어링산업 진흥법」 제31조에 따른 엔지니어링사업의 대가 기준 가운데 행정안전부령으로 정하는 방식에 따라 산정한다.

〈개정 2013. 3. 23., 2014. 11. 19., 2017. 7. 26., 2020. 6. 9.〉

[전문개정 2010. 7. 23.]

제26조(시공능력 평가 및 공시)

① 소방청장은 관계인 또는 발주자가 적절한 공사업자를 선정할 수 있도록 하기 위하여 공사업자의 신청이 있으면 그 공사업자의 소방시설공사 실적, 자본금 등에 따라 시공능력을 평가하여 공시할 수 있다. 〈개정 2014. 11. 19., 2017. 7. 26.〉

② 제1항에 따른 평가를 받으려는 공사업자는 전년도 소방시설공사 실적, 자본금, 그 밖에 행정안전부령으로 정하는 사항을 소방청장에게 제출하여야 한다. 〈개정 2014. 12. 30., 2017. 7. 26.〉

③ 제1항 및 제2항에 따른 시공능력 평가신청 절차, 평가방법 및 공시방법 등에 필요한 사항은 행정안전부령으로 정한다. 〈신설 2014. 12. 30., 2017. 7. 26., 2018. 2. 9.〉

[전문개정 2010. 7. 23.]

제26조의2(설계 · 감리업자의 선정)

① 국가, 지방자치단체 또는 대통령령으로 정하는 공공기관은 그가 발주하는 소방시설의 설계 · 공사 감리 용역 중 소방청장이 정하여 고시하는 금액 이상의 사업에 대하여는 대통령령으로 정하는 바에 따라 집행 계획을 작성하여 공고하여야 한다. 〈개정 2017. 7. 26.〉

② 제1항에 따라 공고된 사업을 하려면 기술능력, 경영능력, 그 밖에 대통령령으로 정하는 사업수행능력 평가기준에 적합한 설계 · 감리업자를 선정하여야 한다.

③ 제2항에 따른 설계 · 감리업자의 선정 절차 등에 필요한 사항은 대통령령으로 정한다.

[본조신설 2016. 1. 27.]

제26조의3(소방시설업 종합정보시스템의 구축 등)

① 소방청장은 다음 각 호의 정보를 종합적이고 체계적으로 관리 · 제공하기 위하여 소방시설업 종합정보시스템을 구축 · 운영할 수 있다.

1. 소방시설업자의 자본금 · 기술인력 보유 현황, 소방시설공사등 수행상황, 행정처분 사항 등 소방시설업자에 관한 정보

2. 소방시설공사등의 착공 및 완공에 관한 사항, 소방기술자 및 감리원의 배치 현황 등 소방시설공사등과 관련된 정보

② 소방청장은 제1항에 따른 정보의 종합관리를 위하여 소방시설업자, 발주자, 관련 기관 및 단체 등에게 필요한 자료의 제출을 요청할 수 있다. 이 경우 요청을 받은 자는 특별한 사유가 없으면 이에 따라야 한다.

③ 소방청장은 제1항에 따른 정보를 필요로 하는 관련 기관 또는 단체에 해당 정보를 제공할 수 있다.

④ 제1항에 따른 소방시설업 종합정보시스템의 구축 및 운영 등에 필요한 사항은 행정안전부령으로 정한다.

[본조신설 2018. 2. 9.]

제4장 소방기술자

제4장

제27조(소방기술자의 의무)

① 소방기술자는 이 법과 이 법에 따른 명령과 「화재예방, 소방시설 설치·유지 및 안전관리에 관한 법률」 및 같은 법에 따른 명령에 따라 업무를 수행하여야 한다. 〈개정 2018. 2. 9.〉

② 소방기술자는 다른 사람에게 자격증[제28조에 따라 소방기술 경력 등을 인정받은 사람의 경우에는 소방기술 인정 자격수첩(이하 "자격수첩"이라 한다)과 소방기술자 경력수첩(이하 "경력수첩"이라 한다)을 말한다]을 빌려 주어서는 아니 된다. 〈개정 2014. 12. 30.〉

③ 소방기술자는 동시에 둘 이상의 업체에 취업하여서는 아니 된다. 다만, 제1항에 따른 소방기술자 업무에 영향을 미치지 아니하는 범위에서 근무시간 외에 소방시설업이 아닌 다른 업종에 종사하는 경우는 제외한다.

[전문개정 2010. 7. 23.]

제28조(소방기술 경력 등의 인정 등)

① 소방청장은 소방기술의 효율적인 활용과 소방기술의 향상을 위하여 소방기술과 관련된 자격·학력 및 경력을 가진 사람을 소방기술자로 인정할 수 있다. 〈개정 2014. 11. 19., 2017. 7. 26.〉

② 소방청장은 제1항에 따라 자격·학력 및 경력을 인정받은 사람에게 소방기술 인정 자격수첩과 경력수첩을 발급할 수 있다. 〈개정 2014. 11. 19., 2014. 12. 30., 2017. 7. 26.〉

③ 제1항에 따른 소방기술과 관련된 자격·학력 및 경력의 인정 범위와 제2항에 따른 자격수첩 및 경력수첩의 발급 절차 등에 관하여 필요한 사항은 행정안전부령으로 정한다.

〈개정 2013. 3. 23., 2014. 11. 19., 2014. 12. 30., 2017. 7. 26.〉

④ 소방청장은 제2항에 따라 자격수첩 또는 경력수첩을 발급받은 사람이 다음 각 호의 어느 하나에 해당하는 경우에는 행정안전부령으로 정하는 바에 따라 그 자격을 취소하거나 6개월 이상 2년 이하의 기간을 정하여 그 자격을 정지시킬 수 있다. 다만, 제1호와 제2호에 해당하는 경우에는 그 자격을 취소하여야 한다. 〈개정 2013. 3. 23., 2014. 11. 19., 2014. 12. 30., 2017. 7. 26.〉

1. 거짓이나 그 밖의 부정한 방법으로 자격수첩 또는 경력수첩을 발급받은 경우
2. 제27조제2항을 위반하여 자격수첩 또는 경력수첩을 다른 사람에게 빌려준 경우
3. 제27조제3항을 위반하여 동시에 둘 이상의 업체에 취업한 경우
4. 이 법 또는 이 법에 따른 명령을 위반한 경우

⑤ 제4항에 따라 자격이 취소된 사람은 취소된 날부터 2년간 자격수첩 또는 경력수첩을 발급받을 수 없다. 〈개정 2014. 12. 30.〉

[전문개정 2010. 7. 23.]

제29조(소방기술자의 실무교육)

① 화재 예방, 안전관리의 효율화, 새로운 기술 등 소방에 관한 지식의 보급을 위하여 소방시설업 또는 「화재예방, 소방시설 설치 · 유지 및 안전관리에 관한 법률」 제29조에 따른 소방시설관리업의 기술인력으로 등록된 소방기술자는 행정안전부령으로 정하는 바에 따라 실무교육을 받아야 한다. 〈개정 2013. 3. 23., 2014. 11. 19., 2017. 7. 26., 2018. 2. 9.〉

② 제1항에 따른 소방기술자가 정하여진 교육을 받지 아니하면 그 교육을 이수할 때까지 그 소방기술자는 소방시설업 또는 「화재예방, 소방시설 설치 · 유지 및 안전관리에 관한 법률」 제29조에 따른 소방시설관리업의 기술인력으로 등록된 사람으로 보지 아니한다. 〈개정 2018. 2. 9.〉

③ 소방청장은 제1항에 따른 소방기술자에 대한 실무교육을 효율적으로 하기 위하여 실무교육기관을 지정할 수 있다. 〈개정 2014. 11. 19., 2017. 7. 26.〉

④ 제3항에 따른 실무교육기관의 지정방법 · 절차 · 기준 등에 관하여 필요한 사항은 행정안전부령으로 정한다. 〈개정 2013. 3. 23., 2014. 11. 19., 2017. 7. 26.〉

⑤ 제3항에 따라 지정된 실무교육기관의 지정취소, 업무정지 및 청문에 관하여는 「화재예방, 소방시설 설치 · 유지 및 안전관리에 관한 법률」 제43조 및 제44조를 준용한다. 〈개정 2018. 2. 9.〉

[전문개정 2010. 7. 23.]

제5장 소방시설업자협회 〈개정 2014. 12. 30.〉

제30조 삭제 〈2014. 12. 30.〉

제30조의2(소방시설업자협회의 설립)

① 소방시설업자는 소방시설업자의 권익보호와 소방기술의 개발 등 소방시설업의 건전한 발전을 위하여 소방시설업자협회(이하 "협회"라 한다)를 설립할 수 있다.

② 협회는 법인으로 한다.

③ 협회는 소방청장의 인가를 받아 주된 사무소의 소재지에 설립등기를 함으로써 성립한다.

〈개정 2014. 11. 19., 2017. 7. 26.〉

④ 협회의 설립인가 절차, 정관의 기재사항 및 협회에 대한 감독에 관하여 필요한 사항은 대통령령으로 정한다.

[본조신설 2010. 7. 23.]

제30조의3(협회의 업무)

협회의 업무는 다음 각 호와 같다.

1. 소방시설업의 기술발전과 소방기술의 진흥을 위한 조사 · 연구 · 분석 및 평가
2. 소방산업의 발전 및 소방기술의 향상을 위한 지원
3. 소방시설업의 기술발전과 관련된 국제교류 · 활동 및 행사의 유치
4. 이 법에 따른 위탁 업무의 수행

[본조신설 2010. 7. 23.]

제30조의4(「민법」의 준용)

협회에 관하여 이 법에 규정되지 아니한 사항은 「민법」 중 사단법인에 관한 규정을 준용한다.

[본조신설 2010. 7. 23.]

제6장 보칙 〈개정 2010. 7. 23.〉

제31조(감독)

① 시·도지사, 소방본부장 또는 소방서장은 소방시설업의 감독을 위하여 필요할 때에는 소방시설업자나 관계인에게 필요한 보고나 자료 제출을 명할 수 있고, 관계 공무원으로 하여금 소방시설업체나 특정소방대상물에 출입하여 관계 서류와 시설 등을 검사하거나 소방시설업자 및 관계인에게 질문하게 할 수 있다.

② 소방청장은 제33조제2항부터 제4항까지의 규정에 따라 소방청장의 업무를 위탁받은 제29조제3항에 따른 실무교육기관(이하 "실무교육기관"이라 한다) 또는 「소방기본법」 제40조에 따른 한국소방안전원, 협회, 법인 또는 단체에 필요한 보고나 자료 제출을 명할 수 있고, 관계 공무원으로 하여금 실무교육기관, 한국소방안전원, 협회, 법인 또는 단체의 사무실에 출입하여 관계 서류 등을 검사하거나 관계인에게 질문하게 할 수 있다.

〈개정 2014. 11. 19., 2017. 7. 26., 2017. 12. 26.〉

③ 제1항과 제2항에 따라 출입·검사를 하는 관계 공무원은 그 권한을 표시하는 증표를 지니고 이를 관계인에게 보여주어야 한다.

④ 제1항과 제2항에 따라 출입·검사업무를 수행하는 관계 공무원은 관계인의 정당한 업무를 방해하거나 출입·검사업무를 수행하면서 알게 된 비밀을 다른 자에게 누설하여서는 아니 된다.

[전문개정 2010. 7. 23.]

제32조(청문)

제9조제1항에 따른 소방시설업 등록취소처분이나 영업정지처분 또는 제28조제4항에 따른 소방기술 인정 자격취소처분을 하려면 청문을 하여야 한다. 〈개정 2013. 5. 22.〉

[전문개정 2010. 7. 23.]

제33조(권한의 위임·위탁 등)

① 소방청장은 이 법에 따른 권한의 일부를 대통령령으로 정하는 바에 따라 시·도지사에게 위임할 수 있다. 〈개정 2014. 11. 19., 2017. 7. 26.〉

② 소방청장은 제29조에 따른 실무교육에 관한 업무를 대통령령으로 정하는 바에 따라 실무교육기관 또는 한국소방안전원에 위탁할 수 있다. 〈개정 2014. 11. 19., 2017. 7. 26., 2017. 12. 26.〉

③ 소방청장 또는 시·도지사는 다음 각 호의 업무를 대통령령으로 정하는 바에 따라 협회에 위탁할 수 있다. 〈개정 2014. 11. 19., 2014. 12. 30., 2016. 1. 27., 2017. 7. 26., 2018. 2. 9., 2020. 6. 9.〉

1. 제4조제1항에 따른 소방시설업 등록신청의 접수 및 신청내용의 확인

2. 제6조에 따른 소방시설업 등록사항 변경신고의 접수 및 신고내용의 확인

2의2. 제6조의2에 따른 소방시설업 휴업·폐업 등 신고의 접수 및 신고내용의 확인

3. 제7조제3항에 따른 소방시설업자의 지위승계 신고의 접수 및 신고내용의 확인

4. 제20조의3에 따른 방염처리능력 평가 및 공시

5. 제26조에 따른 시공능력 평가 및 공시

6. 제26조의3제1항에 따른 소방시설업 종합정보시스템의 구축·운영

④ 소방청장은 제28조에 따른 소방기술과 관련된 자격·학력·경력의 인정 업무를 대통령령으로 정하는 바에 따라 협회, 소방기술과 관련된 법인 또는 단체에 위탁할 수 있다.

〈개정 2014. 11. 19., 2017. 7. 26.〉

⑤ 삭제 〈2011. 8. 4.〉

[전문개정 2010. 7. 23.]

제34조(수수료 등)

다음 각 호의 어느 하나에 해당하는 자는 행정안전부령으로 정하는 바에 따라 수수료나 교육비를 내야 한다. 〈개정 2011. 8. 4., 2013. 3. 23., 2014. 11. 19., 2014. 12. 30., 2017. 7. 26., 2018. 2. 9.〉

1. 제4조제1항에 따라 소방시설업을 등록하려는 자

2. 제4조제3항에 따라 소방시설업 등록증 또는 등록수첩을 재발급 받으려는 자

3. 제7조제3항에 따라 소방시설업자의 지위승계 신고를 하려는 자

4. 제20조의3제2항에 따라 방염처리능력 평가를 받으려는 자

5. 제26조제2항에 따라 시공능력 평가를 받으려는 자

6. 제28조제2항에 따라 자격수첩 또는 경력수첩을 발급받으려는 사람

7. 제29조제1항에 따라 실무교육을 받으려는 사람

[전문개정 2010. 7. 23.]

제34조의2(벌칙 적용 시의 공무원 의제)

다음 각 호의 어느 하나에 해당하는 사람은 「형법」 제129조부터 제132조까지의 규정을 적용할 때에는 공무원으로 본다. 〈개정 2017. 12. 26.〉

1. 제16조, 제19조 및 제20조에 따라 그 업무를 수행하는 감리원

2. 제33조제2항부터 제4항까지의 규정에 따라 위탁받은 업무를 수행하는 실무교육기관, 한국소방안전원, 협회 및 소방기술과 관련된 법인 또는 단체의 담당 임원 및 직원

[본조신설 2011. 8. 4.]

제7장 벌칙 〈개정 2010. 7. 23.〉

제35조(벌칙)

제4조제1항을 위반하여 소방시설업 등록을 하지 아니하고 영업을 한 자는 3년 이하의 징역 또는 3천만원 이하의 벌금에 처한다. 〈개정 2018. 9. 18.〉

[전문개정 2010. 7. 23.]

제36조(벌칙)

다음 각 호의 어느 하나에 해당하는 자는 1년 이하의 징역 또는 1천만원 이하의 벌금에 처한다.

〈개정 2014. 12. 30., 2015. 7. 20., 2020. 6. 9.〉

1. 제9조제1항을 위반하여 영업정지처분을 받고 그 영업정지 기간에 영업을 한 자

2. 제11조나 제12조제1항을 위반하여 설계나 시공을 한 자

3. 제16조제1항을 위반하여 감리를 하거나 거짓으로 감리한 자

4. 제17조제1항을 위반하여 공사감리자를 지정하지 아니한 자

4의2. 제19조제3항에 따른 보고를 거짓으로 한 자

4의3. 제20조에 따른 공사감리 결과의 통보 또는 공사감리 결과보고서의 제출을 거짓으로 한 자

5. 제21조제1항을 위반하여 해당 소방시설업자가 아닌 자에게 소방시설공사등을 도급한 자

6. 제22조제1항 본문을 위반하여 도급받은 소방시설의 설계, 시공, 감리를 하도급한 자

6의2. 제22조제2항을 위반하여 하도급받은 소방시설공사를 다시 하도급한 자

7. 제27조제1항을 위반하여 같은 항에 따른 법 또는 명령을 따르지 아니하고 업무를 수행한 자

[전문개정 2010. 7. 23.]

제37조(벌칙)

다음 각 호의 어느 하나에 해당하는 자는 300만원 이하의 벌금에 처한다.

〈개정 2014. 12. 30., 2018. 2. 9., 2020. 6. 9.〉

1. 제8조제1항을 위반하여 다른 자에게 자기의 성명이나 상호를 사용하여 소방시설공사등을 수급 또는 시공하게 하거나 소방시설업의 등록증이나 등록수첩을 빌려준 자

2. 제18조제1항을 위반하여 소방시설공사 현장에 감리원을 배치하지 아니한 자

3. 제19조제2항을 위반하여 감리업자의 보완 요구에 따르지 아니한 자

4. 제19조제4항을 위반하여 공사감리 계약을 해지하거나 대가 지급을 거부하거나 지연시키거나 불이익을 준 자

4의2. 제21조제2항 본문을 위반하여 소방시설공사를 다른 업종의 공사와 분리하여 도급하지 아니한 자

5. 제27조제2항을 위반하여 자격수첩 또는 경력수첩을 빌려 준 사람

6. 제27조제3항을 위반하여 동시에 둘 이상의 업체에 취업한 사람

7. 제31조제4항을 위반하여 관계인의 정당한 업무를 방해하거나 업무상 알게 된 비밀을 누설한 사람

[전문개정 2010. 7. 23.]

제38조(벌칙)

다음 각 호의 어느 하나에 해당하는 자는 100만원 이하의 벌금에 처한다.

1. 제31조제2항에 따른 명령을 위반하여 보고 또는 자료 제출을 하지 아니하거나 거짓으로 한 자

2. 제31조제1항 및 제2항을 위반하여 정당한 사유 없이 관계 공무원의 출입 또는 검사 · 조사를 거부 · 방해 또는 기피한 자

[전문개정 2010. 7. 23.]

제39조(양벌규정)

법인의 대표자나 법인 또는 개인의 대리인, 사용인, 그 밖의 종업원이 그 법인 또는 개인의 업무에 관하여 제35조부터 제38조까지의 어느 하나에 해당하는 위반행위를 하면 그 행위자를 벌하는 외에 그 법인 또는 개인에게도 해당 조문의 벌금형을 과(科)한다. 다만, 법인 또는 개인이 그 위반행위를 방지하기 위하여 해당 업무에 관하여 상당한 주의와 감독을 게을리하지 아니한 경우에는 그러하지 아니하다.

[전문개정 2008. 12. 26.]

제40조(과태료)

① 다음 각 호의 어느 하나에 해당하는 자에게는 200만원 이하의 과태료를 부과한다.

〈개정 2011. 8. 4., 2014. 12. 30., 2015. 7. 20., 2016. 1. 27., 2018. 2. 9., 2020. 6. 9.〉

1. 제6조, 제6조의2제1항, 제7조제3항, 제13조제1항 및 제2항 전단, 제17조제2항을 위반하여 신고를 하지 아니하거나 거짓으로 신고한 자

2. 제8조제3항을 위반하여 관계인에게 지위승계, 행정처분 또는 휴업·폐업의 사실을 거짓으로 알린 자

3. 제8조제4항을 위반하여 관계 서류를 보관하지 아니한 자

4. 제12조제2항을 위반하여 소방기술자를 공사 현장에 배치하지 아니한 자

5. 제14조제1항을 위반하여 완공검사를 받지 아니한 자

6. 제15조제3항을 위반하여 3일 이내에 하자를 보수하지 아니하거나 하자보수계획을 관계인에게 거짓으로 알린 자

7. 삭제 〈2015. 7. 20.〉

8. 제17조제3항을 위반하여 감리 관계 서류를 인수·인계하지 아니한 자

8의2. 제18조제2항에 따른 배치통보 및 변경통보를 하지 아니하거나 거짓으로 통보한 자

9. 제20조의2를 위반하여 방염성능기준 미만으로 방염을 한 자

10. 제20조의3제2항에 따른 방염처리능력 평가에 관한 서류를 거짓으로 제출한 자

10의2. 삭제 〈2018. 2. 9.〉

10의3. 제21조의3제2항에 따른 도급계약 체결 시 의무를 이행하지 아니한 자(하도급 계약의 경우에는 하도급 받은 소방시설업자는 제외한다)

11. 제21조의3제4항에 따른 하도급 등의 통지를 하지 아니한 자

12. 삭제 〈2011. 8. 4.〉

13. 삭제 〈2013. 5. 22.〉

13의2. 제26조제2항에 따른 시공능력 평가에 관한 서류를 거짓으로 제출한 자

13의3. 제26조의2제2항에 따른 사업수행능력 평가에 관한 서류를 위조하거나 변조하는 등 거짓이나 그 밖의 부정한 방법으로 입찰에 참여한 자

14. 제31조제1항에 따른 명령을 위반하여 보고 또는 자료 제출을 하지 아니하거나 거짓으로 보고 또는 자료 제출을 한 자

② 제1항에 따른 과태료는 대통령령으로 정하는 바에 따라 관할 시·도지사, 소방본부장 또는 소방서장이 부과·징수한다.

[전문개정 2010. 7. 23.]

부칙 〈제17378호, 2020. 6. 9.〉

제1조(시행일)

이 법은 공포 후 1년이 경과한 날부터 시행한다. 다만, 제6조의2제3항 · 제4항, 제7조제1항부터 제3항까지, 같은 조 제5항, 제21조제1항, 제33조제3항제6호 및 제36조제5호의 개정규정은 공포한 날부터 시행하고, 제13조제3항 · 제4항, 제17조제4항 · 제5항 및 제25조의 개정규정은 공포 후 1개월이 경과한 날부터 시행하며, 제21조제2항 및 제37조제4호의2의 개정규정은 공포 후 3개월이 경과한 날부터 시행한다.

제2조(소방시설업자의 지위승계신고 등에 관한 적용례)

제7조제1항부터 제3항까지, 같은 조 제5항, 제13조제3항 · 제4항 및 제17조제4항 · 제5항의 개정규정은 부칙 제1조 단서에 따른 시행일 이후 소방시설업자의 지위승계신고, 소방시설공사 착공신고 · 변경신고 및 소방시설공사 공사감리자 지정신고 · 변경신고를 하는 경우부터 적용한다.

제3조(등록취소 및 영업정지 등에 관한 적용례)

제9조제1항의 개정규정은 이 법 시행 이후 제9조제1항제6호 · 제13호 · 제14호의2 · 제20호의3 · 제21호 · 제21호의2 및 제24호의2의 개정규정에 해당하는 경우부터 적용한다.

제4조(착공신고사항 중 중요한 사항에 해당하지 아니하는 변경사항의 보고에 관한 적용례)

제13조제2항의 개정규정은 이 법 시행 당시 진행 중인 소방시설공사에 대해서도 적용한다.

제5조(소방시설공사등의 분리 도급에 관한 적용례)

제21조제2항의 개정규정은 이 법 시행 후 최초로 도급하는 소방시설공사부터 적용한다.

제6조(하도급의 제한에 관한 적용례)

제22조제1항 본문의 개정규정은 이 법 시행 이후 소방시설의 설계, 감리의 도급계약을 체결하는 경우부터 적용한다.

제7조(소방 기술용역의 대가 기준 산정에 관한 적용례)

제25조의 개정규정은 부칙 제1조 단서에 따른 시행일 이후 소방시설공사의 설계와 감리에 관한 약정을 하는 경우부터 적용한다.

제8조(과징금처분에 관한 경과조치)

　이 법 시행 전의 위반행위에 대하여 과징금을 부과하는 경우에는 제10조제1항의 개정규정에도 불구하고 종전의 규정에 따른다.

제9조(공사감리자 지정에 관한 경과조치)

　이 법 시행 전에 제17조제1항 단서에 따라 공사감리자를 지정한 경우에는 제17조제1항 단서의 개정규정에도 불구하고 종전의 규정에 따른다.

소방시설공사업법
시행령

[시행 2020. 9. 10]
[대통령령 제31000호, 2020. 9. 8, 일부개정]

제1조 목적

이 영은 「소방시설공사업법」에서 위임된 사항과 그 시행에 필요한 사항을 규정함을 목적으로 한다.

[전문개정 2010. 10. 18.]

제2조(소방시설업의 등록기준 및 영업범위)

① 「소방시설공사업법」(이하 "법"이라 한다) 제4조제1항 및 제2항에 따른 소방시설업의 업종별 등록기준 및 영업범위는 별표 1과 같다.

② 소방시설공사업의 등록을 하려는 자는 별표 1의 기준을 갖추어 소방청장이 지정하는 금융회사 또는 「소방산업의 진흥에 관한 법률」 제23조에 따른 소방산업공제조합이 별표 1에 따른 자본금 기준금액의 100분의 20 이상에 해당하는 금액의 담보를 제공받거나 현금의 예치 또는 출자를 받은 사실을 증명하여 발행하는 확인서를 특별시장·광역시장·특별자치시장·도지사 또는 특별자치도지사(이하 "시·도지사"라 한다)에게 제출하여야 한다.

〈개정 2014. 11. 19., 2015. 6. 22., 2017. 7. 26.〉

③ 시·도지사는 법 제4조제1항에 따른 등록신청이 다음 각 호의 어느 하나에 해당되는 경우를 제외하고는 등록을 해주어야 한다. 〈신설 2011. 12. 13.〉

1. 제1항에 따른 등록기준을 갖추지 못한 경우

2. 제2항에 따른 확인서를 제출하지 아니한 경우

3. 등록을 신청한 자가 법 제5조 각 호의 어느 하나에 해당하는 경우

4. 그 밖에 법, 이 영 또는 다른 법령에 따른 제한에 위반되는 경우

[전문개정 2010. 10. 18.]

제2조의2(일시적인 등록기준 미달에 관한 예외)

법 제9조제1항제2호 단서에서 "「채무자 회생 및 파산에 관한 법률」에 따라 법원이 회생절차의 개시의 결정을 하고 그 절차가 진행 중인 경우 등 대통령령으로 정하는 경우"란 다음 각 호의 어느 하나에 해당하는 경우를 말한다. 〈개정 2016. 4. 29.〉

1. 「상법」 제542조의8제1항 단서의 적용 대상인 상장회사가 최근 사업연도 말 현재의 자산총액 감소에 따라 등록기준에 미달하는 기간이 50일 이내인 경우

2. 제2조제1항에 따른 업종별 등록기준 중 자본금 기준에 미달하는 경우로서 다음 각 목의 어느 하나에 해당하는 경우

가. 「채무자 회생 및 파산에 관한 법률」에 따라 법원이 회생절차 개시의 결정을 하고, 그

절차가 진행 중인 경우

　　나. 「채무자 회생 및 파산에 관한 법률」에 따라 법원이 회생계획의 수행에 지장이 없다고 인정하여 해당 소방시설업자에 대한 회생절차 종결의 결정을 하고, 그 회생계획을 수행 중인 경우

　　다. 「기업구조조정 촉진법」에 따라 금융채권자협의회가 금융채권자협의회에 의한 공동관리절차 개시의 의결을 하고, 그 절차가 진행 중인 경우

[전문개정 2015. 6. 22.]

제2조의3(성능위주설계를 할 수 있는 자의 자격 등)

법 제11조제3항에 따른 성능위주설계를 할 수 있는 자의 자격 · 기술인력 및 자격에 따른 설계범위는 별표 1의2와 같다.

[본조신설 2007. 1. 24.]

제3조(소방기술자의 배치기준 및 배치기간)

법 제4조제1항에 따라 소방시설공사업을 등록한 자(이하 "공사업자"라 한다)는 법 제12조제2항에 따라 별표 2의 배치기준 및 배치기간에 맞게 소속 소방기술자를 소방시설공사 현장에 배치하여야 한다.　　　　　　　　　　　　　　　　　　　　　　　　　　〈개정 2017. 12. 12.〉

[전문개정 2010. 10. 18.]

[제목개정 2017. 12. 12.]

제4조(소방시설공사의 착공신고 대상)

법 제13조제1항에서 "대통령령으로 정하는 소방시설공사"란 다음 각 호의 어느 하나에 해당하는 소방시설공사를 말한다.　　　　　　　〈개정 2015. 1. 6., 2015. 6. 22., 2019. 12. 10.〉

　1. 특정소방대상물(「위험물 안전관리법」 제2조제1항제6호에 따른 제조소등은 제외한다. 이하 제2호 및 제3호에서 같다)에 다음 각 목의 어느 하나에 해당하는 설비를 신설하는 공사

　가. 옥내소화전설비(호스릴옥내소화전설비를 포함한다. 이하 같다), 옥외소화전설비, 스프링클러설비 · 간이스프링클러설비(캐비닛형 간이스프링클러설비를 포함한다. 이하 같다) 및 화재조기진압용 스프링클러설비(이하 "스프링클러설비등"이라 한다), 물분무소화설비 · 포소화설비 · 이산화탄소소화설비 · 할론소화설비 · 할로겐화합물 및 불활성기체 소화설비 · 미분무소화설비 · 강화액소화설비 및 분말소화설비(이하 "물분무등

소화설비"라 한다), 연결송수관설비, 연결살수설비, 제연설비(소방용 외의 용도와 겸용되는 제연설비를 「건설산업기본법 시행령」 별표 1에 따른 기계설비공사업자가 공사하는 경우는 제외한다), 소화용수설비(소화용수설비를 「건설산업기본법 시행령」 별표 1에 따른 기계설비공사업자 또는 상·하수도설비공사업자가 공사하는 경우는 제외한다) 또는 연소방지설비

나. 자동화재탐지설비, 비상경보설비, 비상방송설비(소방용 외의 용도와 겸용되는 비상방송설비를 「정보통신공사업법」에 따른 정보통신공사업자가 공사하는 경우는 제외한다), 비상콘센트설비(비상콘센트설비를 「전기공사업법」에 따른 전기공사업자가 공사하는 경우는 제외한다) 또는 무선통신보조설비(소방용 외의 용도와 겸용되는 무선통신보조설비를 「정보통신공사업법」에 따른 정보통신공사업자가 공사하는 경우는 제외한다)

2. 특정소방대상물에 다음 각 목의 어느 하나에 해당하는 설비 또는 구역 등을 증설하는 공사
가. 옥내·옥외소화전설비
나. 스프링클러설비·간이스프링클러설비 또는 물분무등소화설비의 방호구역, 자동화재탐지설비의 경계구역, 제연설비의 제연구역(소방용 외의 용도와 겸용되는 제연설비를 「건설산업기본법 시행령」 별표 1에 따른 기계설비공사업자가 공사하는 경우는 제외한다), 연결살수설비의 살수구역, 연결송수관설비의 송수구역, 비상콘센트설비의 전용회로, 연소방지설비의 살수구역

3. 특정소방대상물에 설치된 소방시설등을 구성하는 다음 각 목의 어느 하나에 해당하는 것의 전부 또는 일부를 개설(改設), 이전(移轉) 또는 정비(整備)하는 공사. 다만, 고장 또는 파손 등으로 인하여 작동시킬 수 없는 소방시설을 긴급히 교체하거나 보수하여야 하는 경우에는 신고하지 않을 수 있다.
가. 수신반(受信盤)
나. 소화펌프
다. 동력(감시)제어반
[전문개정 2010. 10. 18.]

제5조(완공검사를 위한 현장확인 대상 특정소방대상물의 범위)

법 제14조제1항 단서에서 "대통령령으로 정하는 특정소방대상물"이란 특정소방대상물 중 다음 각 호의 대상물을 말한다.〈개정 2013. 11. 20., 2019. 12. 10.〉

1. 문화 및 집회시설, 종교시설, 판매시설, 노유자(老幼者)시설, 수련시설, 운동시설, 숙박시

설, 창고시설, 지하상가 및 「다중이용업소의 안전관리에 관한 특별법」에 따른 다중이용
업소

2. 다음 각 목의 어느 하나에 해당하는 설비가 설치되는 특정소방대상물

가. 스프링클러설비등

나. 물분무등소화설비(호스릴 방식의 소화설비는 제외한다)

3. 연면적 1만제곱미터 이상이거나 11층 이상인 특정소방대상물(아파트는 제외한다)

4. 가연성가스를 제조·저장 또는 취급하는 시설 중 지상에 노출된 가연성가스탱크의 저장
용량 합계가 1천톤 이상인 시설

[전문개정 2010. 10. 18.]

제6조(하자보수 대상 소방시설과 하자보수 보증기간)

법 제15조제1항에 따라 하자를 보수하여야 하는 소방시설과 소방시설별 하자보수 보증기간은
다음 각 호의 구분과 같다. 〈개정 2015. 1. 6.〉

1. 피난기구, 유도등, 유도표지, 비상경보설비, 비상조명등, 비상방송설비 및 무선통신보조설
비: 2년

2. 자동소화장치, 옥내소화전설비, 스프링클러설비, 간이스프링클러설비, 물분무등소화설
비, 옥외소화전설비, 자동화재탐지설비, 상수도소화용수설비 및 소화활동설비(무선통신
보조설비는 제외한다): 3년

[전문개정 2010. 10. 18.]

제7조 삭제 〈2016. 1. 19.〉

제8조(감리업자가 아닌 자가 감리할 수 있는 보안성 등이 요구되는 소방대상물의 시공 장소)

법 제16조제2항에서 "대통령령으로 정하는 장소"란 「원자력안전법」 제2조제10호에 따른 관
계시설이 설치되는 장소를 말한다. 〈개정 2011. 10. 25.〉

[전문개정 2010. 10. 18.]

제9조(소방공사감리의 종류와 방법 및 대상)

법 제16조제3항에 따른 소방공사감리의 종류, 방법 및 대상은 별표 3과 같다.

[전문개정 2010. 10. 18.]

제10조(공사감리자 지정대상 특정소방대상물의 범위)

① 법 제17조제1항 본문에서 "대통령령으로 정하는 특정소방대상물"이란 「화재예방, 소방시설 설치ㆍ유지 및 안전관리에 관한 법률」 제2조제1항제3호의 특정소방대상물을 말한다.

② 법 제17조제1항 본문에서 "자동화재탐지설비, 옥내소화전설비 등 대통령령으로 정하는 소방 시설을 시공할 때"란 다음 각 호의 어느 하나에 해당하는 소방시설을 시공할 때를 말한다.
〈개정 2019. 12. 10.〉

1. 옥내소화전설비를 신설ㆍ개설 또는 증설할 때

2. 스프링클러설비등(캐비닛형 간이스프링클러설비는 제외한다)을 신설ㆍ개설하거나 방호ㆍ방수 구역을 증설할 때

3. 물분무등소화설비(호스릴 방식의 소화설비는 제외한다)를 신설ㆍ개설하거나 방호ㆍ방수 구역을 증설할 때

4. 옥외소화전설비를 신설ㆍ개설 또는 증설할 때

5. 자동화재탐지설비를 신설 또는 개설할 때

5의2. 비상방송설비를 신설 또는 개설할 때

6. 통합감시시설을 신설 또는 개설할 때

6의2. 비상조명등을 신설 또는 개설할 때

7. 소화용수설비를 신설 또는 개설할 때

8. 다음 각 목에 따른 소화활동설비에 대하여 각 목에 따른 시공을 할 때

　가. 제연설비를 신설ㆍ개설하거나 제연구역을 증설할 때

　나. 연결송수관설비를 신설 또는 개설할 때

　다. 연결살수설비를 신설ㆍ개설하거나 송수구역을 증설할 때

　라. 비상콘센트설비를 신설ㆍ개설하거나 전용회로를 증설할 때

　마. 무선통신보조설비를 신설 또는 개설할 때

　바. 연소방지설비를 신설ㆍ개설하거나 살수구역을 증설할 때

9. 삭제 〈2017. 12. 12.〉

[전문개정 2016. 1. 19.]

제11조(소방공사 감리원의 배치기준 및 배치기간)

법 제18조제1항에 따라 감리업자는 별표 4의 배치기준 및 배치기간에 맞게 소속 감리원을 소방 시설공사 현장에 배치하여야 한다.
〈개정 2017. 12. 12.〉

[전문개정 2010. 10. 18.]

[제목개정 2017. 12. 12.]

제11조의2(소방시설공사 분리 도급의 예외)

법 제21조제2항 단서에서 "대통령령으로 정하는 경우"란 다음 각 호의 어느 하나에 해당하는 경우를 말한다.

1. 「재난 및 안전관리 기본법」 제3조제1호에 따른 재난의 발생으로 긴급하게 착공해야 하는 공사인 경우

2. 국방 및 국가안보 등과 관련하여 기밀을 유지해야 하는 공사인 경우

3. 제4조 각 호에 따른 소방시설공사에 해당하지 않는 공사인 경우

4. 연면적이 1천제곱미터 이하인 특정소방대상물에 비상경보설비를 설치하는 공사인 경우

5. 다음 각 목의 어느 하나에 해당하는 입찰로 시행되는 공사인 경우

   가. 「국가를 당사자로 하는 계약에 관한 법률 시행령」 제79조제1항제4호 또는 제5호 및 「지방자치단체를 당사자로 하는 계약에 관한 법률 시행령」 제95조제4호 또는 제5호에 따른 대안입찰 또는 일괄입찰

   나. 「국가를 당사자로 하는 계약에 관한 법률 시행령」 제98조제2호 또는 제3호 및 「지방자치단체를 당사자로 하는 계약에 관한 법률 시행령」 제127조제2호 또는 제3호에 따른 실시설계 기술제안입찰 또는 기본설계 기술제안입찰

6. 그 밖에 문화재수리 및 재개발·재건축 등의 공사로서 공사의 성질상 분리하여 도급하는 것이 곤란하다고 소방청장이 인정하는 경우

[본조신설 2020. 9. 8.]

[종전 제11조의2는 제11조의3으로 이동 〈2020. 9. 8.〉]

제11조의3(압류대상에서 제외되는 노임)

법 제21조의2에 따라 압류할 수 없는 노임(勞賃)에 해당하는 금액은 해당 소방시설공사의 도급 또는 하도급 금액 중 설계도서에 기재된 노임을 합산하여 산정한다.

[본조신설 2011. 12. 13.]

[제11조의2에서 이동, 종전 제11조의3은 제11조의4로 이동 〈2020. 9. 8.〉]

제11조의4(도급계약서의 내용)

① 법 제21조의3제2항에서 "그 밖에 대통령령으로 정하는 사항"이란 다음 각 호의 사항을 말한다. 〈개정 2019. 12. 24.〉

1. 소방시설의 설계, 시공, 감리 및 방염(이하 "소방시설공사등"이라 한다)의 내용

2. 도급(하도급을 포함한다. 이하 이 항에서 같다)금액 중 노임(勞賃)에 해당하는 금액

3. 소방시설공사등의 착수 및 완성 시기

4. 도급금액의 선급금이나 기성금 지급을 약정한 경우에는 각각 그 지급의 시기·방법 및 금액

5. 도급계약당사자 어느 한쪽에서 설계변경, 공사중지 또는 도급계약의 해제를 요청하는 경우 손해부담에 관한 사항

6. 천재지변이나 그 밖의 불가항력으로 인한 면책의 범위에 관한 사항

7. 설계변경, 물가변동 등에 따른 도급금액 또는 소방시설공사등의 내용 변경에 관한 사항

8. 「하도급거래 공정화에 관한 법률」 제13조의2에 따른 하도급대금 지급보증서의 발급에 관한 사항(하도급계약의 경우만 해당한다)

9. 「하도급거래 공정화에 관한 법률」 제14조에 따른 하도급대금의 직접 지급 사유와 그 절차(하도급계약의 경우만 해당한다)

10. 「산업안전보건법」 제72조에 따른 산업안전보건관리비 지급에 관한 사항(소방시설공사업의 경우만 해당한다)

11. 해당 공사와 관련하여 「고용보험 및 산업재해보상보험의 보험료징수 등에 관한 법률」, 「국민연금법」 및 「국민건강보험법」에 따른 보험료 등 관계 법령에 따라 부담하는 비용에 관한 사항(소방시설공사업의 경우만 해당한다)

12. 도급목적물의 인도를 위한 검사 및 인도 시기

13. 소방시설공사등이 완성된 후 도급금액의 지급시기

14. 계약 이행이 지체되는 경우의 위약금 및 지연이자 지급 등 손해배상에 관한 사항

15. 하자보수 대상 소방시설과 하자보수 보증기간 및 하자담보 방법(소방시설공사업의 경우만 해당한다)

16. 해당 공사에서 발생된 폐기물의 처리방법과 재활용에 관한 사항(소방시설공사업의 경우만 해당한다)

17. 그 밖에 다른 법령 또는 계약 당사자 양쪽의 합의에 따라 명시되는 사항

② 소방청장은 계약 당사자가 대등한 입장에서 공정하게 계약을 체결하도록 하기 위하여 소방시설공사등의 도급 또는 하도급에 관한 표준계약서(하도급의 경우에는 「하도급거래 공정화에 관한 법률」에 따라 공정거래위원회가 권장하는 소방시설공사업종 표준하도급계약서를 말한다)를 정하여 보급할 수 있다. 〈개정 2017. 7. 26.〉

[본조신설 2015. 6. 22.]

[제11조의3에서 이동 〈2020. 9. 8.〉]

제12조(소방시설공사의 시공을 하도급할 수 있는 경우)

① 법 제22조제1항 단서에서 "대통령령으로 정하는 경우"란 소방시설공사사업과 다음 각 호의 어느 하나에 해당하는 사업을 함께 하는 공사업자가 소방시설공사와 해당 사업의 공사를 함께 도급받은 경우를 말한다. 〈개정 2016. 8. 11., 2020. 9. 8.〉

　1. 「주택법」 제4조에 따른 주택건설사업

　2. 「건설산업기본법」 제9조에 따른 건설업

　3. 「전기공사업법」 제4조에 따른 전기공사업

　4. 「정보통신공사업법」 제14조에 따른 정보통신공사업

② 법 제22조제1항 단서에서 "도급받은 소방시설공사의 일부"란 제4조제1호 각 목의 어느 하나에 해당하는 소방설비 중 하나 이상의 소방설비를 설치하는 공사를 말한다.

[전문개정 2010. 10. 18.]

제12조의2(하도급계약의 적정성 심사 등)

① 법 제22조의2제1항 전단에서 "하도급계약금액이 대통령령으로 정하는 비율에 따른 금액에 미달하는 경우"란 다음 각 호의 어느 하나에 해당하는 경우를 말한다.

　1. 하도급계약금액이 도급금액 중 하도급부분에 상당하는 금액[하도급하려는 소방시설공사 등에 대하여 수급인의 도급금액 산출내역서의 계약단가(직접ㆍ간접 노무비, 재료비 및 경비를 포함한다)를 기준으로 산출한 금액에 일반관리비, 이윤 및 부가가치세를 포함한 금액을 말하며, 수급인이 하수급인에게 직접 지급하는 자재의 비용 등 관계 법령에 따라 수급인이 부담하는 금액은 제외한다]의 100분의 82에 해당하는 금액에 미달하는 경우

　2. 하도급계약금액이 소방시설공사등에 대한 발주자의 예정가격의 100분의 60에 해당하는 금액에 미달하는 경우

② 법 제22조의2제1항 후단에서 "대통령령으로 정하는 공공기관"이란 다음 각 호의 어느 하나에 해당하는 기관을 말한다.

　1. 「공공기관의 운영에 관한 법률」 제5조에 따른 공기업 및 준정부기관

　2. 「지방공기업법」에 따른 지방공사 및 지방공단

③ 소방청장은 법 제22조의2제1항에 따라 하수급인의 시공 및 수행능력, 하도급계약 내용의 적정성 등을 심사하는 경우에 활용할 수 있는 기준을 정하여 고시하여야 한다. 〈개정 2017. 7. 26.〉

④ 발주자는 법 제22조의2제2항에 따라 하수급인 또는 하도급계약 내용의 변경을 요구하려는 경우에는 법 제21조의3제4항에 따라 하도급에 관한 사항을 통보받은 날 또는 그 사유가 있음

을 안 날부터 30일 이내에 서면으로 하여야 한다.

[본조신설 2015. 6. 22.]

제12조의3(하도급계약심사위원회의 구성 및 운영)

① 법 제22조의2제4항에 따른 하도급계약심사위원회(이하 "위원회"라 한다)는 위원장 1명과 부위원장 1명을 포함하여 10명 이내의 위원으로 구성한다.

② 위원회의 위원장(이하 "위원장"이라 한다)은 발주기관의 장(발주기관이 특별시 · 광역시 · 특별자치시 · 도 및 특별자치도인 경우에는 해당 기관 소속 2급 또는 3급 공무원 중에서, 발주기관이 제12조의2제2항에 따른 공공기관인 경우에는 1급 이상 임직원 중에서 발주기관의 장이 지명하는 사람을 각각 말한다)이 되고, 부위원장과 위원은 다음 각 호의 어느 하나에 해당하는 사람 중에서 위원장이 임명하거나 성별을 고려하여 위촉한다.

1. 해당 발주기관의 과장급 이상 공무원(제12조의2제2항에 따른 공공기관의 경우에는 2급 이상의 임직원을 말한다)

2. 소방 분야 연구기관의 연구위원급 이상인 사람

3. 소방 분야의 박사학위를 취득하고 그 분야에서 3년 이상 연구 또는 실무경험이 있는 사람

4. 대학(소방 분야로 한정한다)의 조교수 이상인 사람

5. 「국가기술자격법」에 따른 소방기술사 자격을 취득한 사람

③ 제2항제2호부터 제5호까지의 규정에 해당하는 위원의 임기는 3년으로 하며, 한 차례만 연임할 수 있다.

④ 위원회의 회의는 재적위원 과반수의 출석으로 개의(開議)하고, 출석위원 과반수의 찬성으로 의결한다.

⑤ 제1항부터 제4항까지에서 규정한 사항 외에 위원회의 운영에 필요한 사항은 위원회의 의결을 거쳐 위원장이 정한다.

[본조신설 2015. 6. 22.]

제12조의4(위원회 위원의 제척 · 기피 · 회피)

① 위원회의 위원은 다음 각 호의 어느 하나에 해당하는 경우에는 해당 하도급계약심사에서 제척(除斥)된다.

1. 위원 또는 그 배우자나 배우자이었던 사람이 해당 안건의 당사자(당사자가 법인 · 단체 등인 경우에는 그 임원을 포함한다. 이하 이 호 및 제2호에서 같다)가 되거나 그 안건의 당사자와 공동권리자 또는 공동의무자인 경우

2. 위원이 해당 안건의 당사자와 친족이거나 친족이었던 경우

3. 위원이 해당 안건에 대하여 진술이나 감정을 한 경우

4. 위원이나 위원이 속한 법인·단체 등이 해당 안건의 당사자의 대리인이거나 대리인이었던 경우

5. 위원이 해당 안건의 원인이 된 처분 또는 부작위에 관여한 경우

② 해당 안건의 당사자는 위원에게 공정한 심사를 기대하기 어려운 사정이 있는 경우에는 위원회에 기피 신청을 할 수 있으며, 위원회는 의결로 이를 결정한다. 이 경우 기피 신청의 대상인 위원은 그 의결에 참여하지 못한다.

③ 위원이 제1항 각 호에 따른 제척 사유에 해당하는 경우에는 스스로 해당 안건의 심사에서 회피(回避)하여야 한다.

[본조신설 2015. 6. 22.]

제12조의5(하도급계약 자료의 공개)

① 법 제22조의4제1항 각 호 외의 부분에서 "대통령령으로 정하는 공공기관"이란 제12조의2제2항 각 호의 어느 하나에 해당하는 기관을 말한다.

② 법 제22조의4제1항에 따른 소방시설공사등의 하도급계약 자료의 공개는 법 제21조의3제4항에 따라 하도급에 관한 사항을 통보받은 날부터 30일 이내에 해당 소방시설공사등을 발주한 기관의 인터넷 홈페이지에 게재하는 방법으로 하여야 한다.

③ 법 제22조의4제1항에 따른 소방시설공사등의 하도급계약 자료의 공개대상 계약규모는 하도급계약금액[하수급인의 하도급금액 산출내역서의 계약단가(직접·간접 노무비, 재료비 및 경비를 포함한다)를 기준으로 산출한 금액에 일반관리비, 이윤 및 부가가치세를 포함한 금액을 말하며, 수급인이 하수급인에게 직접 지급하는 자재의 비용 등 관계 법령에 따라 수급인이 부담하는 금액은 제외한다]이 1천만원 이상인 경우로 한다.

[본조신설 2015. 6. 22.]

제12조의6(설계 및 공사 감리 용역사업의 집행 계획 작성·공고 대상자)

법 제26조의2제1항에서 "대통령령으로 정하는 공공기관"이란 제12조의2제2항 각 호의 어느 하나에 해당하는 기관을 말한다.

[본조신설 2016. 7. 28.]

제12조의7(설계 및 공사 감리 용역사업의 집행 계획의 내용 등)

① 법 제26조의2제1항에 따른 집행 계획에는 다음 각 호의 사항이 포함되어야 한다.

　1. 설계 · 공사 감리 용역명

　2. 설계 · 공사 감리 용역사업 시행 기관명

　3. 설계 · 공사 감리 용역사업의 주요 내용

　4. 총사업비 및 해당 연도 예산 규모

　5. 입찰 예정시기

　6. 그 밖에 입찰 참가에 필요한 사항

② 법 제26조의2제1항에 따른 집행 계획의 공고는 입찰공고와 함께 할 수 있다.

[본조신설 2016. 7. 28.]

제12조의8(설계 · 감리업자의 선정 절차 등)

① 법 제26조의2제2항에서 "대통령령으로 정하는 사업수행능력 평가기준"이란 다음 각 호의 사항에 대한 평가기준을 말한다. 〈개정 2017. 7. 26.〉

　1. 참여하는 소방기술자의 실적 및 경력

　2. 입찰참가 제한, 영업정지 등의 처분 유무 또는 재정상태 건실도 등에 따라 평가한 신용도

　3. 기술개발 및 투자 실적

　4. 참여하는 소방기술자의 업무 중첩도

　5. 그 밖에 행정안전부령으로 정하는 사항

② 국가, 지방자치단체 또는 제12조의6에 따른 공공기관(이하 "국가등"이라 한다. 이하 이 조에서 같다)은 제12조의7제2항에 따라 공고된 소방시설의 설계 · 공사감리 용역을 발주할 때에는 입찰에 참가하려는 자를 제1항에 따른 사업수행능력 평가기준에 따라 평가하여 입찰에 참가할 자를 선정하여야 한다.

③ 국가등이 소방시설의 설계 · 공사감리 용역을 발주할 때 특별히 기술이 뛰어난 자를 낙찰자로 선정하려는 경우에는 제2항에 따라 선정된 입찰에 참가할 자에게 기술과 가격을 분리하여 입찰하게 하여 기술능력을 우선적으로 평가한 후 기술능력 평가점수가 높은 업체의 순서로 협상하여 낙찰자를 선정할 수 있다.

④ 제1항부터 제3항까지의 규정에 따른 사업수행능력 평가의 세부 기준 및 방법, 기술능력 평가 기준 및 방법, 협상 방법 등 설계 · 감리업자의 선정에 필요한 세부적인 사항은 행정안전부령으로 정한다. 〈개정 2017. 7. 26.〉

[본조신설 2016. 7. 28.]

제13조 삭제 〈2015. 6. 22.〉

제14조 삭제 〈2015. 6. 22.〉

제15조 삭제 〈2015. 6. 22.〉

제16조 삭제 〈2015. 6. 22.〉

제17조 삭제 〈2015. 6. 22.〉

제18조 삭제 〈2015. 6. 22.〉

제19조 삭제 〈2015. 6. 22.〉

제19조의2(소방시설업자협회의 설립인가 절차 등)

① 법 제30조의2제1항에 따라 소방시설업자협회(이하 "협회"라 한다)를 설립하려면 법 제2조제1항제2호에 따른 소방시설업자 10명 이상이 발기하고 창립총회에서 정관을 의결한 후 소방청장에게 인가를 신청하여야 한다. 〈개정 2014. 11. 19., 2017. 7. 26.〉

② 소방청장은 제1항에 따른 인가를 하였을 때에는 그 사실을 공고하여야 한다. 〈개정 2014. 11. 19., 2017. 7. 26.〉

[본조신설 2010. 10. 18.]

제19조의3(정관의 기재사항)

협회의 정관에는 다음 각 호의 사항이 포함되어야 한다.

1. 목적
2. 명칭
3. 주된 사무소의 소재지
4. 사업에 관한 사항
5. 회원의 가입 및 탈퇴에 관한 사항
6. 회비에 관한 사항
7. 자산과 회계에 관한 사항

8. 임원의 정원 · 임기 및 선출방법

9. 기구와 조직에 관한 사항

10. 총회와 이사회에 관한 사항

11. 정관의 변경에 관한 사항

[본조신설 2010. 10. 18.]

제19조의4(감독)

① 법 제30조의2제4항에 따라 소방청장은 협회에 대하여 다음 각 호의 사항을 보고하게 할 수 있다. 〈개정 2014. 11. 19., 2017. 7. 26.〉

1. 총회 또는 이사회의 중요 의결사항

2. 회원의 가입 · 탈퇴와 회비에 관한 사항

3. 그 밖에 협회 및 회원에 관계되는 중요한 사항

[본조신설 2010. 10. 18.]

제20조(업무의 위탁)

① 소방청장은 법 제33조제2항에 따라 법 제29조에 따른 소방기술자 실무교육에 관한 업무를 법 제29조제3항에 따라 소방청장이 지정하는 실무교육기관 또는 「소방기본법」 제40조에 따른 한국소방안전원에 위탁한다. 〈개정 2014. 11. 19., 2017. 7. 26., 2018. 6. 26.〉

② 소방청장은 법 제33조제3항에 따라 다음 각 호의 업무를 협회에 위탁한다.

〈개정 2014. 11. 19., 2017. 7. 26., 2019. 2. 8., 2020. 9. 8.〉

1. 법 제20조의3에 따른 방염처리능력 평가 및 공시에 관한 업무

2. 법 제26조에 따른 시공능력 평가 및 공시에 관한 업무

3. 법 제26조의3제1항에 따른 소방시설업 종합정보시스템의 구축 · 운영

③ 시 · 도지사는 법 제33조제3항에 따라 다음 각 호의 업무를 협회에 위탁한다.

〈신설 2015. 6. 22., 2016. 7. 28.〉

1. 법 제4조제1항에 따른 소방시설업 등록신청의 접수 및 신청내용의 확인

2. 법 제6조에 따른 소방시설업 등록사항 변경신고의 접수 및 신고내용의 확인

2의2. 법 제6조의2에 따른 소방시설업 휴업 · 폐업 또는 재개업 신고의 접수 및 신고내용의 확인

3. 법 제7조제3항에 따른 소방시설업자의 지위승계 신고의 접수 및 신고내용의 확인

④ 소방청장은 법 제33조제4항에 따라 법 제28조에 따른 소방기술과 관련된 자격 · 학력 · 경력

의 인정 업무를 협회, 소방기술과 관련된 법인 또는 단체에 위탁한다. 이 경우 소방청장은 수탁기관을 지정하여 관보에 고시하여야 한다. 〈개정 2014. 11. 19., 2015. 6. 22., 2017. 7. 26.〉

[전문개정 2010. 10. 18.]

제20조의2(고유식별정보의 처리)

소방청장(제20조에 따라 소방청장의 업무를 위탁받은 자를 포함한다), 시·도지사(해당 권한이 위임·위탁된 경우에는 그 권한을 위임·위탁받은 자를 포함한다), 소방본부장 또는 소방서장은 다음 각 호의 사무를 수행하기 위하여 불가피한 경우 「개인정보 보호법 시행령」 제19조제1호 또는 제4호에 따른 주민등록번호 또는 외국인등록번호가 포함된 자료를 처리할 수 있다.

〈개정 2014. 11. 19., 2016. 7. 28., 2017. 7. 26.〉

1. 법 제5조에 따른 등록의 결격사유 확인에 관한 사무
2. 법 제9조제1항에 따른 등록의 취소와 영업정지 등에 관한 사무
3. 법 제10조에 따른 과징금처분에 관한 사무
3의2. 법 제26조에 따른 시공능력 평가 및 공시에 관한 사무
4. 법 제28조제1항에 따른 소방기술과 관련된 자격·학력 및 경력의 인정 등에 관한 사무
5. 법 제29조제1항에 따른 소방기술자의 실무교육에 관한 사무
6. 법 제31조에 따른 감독에 관한 사무

[본조신설 2014. 8. 6.]
[종전 제20조의2는 제20조의3으로 이동 〈2014. 8. 6.〉]

제20조의3(규제의 재검토)

소방청장은 다음 각 호의 사항에 대하여 다음 각 호의 기준일을 기준으로 3년마다(매 3년이 되는 해의 기준일과 같은 날 전까지를 말한다) 그 타당성을 검토하여 개선 등의 조치를 하여야 한다.

〈개정 2014. 11. 19., 2015. 1. 6., 2015. 6. 22., 2017. 7. 26.〉

1. 제2조제1항 및 별표 1에 따른 소방시설업의 업종별 등록기준 및 영업범위: 2014년 1월 1일
2. 삭제 〈2015. 6. 22.〉
3. 삭제 〈2016. 12. 30.〉
4. 제3조 및 별표 2에 따른 소방기술자의 배치기준: 2015년 1월 1일
5. 제4조에 따른 소방시설공사의 착공신고 대상: 2015년 1월 1일
6. 제5조에 따른 완공검사를 위한 현장확인 대상 특정소방대상물의 범위: 2015년 1월 1일
7. 삭제 〈2017. 12. 12.〉

8. 제9조 및 별표 3에 따른 소방공사감리의 종류와 방법 및 대상: 2015년 1월 1일

9. 제10조에 따른 공사감리자 지정대상 특정소방대상물의 범위: 2015년 1월 1일

10. 제11조 및 별표 4에 따른 소방공사 감리원의 배치기준: 2015년 1월 1일

11. 삭제 〈2017. 12. 12.〉

12. 제12조에 따른 소방시설공사의 시공을 하도급할 수 있는 경우: 2015년 1월 1일

12의2. 삭제 〈2018. 12. 24.〉

13. 삭제 〈2018. 12. 24.〉

[본조신설 2013. 12. 30.]

[제20조의2에서 이동 〈2014. 8. 6.〉]

제21조(과태료의 부과기준)

법 제40조제1항에 따른 과태료의 부과기준은 별표 5와 같다.

[전문개정 2009. 3. 31.]

부칙 〈제31000호, 2020. 9. 8.〉

이 영은 공포한 날부터 시행한다. 다만, 제11조의2의 개정규정은 2020년 9월 10일부터 시행한다.

소방시설공사업법
시행규칙

[시행 2020. 4. 16]
[행정안전부령 제156호, 2020. 1. 15, 일부개정]

제1장 총칙

제1조 목적

이 규칙은 「소방시설공사업법」 및 같은 법 시행령에서 위임된 사항과 그 시행에 필요한 사항을 규정함을 목적으로 한다.

[전문개정 2010. 11. 1.]

제2장 소방시설업

제2조(소방시설업의 등록신청)

① 「소방시설공사업법」(이하 "법"이라 한다) 제4조제1항에 따라 소방시설업을 등록하려는 자는 별지 제1호서식의 소방시설업 등록신청서(전자문서로 된 소방시설업 등록신청서를 포함한다)에 다음 각 호의 서류(전자문서를 포함한다)를 첨부하여 「소방시설공사업법 시행령」(이하 "영"이라 한다) 제20조제3항에 따라 법 제30조의2에 따른 소방시설업자협회(이하 "협회"라 한다)에 제출하여야 한다. 다만, 「전자정부법」 제36조제1항에 따른 행정정보의 공동이용을 통하여 첨부서류에 대한 정보를 확인할 수 있는 경우에는 그 확인으로 첨부서류를 갈음할 수 있다. 〈개정 2013. 11. 22., 2014. 9. 2., 2014. 11. 19., 2015. 8. 4., 2017. 7. 26.〉

1. 신청인(외국인을 포함하되, 법인의 경우에는 대표자를 포함한 임원을 말한다)의 성명, 주민등록번호 및 주소지 등의 인적사항이 적힌 서류

2. 등록기준 중 기술인력에 관한 사항을 확인할 수 있는 다음 각 목의 어느 하나에 해당하는 서류(이하 "기술인력 증빙서류"라 한다)

   가. 국가기술자격증

   나. 법 제28조제2항에 따라 발급된 소방기술 인정 자격수첩(이하 "자격수첩"이라 한다) 또는 소방기술자 경력수첩(이하 "경력수첩"이라 한다)

3. 영 제2조제2항에 따라 소방청장이 지정하는 금융회사 또는 소방산업공제조합에 출자 · 예치 · 담보한 금액 확인서(이하 "출자 · 예치 · 담보 금액 확인서"라 한다) 1부(소방시설공사업만 해당한다). 다만, 소방청장이 지정하는 금융회사 또는 소방산업공제조합에 해당 금액을 확인할 수 있는 경우에는 그 확인으로 갈음할 수 있다.

4. 다음 각 목의 어느 하나에 해당하는 자가 신청일 전 최근 90일 이내에 작성한 자산평가액 또는 소방청장이 정하여 고시하는 바에 따라 작성된 기업진단 보고서(소방시설공사업만

해당한다)

    가. 「공인회계사법」 제7조에 따라 금융위원회에 등록한 공인회계사

    나. 「세무사법」 제6조에 따라 기획재정부에 등록한 세무사

    다. 「건설산업기본법」 제49조제2항에 따른 전문경영진단기관

5. 신청인(법인인 경우에는 대표자를 말한다)이 외국인인 경우에는 법 제5조 각 호의 어느 하나에 해당하는 사유와 같거나 비슷한 사유에 해당하지 아니함을 확인할 수 있는 서류로서 다음 각 목의 어느 하나에 해당하는 서류

    가. 해당 국가의 정부나 공증인(법률에 따른 공증인의 자격을 가진 자만 해당한다), 그 밖의 권한이 있는 기관이 발행한 서류로서 해당 국가에 주재하는 우리나라 영사가 확인한 서류

    나. 「외국공문서에 대한 인증의 요구를 폐지하는 협약」을 체결한 국가의 경우에는 해당 국가의 정부나 공증인(법률에 따른 공증인의 자격을 가진 자만 해당한다), 그 밖의 권한이 있는 기관이 발행한 서류로서 해당 국가의 아포스티유(Apostille) 확인서 발급 권한이 있는 기관이 그 확인서를 발급한 서류

② 제1항에 따른 신청서류는 업종별로 제출하여야 한다.

③ 제1항에 따라 등록신청을 받은 협회는 「전자정부법」 제36조제1항에 따른 행정정보의 공동이용을 통하여 다음 각 호의 서류를 확인하여야 한다. 다만, 신청인이 제2호부터 제4호까지의 서류의 확인에 동의하지 아니하는 경우에는 해당 서류를 제출하도록 하여야 한다.

〈개정 2015. 8. 4.〉

1. 법인등기사항 전부증명서(법인인 경우만 해당한다)

2. 사업자등록증(개인인 경우만 해당한다)

3. 「출입국관리법」 제88조제2항에 따른 외국인등록 사실증명(외국인인 경우만 해당한다)

4. 「국민연금법」 제16조에 따른 국민연금가입자 증명서(이하 "국민연금가입자 증명서"라 한다) 또는 「국민건강보험법」 제11조에 따라 건강보험의 가입자로서 자격을 취득하고 있다는 사실을 확인할 수 있는 증명서("건강보험자격취득 확인서"라 한다)

[전문개정 2010. 11. 1.]

제2조의2(등록신청 서류의 보완)

협회는 제2조에 따라 받은 소방시설업의 등록신청 서류가 다음 각 호의 어느 하나에 해당되는 경우에는 10일 이내의 기간을 정하여 이를 보완하게 할 수 있다.

    1. 첨부서류(전자문서를 포함한다)가 첨부되지 아니한 경우

2. 신청서(전자문서로 된 소방시설업 등록신청서를 포함한다) 및 첨부서류(전자문서를 포함
   한다)에 기재되어야 할 내용이 기재되어 있지 아니하거나 명확하지 아니한 경우
[본조신설 2015. 8. 4.]

제2조의3(등록신청 서류의 검토 · 확인 및 송부)

협회는 제2조에 따라 소방시설업 등록신청 서류를 받았을 때에는 영 제2조 및 영 별표 1에 따른 등록기준에 맞는지를 검토 · 확인하여야 한다.

② 협회는 제1항에 따른 검토 · 확인을 마쳤을 때에는 제2조에 따라 받은 소방시설업 등록신청 서류에 그 결과를 기재한 별지 제1호의2서식에 따른 소방시설업 등록신청서 서면심사 및 확인 결과를 첨부하여 접수일(제2조의2에 따라 신청서류의 보완을 요구한 경우에는 그 보완이 완료된 날을 말한다. 이하 같다)부터 7일 이내에 특별시장 · 광역시장 · 특별자치시장 · 도지사 또는 특별자치도지사(이하 "시 · 도지사"라 한다)에게 보내야 한다.

[본조신설 2015. 8. 4.]

제3조(소방시설업 등록증 및 등록수첩의 발급)

시 · 도지사는 제2조에 따른 접수일부터 15일 이내에 협회를 경유하여 별지 제3호서식에 따른 소방시설업 등록증 및 별지 제4호서식에 따른 소방시설업 등록수첩을 신청인에게 발급해 주어야 한다.

[전문개정 2015. 8. 4.]

제4조(소방시설업 등록증 또는 등록수첩의 재발급 및 반납)

① 법 제4조제3항에 따라 소방시설업자는 소방시설업 등록증 또는 등록수첩을 잃어버리거나 소방시설업 등록증 또는 등록수첩이 헐어 못 쓰게 된 경우에는 시 · 도지사에게 소방시설업 등록증 또는 등록수첩의 재발급을 신청할 수 있다.

② 소방시설업자는 제1항에 따라 재발급을 신청하는 경우에는 별지 제6호서식의 소방시설업 등록증(등록수첩) 재발급신청서 [전자문서로 된 소방시설업 등록증(등록수첩) 재발급신청서를 포함한다] 를 협회를 경유하여 시 · 도지사에게 제출하여야 한다.　　　　〈개정 2015. 8. 4.〉

③ 시 · 도지사는 제2항에 따른 재발급신청서 [전자문서로 된 소방시설업 등록증(등록수첩) 재발급신청서를 포함한다] 를 제출받은 경우에는 3일 이내에 협회를 경유하여 소방시설업 등록증 또는 등록수첩을 재발급하여야 한다.　　　　〈개정 2015. 8. 4.〉

④ 소방시설업자는 다음 각 호의 어느 하나에 해당하는 경우에는 지체 없이 협회를 경유하여

시·도지사에게 그 소방시설업 등록증 및 등록수첩을 반납하여야 한다. 〈개정 2015. 8. 4.〉

1. 법 제9조에 따라 소방시설업 등록이 취소된 경우

2. 삭제 〈2016. 8. 25.〉

3. 제1항에 따라 재발급을 받은 경우. 다만, 소방시설업 등록증 또는 등록수첩을 잃어버리고 재발급을 받은 경우에는 이를 다시 찾은 경우에만 해당한다.

[전문개정 2010. 11. 1.]

제4조의2(등록관리)

① 시·도지사는 제3조에 따라 소방시설업 등록증 및 등록수첩을 발급(제4조에 따른 재발급, 제6조제4항 단서 및 제7조제5항에 따른 발급을 포함한다)하였을 때에는 별지 제4호의2서식에 따른 소방시설업 등록증 및 등록수첩 발급(재발급)대장에 그 사실을 일련번호 순으로 작성하고 이를 관리(전자문서를 포함한다)하여야 한다.

② 협회는 제1항에 따라 발급한 사항에 대하여 별지 제5호서식에 따른 소방시설업 등록대장에 등록사항을 작성하여 관리(전자문서를 포함한다)하여야 한다. 이 경우 협회는 다음 각 호의 사항을 협회 인터넷 홈페이지를 통하여 공시하여야 한다.

1. 등록업종 및 등록번호

2. 등록 연월일

3. 상호(명칭) 및 성명(법인의 경우에는 대표자의 성명을 말한다)

4. 영업소 소재지

[본조신설 2015. 8. 4.]

제5조(등록사항의 변경신고사항)

법 제6조에서 "행정안전부령으로 정하는 중요 사항"이란 다음 각 호의 어느 하나에 해당하는 사항을 말한다. 〈개정 2013. 3. 23., 2014. 11. 19., 2015. 8. 4., 2017. 7. 26.〉

1. 상호(명칭) 또는 영업소 소재지

2. 대표자

3. 기술인력

[전문개정 2010. 11. 1.]

제6조(등록사항의 변경신고 등)

① 법 제6조에 따라 소방시설업자는 제5조 각 호의 어느 하나에 해당하는 등록사항이 변경된 경

우에는 변경일부터 30일 이내에 별지 제7호서식의 소방시설업 등록사항 변경신고서(전자문서로 된 소방시설업 등록사항 변경신고서를 포함한다)에 변경사항별로 다음 각 호의 구분에 따른 서류(전자문서를 포함한다)를 첨부하여 협회에 제출하여야 한다. 다만, 「전자정부법」 제36조제1항에 따른 행정정보의 공동이용을 통하여 첨부서류에 대한 정보를 확인할 수 있는 경우에는 그 확인으로 첨부서류를 갈음할 수 있다. 〈개정 2014. 9. 2., 2015. 8. 4.〉

1. 상호(명칭) 또는 영업소 소재지가 변경된 경우: 소방시설업 등록증 및 등록수첩

2. 대표자가 변경된 경우: 다음 각 목의 서류

   가. 소방시설업 등록증 및 등록수첩

   나. 변경된 대표자의 성명, 주민등록번호 및 주소지 등의 인적사항이 적힌 서류

   다. 외국인인 경우에는 제2조제1항제5호 각 목의 어느 하나에 해당하는 서류

3. 기술인력이 변경된 경우: 다음 각 목의 서류

   가. 소방시설업 등록수첩

   나. 기술인력 증빙서류

   다. 삭제 〈2014. 9. 2.〉

② 제1항에 따른 신고서를 제출받은 협회는 「전자정부법」 제36조제1항에 따라 행정정보의 공동이용을 통하여 다음 각 호의 서류를 확인하여야 한다. 다만, 신청인이 제2호부터 제4호까지의 서류의 확인에 동의하지 아니하는 경우에는 해당 서류를 제출하도록 하여야 한다. 〈개정 2013. 11. 22., 2015. 8. 4., 2016. 1. 21.〉

1. 법인등기사항 전부증명서(법인인 경우만 해당한다)

2. 사업자등록증(개인인 경우만 해당한다)

3. 「출입국관리법」 제88조제2항에 따른 외국인등록 사실증명(외국인인 경우만 해당한다)

4. 국민연금가입자 증명서 또는 건강보험자격취득 확인서(기술인력을 변경하는 경우에만 해당한다)

③ 제1항에 따라 변경신고 서류를 제출받은 협회는 등록사항의 변경신고 내용을 확인하고 5일 이내에 제1항에 따라 제출된 소방시설업 등록증·등록수첩 및 기술인력 증빙서류에 그 변경된 사항을 기재하여 발급하여야 한다. 〈개정 2014. 9. 2., 2015. 8. 4.〉

④ 제3항에도 불구하고 영업소 소재지가 등록된 특별시·광역시·특별자치시·도 및 특별자치도(이하 "시·도"라 한다)에서 다른 시·도로 변경된 경우에는 제1항에 따라 제출받은 변경신고 서류를 접수일로부터 7일 이내에 해당 시·도지사에게 보내야 한다. 이 경우 해당 시·도지사는 소방시설업 등록증 및 등록수첩을 협회를 경유하여 신고인에게 새로 발급하여야 한다. 〈신설 2015. 8. 4.〉

⑤ 제1항에 따라 변경신고 서류를 제출받은 협회는 별지 제5호서식의 소방시설업 등록대장에 변경사항을 작성하여 관리(전자문서를 포함한다)하여야 한다. 〈개정 2015. 8. 4.〉

⑥ 협회는 등록사항의 변경신고 접수현황을 매월 말일을 기준으로 작성하여 다음 달 10일까지 별지 제7호의2서식에 따라 시·도지사에게 알려야 한다. 〈신설 2015. 8. 4.〉

⑦ 변경신고 서류의 보완에 관하여는 제2조의2를 준용한다. 이 경우 "소방시설업의 등록신청 서류"는 "소방시설업의 등록사항 변경신고 서류"로 본다. 〈신설 2015. 8. 4.〉

[전문개정 2010. 11. 1.]

제6조의2(소방시설업의 휴업·폐업 등의 신고)

① 소방시설업자는 법 제6조의2제1항에 따라 휴업·폐업 또는 재개업 신고를 하려면 휴업·폐업 또는 재개업일부터 30일 이내에 별지 제7호의3서식의 소방시설업 휴업·폐업·재개업 신고서(전자문서로 된 신고서를 포함한다)에 다음 각 호의 구분에 따른 서류(전자문서를 포함한다)를 첨부하여 협회를 경유하여 시·도지사에게 제출하여야 한다. 다만, 「전자정부법」 제36조제1항에 따른 행정정보의 공동이용을 통하여 첨부서류에 대한 정보를 확인할 수 있는 경우에는 그 확인으로 첨부서류를 갈음할 수 있다.

1. 휴업·폐업의 경우: 등록증 및 등록수첩

2. 재개업의 경우: 제2조제1항제2호 및 제3호, 같은 조 제3항제4호에 해당하는 서류

② 제1항에 따른 신고서를 제출받은 협회는 「전자정부법」 제36조제1항에 따라 행정정보의 공동이용을 통하여 국민연금가입자 증명서 또는 건강보험자격취득 확인서를 확인하여야 한다. 다만, 신고인이 서류의 확인에 동의하지 아니하는 경우에는 해당 서류를 제출하도록 하여야 한다.

③ 제1항에 따른 신고서를 제출받은 협회는 법 제6조의2제2항에 따라 다음 각 호의 사항을 협회 인터넷 홈페이지에 공고하여야 한다.

1. 등록업종 및 등록번호

2. 휴업·폐업 또는 재개업 연월일

3. 상호(명칭) 및 성명(법인의 경우에는 대표자의 성명을 말한다)

4. 영업소 소재지

[본조신설 2016. 8. 25.]

제7조(지위승계 신고 등)

① 법 제7조제3항에 따라 소방시설업자 지위 승계를 신고하려는 자는 그 지위를 승계한 날부터

30일 이내에 다음 각 호의 구분에 따른 서류(전자문서를 포함한다)를 협회에 제출하여야 한다. 〈개정 2015. 8. 4., 2020. 1. 15.〉

1. 양도·양수의 경우(분할 또는 분할합병에 따른 양도·양수의 경우를 포함한다. 이하 이 조에서 같다): 다음 각 목의 서류

　가. 별지 제8호서식에 따른 소방시설업 지위승계신고서

　나. 양도인 또는 합병 전 법인의 소방시설업 등록증 및 등록수첩

　다. 양도·양수 계약서 사본, 분할계획서 사본 또는 분할합병계약서 사본(법인의 경우 양도·양수에 관한 사항을 의결한 주주총회 등의 결의서 사본을 포함한다)

　라. 제2조제1항 각 호에 해당하는 서류. 이 경우 같은 항 제1호 및 제5호의 "신청인"은 "신고인"으로 본다.

　마. 양도·양수 공고문 사본

2. 상속의 경우: 다음 각 목의 서류

　가. 별지 제8호서식에 따른 소방시설업 지위승계신고서

　나. 피상속인의 소방시설업 등록증 및 등록수첩

　다. 제2조제1항 각 호에 해당하는 서류. 이 경우 같은 항 제1호 및 제5호의 "신청인"은 "신고인"으로 본다.

　라. 상속인임을 증명하는 서류

3. 합병의 경우: 다음 각 목의 서류

　가. 별지 제9호서식에 따른 소방시설업 합병신고서

　나. 합병 전 법인의 소방시설업 등록증 및 등록수첩

　다. 합병계약서 사본(합병에 관한 사항을 의결한 총회 또는 창립총회 결의서 사본을 포함한다)

　라. 제2조제1항 각 호에 해당하는 서류. 이 경우 같은 항 제1호 및 제5호의 "신청인"은 "신고인"으로 본다.

　마. 합병공고문 사본

② 제1항에 따라 소방시설업자 지위 승계를 신고하려는 상속인이 법 제6조의2제1항에 따른 폐업 신고를 함께 하려는 경우에는 제1항제2호다목 전단의 서류 중 제2조제1항제1호 및 제5호의 서류만을 첨부하여 제출할 수 있다. 이 경우 같은 항 제1호 및 제5호의 "신청인"은 "신고인"으로 본다. 〈신설 2020. 1. 15.〉

③ 제1항에 따른 신고서를 제출받은 협회는 「전자정부법」 제36조제1항에 따라 행정정보의 공동이용을 통하여 다음 각 호의 서류를 확인하여야 하며, 신고인이 제2호부터 제4호까지의

서류의 확인에 동의하지 아니하는 경우에는 해당 서류를 첨부하게 하여야 한다.

〈개정 2013. 11. 22., 2015. 8. 4., 2020. 1. 15.〉

1. 법인등기사항 전부증명서(지위승계인이 법인인 경우에만 해당한다)

2. 사업자등록증(지위승계인이 개인인 경우에만 해당한다)

3. 「출입국관리법」 제88조제2항에 따른 외국인등록 사실증명(지위승계인이 외국인인 경우에만 해당한다)

4. 국민연금가입자 증명서 또는 건강보험자격취득 확인서

④ 제1항에 따른 지위승계 신고 서류를 제출받은 협회는 접수일부터 7일 이내에 지위를 승계한 사실을 확인한 후 그 결과를 시·도지사에게 보고하여야 한다. 〈개정 2015. 8. 4., 2020. 1. 15.〉

⑤ 시·도지사는 제4항에 따라 소방시설업의 지위승계 신고의 확인 사실을 보고받은 날부터 3일 이내에 협회를 경유하여 법 제7조제1항에 따른 지위승계인에게 등록증 및 등록수첩을 발급하여야 한다. 〈신설 2015. 8. 4., 2020. 1. 15.〉

⑥ 제1항에 따라 지위승계 신고 서류를 제출받은 협회는 별지 제5호서식에 따른 소방시설업 등록대장에 지위승계에 관한 사항을 작성하여 관리(전자문서를 포함한다)하여야 한다.

〈신설 2015. 8. 4., 2020. 1. 15.〉

⑦ 지위승계 신고 서류의 보완에 관하여는 제2조의2를 준용한다. 이 경우 "소방시설업의 등록신청 서류"는 "소방시설업의 지위승계 신고 서류"로 본다. 〈신설 2015. 8. 4., 2020. 1. 15.〉

[전문개정 2010. 11. 1.]

제8조(소방시설업자가 보관하여야 하는 관계 서류)

법 제8조제4항에서 "행정안전부령으로 정하는 관계 서류"란 다음 각 호의 구분에 따른 해당 서류(전자문서를 포함한다)를 말한다. 〈개정 2013. 3. 23., 2014. 11. 19., 2017. 7. 26.〉

1. 소방시설설계업: 별지 제10호서식의 소방시설 설계기록부 및 소방시설 설계도서

2. 소방시설공사업: 별지 제11호서식의 소방시설공사 기록부

3. 소방공사감리업: 별지 제12호서식의 소방공사 감리기록부, 별지 제13호서식의 소방공사 감리일지 및 소방시설의 완공 당시 설계도서

[전문개정 2010. 11. 1.]

제9조(소방시설업의 행정처분기준)

법 제9조제1항에 따른 소방시설업의 등록취소 등의 행정처분에 대한 기준은 별표 1과 같다.

[전문개정 2010. 11. 1.]

제10조(과징금을 부과하는 위반행위의 종류와 과징금의 부과기준)

법 제10조제2항에 따라 과징금을 부과하는 위반행위의 종류와 그에 대한 과징금의 부과기준은 별표 2와 같다.

[전문개정 2010. 11. 1.]

제11조(과징금 징수절차) 법 제10조제2항에 따른 과징금의 징수절차는 「국고금관리법 시행규칙」을 준용한다.

[전문개정 2010. 11. 1.]

제11조의2(소방시설업자의 처분통지 등) 시·도지사는 다음 각 호의 어느 하나에 해당하는 경우에는 협회에 그 사실을 알려주어야 한다.

1. 법 제9조제1항에 따라 등록취소·시정명령 또는 영업정지를 하는 경우

2. 법 제10조제1항에 따라 과징금을 부과하는 경우

[본조신설 2015. 8. 4.]

제3장 소방시설공사 등

제1절 소방시설공사 착공신고 등

제12조(착공신고 등)

① 소방시설공사업자(이하 "공사업자"라 한다)는 소방시설공사를 하려면 법 제13조제1항에 따라 해당 소방시설공사의 착공 전까지 별지 제14호서식의 소방시설공사 착공(변경)신고서[전자문서로 된 소방시설공사 착공(변경)신고서를 포함한다]에 다음 각 호의 서류(전자문서를 포함한다)를 첨부하여 소방본부장 또는 소방서장에게 신고하여야 한다. 다만, 「전자정부법」 제36조제1항에 따른 행정정보의 공동이용을 통하여 첨부서류에 대한 정보를 확인할 수 있는 경우에는 그 확인으로 첨부서류를 갈음할 수 있다. 〈개정 2014. 9. 2., 2015. 8. 4., 2020. 1. 15.〉

1. 공사업자의 소방시설공사업 등록증 사본 1부 및 등록수첩 사본 1부

2. 해당 소방시설공사의 책임시공 및 기술관리를 하는 기술인력의 기술등급을 증명하는 서류 사본 1부

3. 법 제21조의3제2항에 따라 체결한 소방시설공사 계약서 사본 1부

4. 설계도서(설계설명서를 포함하되, 「화재예방, 소방시설 설치·유지 및 안전관리에 관한 법률 시행규칙」 제4조제2항에 따라 건축허가등의 동의요구서에 첨부된 서류 중 설계도

서가 변경된 경우에만 첨부한다) 1부

　　5. 소방시설공사를 하도급하는 경우 다음 각 목의 서류

　　　가. 제20조제1항 및 별지 제31호서식에 따른 소방시설공사등의 하도급통지서 사본 1부

　　　나. 하도급대금 지급에 관한 다음의 어느 하나에 해당하는 서류

　　　　1) 「하도급거래 공정화에 관한 법률」 제13조의2에 따라 공사대금 지급을 보증한 경우에는 하도급대금 지급보증서 사본 1부

　　　　2) 「하도급거래 공정화에 관한 법률」 제13조의2제1항 각 호 외의 부분 단서 및 같은 법 시행령 제8조제1항에 따라 보증이 필요하지 않거나 보증이 적합하지 않다고 인정되는 경우에는 이를 증빙하는 서류 사본 1부

② 법 제13조제2항에서 "행정안전부령으로 정하는 중요한 사항"이란 다음 각 호의 어느 하나에 해당하는 사항을 말한다. 〈개정 2013. 3. 23., 2014. 11. 19., 2017. 7. 26.〉

　1. 시공자

　2. 설치되는 소방시설의 종류

　3. 책임시공 및 기술관리 소방기술자

③ 법 제13조제2항에 따라 공사업자는 제2항 각 호의 어느 하나에 해당하는 사항이 변경된 경우에는 변경일부터 30일 이내에 별지 제14호서식의 소방시설공사 착공(변경)신고서[전자문서로 된 소방시설공사 착공(변경)신고서를 포함한다]에 제1항 각 호의 서류(전자문서를 포함한다) 중 변경된 해당 서류를 첨부하여 소방본부장 또는 소방서장에게 신고하여야 한다.

④ 소방본부장 또는 소방서장은 소방시설공사 착공신고 또는 변경신고를 받은 경우에는 2일 이내에 처리하고 그 결과를 신고인에게 통보하며, 소방시설공사현장에 배치되는 소방기술자의 성명, 자격증 번호·등급, 시공현장의 명칭·소재지·면적 및 현장 배치기간을 법 제26조의3제1항에 따른 소방시설업 종합정보시스템에 입력해야 한다. 이 경우 소방본부장 또는 소방서장은 별지 제15호서식의 소방시설 착공 및 완공대장에 필요한 사항을 기록하여 관리하여야 한다. 〈개정 2012. 6. 1., 2015. 8. 4., 2017. 2. 6., 2020. 1. 15.〉

⑤ 소방본부장 또는 소방서장은 소방시설공사 착공신고 또는 변경신고를 받은 경우에는 공사업자에게 별지 제16호서식의 소방시설공사현황 표지에 따른 소방시설공사현황의 게시를 요청할 수 있다.

[전문개정 2010. 11. 1.]

제13조(소방시설의 완공검사 신청 등)

① 공사업자는 소방시설공사의 완공검사 또는 부분완공검사를 받으려면 법 제14조제4항에 따

라 별지 제17호서식의 소방시설공사 완공검사신청서(전자문서로 된 소방시설공사 완공검사 신청서를 포함한다) 또는 별지 제18호서식의 소방시설 부분완공검사신청서(전자문서로 된 소방시설 부분완공검사신청서를 포함한다)를 소방본부장 또는 소방서장에게 제출하여야 한다. 다만, 「전자정부법」 제36조제1항에 따른 행정정보의 공동이용을 통하여 첨부서류에 대한 정보를 확인할 수 있는 경우에는 그 확인으로 첨부서류를 갈음할 수 있다.

② 제1항에 따라 소방시설 완공검사신청 또는 부분완공검사신청을 받은 소방본부장 또는 소방 서장은 법 제14조제1항 및 제2항에 따른 현장 확인 결과 또는 감리 결과보고서를 검토한 결 과 해당 소방시설공사가 법령과 화재안전기준에 적합하다고 인정하면 별지 제19호서식의 소방시설 완공검사증명서 또는 별지 제20호서식의 소방시설 부분완공검사증명서를 공사업 자에게 발급하여야 한다.

[전문개정 2010. 11. 1.]

제14조 삭제 〈2016. 1. 21.〉

제2절 소방공사감리자의 지정신고 등

제15조(소방공사감리자의 지정신고 등)

① 법 제17조제2항에 따라 특정소방대상물의 관계인은 공사감리자를 지정한 경우에는 착공신 고일까지 별지 제21호서식의 소방공사감리자 지정신고서에 다음 각 호의 서류(전자문서를 포함한다)를 첨부하여 소방본부장 또는 소방서장에게 제출하여야 한다. 다만, 「전자정부 법」 제36조제1항에 따른 행정정보의 공동이용을 통하여 첨부서류에 대한 정보를 확인할 수 있는 경우에는 그 확인으로 첨부서류를 갈음할 수 있다. 〈개정 2014. 9. 2., 2015. 8. 4., 2016. 8. 25.〉

1. 소방공사감리업 등록증 사본 1부 및 등록수첩 사본 1부

2. 해당 소방시설공사를 감리하는 소속 감리원의 감리원 등급을 증명하는 서류(전자문서를 포함한다) 각 1부

3. 별지 제22호서식의 소방공사감리계획서 1부

4. 법 제21조의3제2항에 따라 체결한 소방시설설계 계약서 사본 1부 및 소방공사감리 계약서 사본 1부

② 특정소방대상물의 관계인은 공사감리자가 변경된 경우에는 법 제17조제2항 후단에 따라 변 경일부터 30일 이내에 별지 제23호서식의 소방공사감리자 변경신고서(전자문서로 된 소방

공사감리자 변경신고서를 포함한다)에 제1항 각 호의 서류(전자문서를 포함한다)를 첨부하여 소방본부장 또는 소방서장에게 제출하여야 한다. 다만, 「전자정부법」 제36조제1항에 따른 행정정보의 공동이용을 통하여 첨부서류에 대한 정보를 확인할 수 있는 경우에는 그 확인으로 첨부서류를 갈음할 수 있다.

③ 소방본부장 또는 소방서장은 제1항 및 제2항에 따라 공사감리자의 지정신고 또는 변경신고를 받은 경우에는 2일 이내에 처리하고 그 결과를 신고인에게 통보해야 한다.

〈개정 2012. 6. 1., 2020. 1. 15.〉

[전문개정 2010. 11. 1.]

제16조(감리원의 세부 배치 기준 등)

① 법 제18조제3항에 따른 감리원의 세부적인 배치 기준은 다음 각 호의 구분에 따른다.

〈개정 2011. 5. 17., 2015. 8. 4., 2016. 1. 21., 2016. 8. 25.〉

1. 영 별표 3에 따른 상주 공사감리 대상인 경우

   가. 기계분야의 감리원 자격을 취득한 사람과 전기분야의 감리원 자격을 취득한 사람 각 1명 이상을 감리원으로 배치할 것. 다만, 기계분야 및 전기분야의 감리원 자격을 함께 취득한 사람이 있는 경우에는 그에 해당하는 사람 1명 이상을 배치할 수 있다.

   나. 소방시설용 배관(전선관을 포함한다. 이하 같다)을 설치하거나 매립하는 때부터 소방시설 완공검사증명서를 발급받을 때까지 소방공사감리현장에 감리원을 배치할 것

2. 영 별표 3에 따른 일반 공사감리 대상인 경우

   가. 기계분야의 감리원 자격을 취득한 사람과 전기분야의 감리원 자격을 취득한 사람 각 1명 이상을 감리원으로 배치할 것. 다만, 기계분야 및 전기분야의 감리원 자격을 함께 취득한 사람이 있는 경우에는 그에 해당하는 사람 1명 이상을 배치할 수 있다.

   나. 별표 3에 따른 기간 동안 감리원을 배치할 것

   다. 감리원은 주 1회 이상 소방공사감리현장에 배치되어 감리할 것

   라. 1명의 감리원이 담당하는 소방공사감리현장은 5개 이하(자동화재탐지설비 또는 옥내소화전설비 중 어느 하나만 설치하는 2개의 소방공사감리현장이 최단 차량주행거리로 30킬로미터 이내에 있는 경우에는 1개의 소방공사감리현장으로 본다)로서 감리현장 연면적의 총 합계가 10만제곱미터 이하일 것. 다만, 일반 공사감리 대상인 아파트의 경우에는 연면적의 합계에 관계없이 1명의 감리원이 5개 이내의 공사현장을 감리할 수 있다.

② 영 별표 3 상주 공사감리의 방법란 각 호에서 "행정안전부령으로 정하는 기간"이란 소방시설

용 배관을 설치하거나 매립하는 때부터 소방시설 완공검사증명서를 발급받을 때까지를 말한다. 〈개정 2013. 3. 23., 2014. 11. 19., 2017. 7. 26.〉

③ 영 별표 3 일반공사감리의 방법란 제1호 및 제2호에서 "행정안전부령으로 정하는 기간"이란 별표 3에 따른 기간을 말한다. 〈개정 2013. 3. 23., 2014. 11. 19., 2017. 7. 26.〉

[전문개정 2010. 11. 1.]

제17조(감리원 배치통보 등)

① 소방공사감리업자는 법 제18조제2항에 따라 감리원을 소방공사감리현장에 배치하는 경우에는 별지 제24호서식의 소방공사감리원 배치통보서(전자문서로 된 소방공사감리원 배치통보서를 포함한다)에, 배치한 감리원이 변경된 경우에는 별지 제25호서식의 소방공사감리원 배치변경통보서(전자문서로 된 소방공사감리원 배치변경통보서를 포함한다)에 다음 각 호의 구분에 따른 해당 서류(전자문서를 포함한다)를 첨부하여 감리원 배치일부터 7일 이내에 소방본부장 또는 소방서장에게 알려야 한다. 이 경우 소방본부장 또는 소방서장은 배치되는 감리원의 성명, 자격증 번호·등급, 감리현장의 명칭·소재지·면적 및 현장 배치기간을 법 제26조의3제1항에 따른 소방시설업 종합정보시스템에 입력해야 한다.

〈개정 2015. 8. 4., 2020. 1. 15.〉

1. 소방공사감리원 배치통보서에 첨부하는 서류(전자문서를 포함한다)

   가. 별표 4의2 제3호나목에 따른 감리원의 등급을 증명하는 서류

   나. 법 제21조의3제2항에 따라 체결한 소방공사 감리계약서 사본 1부

   다. 삭제 〈2014. 9. 2.〉

2. 소방공사감리원 배치변경통보서에 첨부하는 서류(전자문서를 포함한다)

   가. 변경된 감리원의 등급을 증명하는 서류(감리원을 배치하는 경우에만 첨부한다)

   나. 변경 전 감리원의 등급을 증명하는 서류

   다. 삭제 〈2014. 9. 2.〉

② 삭제 〈2015. 8. 4.〉

③ 삭제 〈2015. 8. 4.〉

④ 삭제 〈2015. 8. 4.〉

[전문개정 2010. 11. 1.]

제18조(위반사항의 보고 등)

소방공사감리업자는 법 제19조제1항에 따라 공사업자에게 해당 공사의 시정 또는 보완을 요구

하였으나 이행하지 아니하고 그 공사를 계속할 때에는 법 제19조제3항에 따라 시정 또는 보완을 이행하지 아니하고 공사를 계속하는 날부터 3일 이내에 별지 제28호서식의 소방시설공사 위반사항보고서(전자문서로 된 소방시설공사 위반사항보고서를 포함한다)를 소방본부장 또는 소방서장에게 제출하여야 한다. 이 경우 공사업자의 위반사항을 확인할 수 있는 사진 등 증명서류(전자문서를 포함한다)가 있으면 이를 소방시설공사 위반사항보고서(전자문서로 된 소방시설공사 위반사항보고서를 포함한다)에 첨부하여 제출하여야 한다. 다만, 「전자정부법」 제36조제1항에 따른 행정정보의 공동이용을 통하여 첨부서류에 대한 정보를 확인할 수 있는 경우에는 그 확인으로 첨부서류를 갈음할 수 있다.

[전문개정 2010. 11. 1.]

제19조(감리결과의 통보 등)

법 제20조에 따라 감리업자가 소방공사의 감리를 마쳤을 때에는 별지 제29호서식의 소방공사 감리 결과보고(통보)서[전자문서로 된 소방공사감리 결과보고(통보)서를 포함한다]에 다음 각 호의 서류(전자문서를 포함한다)를 첨부하여 공사가 완료된 날부터 7일 이내에 특정소방대상물의 관계인, 소방시설공사의 도급인 및 특정소방대상물의 공사를 감리한 건축사에게 알리고, 소방본부장 또는 소방서장에게 보고하여야 한다. 〈개정 2016. 8. 25., 2017. 7. 26.〉

1. 별지 제30호서식의 소방시설 성능시험조사표 1부(소방청장이 정하여 고시하는 소방시설 세부성능시험조사표 서식을 첨부한다)
2. 착공신고 후 변경된 소방시설설계도면(변경사항이 있는 경우에만 첨부하되, 법 제11조에 따른 설계업자가 설계한 도면만 해당된다) 1부
3. 별지 제13호서식의 소방공사 감리일지(소방본부장 또는 소방서장에게 보고하는 경우에만 첨부한다)

제2절의2 방염처리능력 평가 등 〈신설 2019. 2. 18.〉

제19조의2(방염처리능력 평가의 신청)

① 법 제4조제1항에 따라 방염처리업을 등록한 자(이하 "방염처리업자"라 한다)는 법 제20조의3제2항에 따라 방염처리능력을 평가받으려는 경우에는 별지 제30호의2서식의 방염처리능력 평가 신청서(전자문서를 포함한다)를 협회에 매년 2월 15일까지 제출해야 한다. 다만, 제2항 제4호의 서류의 경우에는 법인은 매년 4월 15일, 개인은 매년 6월 10일(「소득세법」 제70조

의2제1항에 따른 성실신고확인대상사업자는 매년 7월 10일)까지 제출해야 한다.

② 별지 제30호의2서식의 방염처리능력 평가 신청서에는 다음 각 호의 서류(전자문서를 포함한다)를 첨부해야 하며, 협회는 방염처리업자가 첨부해야 할 서류를 갖추지 못한 경우에는 15일의 보완기간을 부여하여 보완하게 해야 한다. 이 경우 「전자정부법」 제36조제1항에 따른 행정정보의 공동이용을 통하여 첨부서류에 대한 정보를 확인할 수 있는 경우에는 그 확인으로 첨부서류를 갈음할 수 있다.

1. 방염처리 실적을 증명하는 다음 각 목의 구분에 따른 서류

　가. 제조ㆍ가공 공정에서의 방염처리 실적

　　1) 「화재예방, 소방시설 설치ㆍ유지 및 안전관리에 관한 법률」 제13조제1항에 따른 방염성능검사 결과를 증명하는 서류 사본

　　2) 부가가치세법령에 따른 세금계산서(공급자 보관용) 사본 또는 소득세법령에 따른 계산서(공급자 보관용) 사본

　나. 현장에서의 방염처리 실적

　　1) 「소방용품의 품질관리 등에 관한 규칙」 제5조 및 별지 제4호서식에 따라 시ㆍ도지사가 발급한 현장처리물품의 방염성능검사 성적서 사본

　　2) 부가가치세법령에 따른 세금계산서(공급자 보관용) 사본 또는 소득세법령에 따른 계산서(공급자 보관용) 사본

　다. 가목 및 나목 외의 방염처리 실적

　　1) 별지 제30호의3서식의 방염처리 실적증명서

　　2) 부가가치세법령에 따른 세금계산서(공급자 보관용) 사본 또는 소득세법령에 따른 계산서(공급자 보관용) 사본

　라. 해외 수출 물품에 대한 제조ㆍ가공 공정에서의 방염처리 실적 및 해외 현장에서의 방염처리 실적: 방염처리 계약서 사본 및 외국환은행이 발행한 외화입금증명서

　마. 주한국제연합군 또는 그 밖의 외국군의 기관으로부터 도급받은 방염처리 실적: 방염처리 계약서 사본 및 외국환은행이 발행한 외화입금증명서

2. 별지 제30호의4서식의 방염처리업 분야 기술개발투자비 확인서(해당하는 경우만 제출한다) 및 증빙서류

3. 별지 제30호의5서식의 방염처리업 신인도평가신고서(다음 각 목의 어느 하나에 해당하는 경우만 제출한다) 및 증빙서류

　가. 품질경영인증(ISO 9000) 취득

　나. 우수방염처리업자 지정

다. 방염처리 표창 수상

4. 경영상태 확인을 위한 다음 각 목의 어느 하나에 해당하는 서류

　가. 「법인세법」 또는 「소득세법」에 따라 관할 세무서장에게 제출한 조세에 관한 신고서(「세무사법」 제6조에 따라 등록한 세무사가 확인한 것으로서 재무상태표 및 손익계산서가 포함된 것을 말한다)

　나. 「주식회사 등의 외부감사에 관한 법률」에 따라 외부감사인의 회계감사를 받은 재무제표

　다. 「공인회계사법」 제7조에 따라 등록한 공인회계사 또는 같은 법 제24조에 따라 등록한 회계법인이 감사한 회계서류

③ 제1항에 따른 기간 내에 방염처리능력 평가를 신청하지 못한 방염처리업자가 다음 각 호의 어느 하나에 해당하는 경우에는 제1항의 신청 기간에도 불구하고 다음 각 호의 어느 하나의 경우에 해당하게 된 날부터 6개월 이내에 방염처리능력 평가를 신청할 수 있다.

1. 법 제4조제1항에 따라 방염처리업을 등록한 경우

2. 법 제7조제1항 또는 제2항에 따라 방염처리업을 상속 · 양수 · 합병하거나 소방시설 전부를 인수한 경우

3. 법 제9조에 따른 방염처리업 등록취소 처분의 취소 또는 집행정지 결정을 받은 경우

④ 제1항부터 제3항까지에서 규정한 사항 외에 방염처리능력 평가 신청에 필요한 세부규정은 협회가 정하되, 소방청장의 승인을 받아야 한다.

[본조신설 2019. 2. 18.]

제19조의3(방염처리능력의 평가 및 공시 등)

① 법 제20조의3제1항에 따른 방염처리능력 평가의 방법은 별표 3의2와 같다.

② 협회는 방염처리능력을 평가한 경우에는 그 사실을 해당 방염처리업자의 등록수첩에 기재하여 발급해야 한다.

③ 협회는 제19조의2에 따라 제출된 서류가 거짓으로 확인된 경우에는 확인된 날부터 10일 이내에 해당 방염처리업자의 방염처리능력을 새로 평가하고 해당 방염처리업자의 등록수첩에 그 사실을 기재하여 발급해야 한다.

④ 협회는 방염처리능력을 평가한 경우에는 법 제20조의3제1항에 따라 다음 각 호의 사항을 매년 7월 31일까지 협회의 인터넷 홈페이지에 공시해야 한다. 다만, 제19조의2제3항 또는 제3항에 따라 방염처리능력을 평가한 경우에는 평가완료일부터 10일 이내에 공시해야 한다.

1. 상호 및 성명(법인인 경우에는 대표자의 성명을 말한다)

2. 주된 영업소의 소재지

3. 업종 및 등록번호

4. 방염처리능력 평가 결과

⑤ 방염처리능력 평가의 유효기간은 공시일부터 1년간으로 한다. 다만, 제19조의2제3항 또는 제3항에 따라 방염처리능력을 평가한 경우에는 해당 방염처리능력 평가 결과의 공시일부터 다음 해의 정기 공시일(제4항 본문에 따라 공시한 날을 말한다)의 전날까지로 한다.

⑥ 제1항부터 제5항까지에서 규정한 사항 외에 방염처리능력 평가 및 공시에 필요한 세부규정 은 협회가 정하되, 소방청장의 승인을 받아야 한다.

[본조신설 2019. 2. 18.]

제3절 소방시설공사 등의 하도급 통지 등 〈개정 2015. 8. 4.〉

제20조(하도급의 통지)

① 소방시설업자는 소방시설의 설계, 시공, 감리 및 방염(이하 "소방시설공사등"이라 한다)을 하도급하려고 하거나 하수급인을 변경하는 경우에는 법 제21조의3제4항에 따라 별지 제31 호서식의 소방시설공사등의 하도급통지서(전자문서로 된 소방시설공사등의 하도급통지서 를 포함한다)에 다음 각 호의 서류(전자문서를 포함한다)를 첨부하여 미리 관계인 및 발주자 에게 알려야 한다. 〈개정 2015. 8. 4.〉

1. 하도급계약서 1부

2. 예정공정표 1부

3. 하도급내역서 1부

4. 하수급인의 소방시설업 등록증 사본 1부

② 제1항에 따라 하도급을 하려는 소방시설업자는 관계인 및 발주자에게 통지한 소방시설공사 등의 하도급통지서(전자문서로 된 소방시설공사등의 하도급통지서를 포함한다) 사본을 하 수급자에게 주어야 한다. 〈개정 2015. 8. 4.〉

③ 소방시설업자는 하도급계약을 해지하는 경우에는 법 제21조의3제4항에 따라 하도급계약 해 지사실을 증명할 수 있는 서류(전자문서를 포함한다)를 관계인 및 발주자에게 알려야 한다. 〈개정 2015. 8. 4.〉

[전문개정 2010. 11. 1.]

제21조(소방기술용역의 대가 기준 산정방식)

법 제25조에서 "행정안전부령으로 정하는 방식"이란 「엔지니어링산업 진흥법」 제31조제2항에 따라 산업통상자원부장관이 인가한 엔지니어링사업의 대가 기준 중 다음 각 호에 따른 방식을 말한다. 〈개정 2013. 3. 23., 2014. 11. 19., 2017. 7. 26.〉

1. 소방시설설계의 대가: 통신부문에 적용하는 공사비 요율에 따른 방식

2. 소방공사감리의 대가: 실비정액 가산방식

[전문개정 2010. 11. 1.]

제22조(소방시설공사 시공능력 평가의 신청)

① 법 제26조제1항에 따라 소방시설공사의 시공능력을 평가받으려는 공사업자는 법 제26조제2항에 따라 별지 제32호서식의 소방시설공사 시공능력평가신청서(전자문서로 된 소방시설공사 시공능력평가신청서를 포함한다)에 다음 각 호의 서류(전자문서를 포함한다)를 첨부하여 협회에 매년 2월 15일[제5호의 서류는 법인의 경우에는 매년 4월 15일, 개인의 경우에는 매년 6월 10일(「소득세법」 제70조의2제1항에 따른 성실신고확인대상사업자는 매년 7월 10일)]까지 제출하여야 하며, 이 경우 협회는 공사업자가 첨부하여야 할 서류를 갖추지 못하였을 때에는 15일의 보완기간을 부여하여 보완하게 하여야 한다. 다만, 「전자정부법」 제36조제1항에 따른 행정정보의 공동이용을 통하여 첨부서류에 대한 정보를 확인할 수 있는 경우에는 그 확인으로 첨부서류를 갈음할 수 있다.

〈개정 2014. 11. 19., 2015. 8. 4., 2016. 8. 25., 2017. 7. 26., 2019. 2. 18.〉

1. 소방공사실적을 증명하는 다음 각 목의 구분에 따른 해당 서류(전자문서를 포함한다)

가. 국가, 지방자치단체, 「공공기관의 운영에 관한 법률」 제5조에 따른 공기업·준정부기관 또는 「지방공기업법」 제49조에 따라 설립된 지방공사나 같은 법 제76조에 따라 설립된 지방공단(이하 "국가등"이라 한다. 이하 같다)이 발주한 국내 소방시설공사의 경우: 해당 발주자가 발행한 별지 제33호서식의 소방시설공사 실적증명서

나. 가목, 라목 또는 마목 외의 국내 소방시설공사와 하도급공사의 경우: 해당 소방시설공사의 발주자 또는 수급인이 발행한 별지 제33호서식의 소방시설공사 실적증명서 및 부가가치세법령에 따른 세금계산서(공급자 보관용) 사본이나 소득세법령에 따른 계산서(공급자 보관용) 사본. 다만, 유지·보수공사는 공사시공명세서로 갈음할 수 있다.

다. 해외 소방시설공사의 경우: 재외공관장이 발행한 해외공사 실적증명서 또는 공사계약서 사본이 첨부된 외국환은행이 발행한 외화입금증명서

라. 주한국제연합군 또는 그 밖의 외국군의 기관으로부터 도급받은 소방시설공사의 경우:

거래하는 외국환은행이 발행한 외화입금증명서 및 도급계약서 사본

마. 공사업자의 자기수요에 따른 소방시설공사의 경우: 그 공사의 감리자가 확인한 별지 제33호서식의 소방시설공사 실적증명서

2. 평가를 받는 해의 전년도 말일 현재의 소방시설업 등록수첩 사본

3. 별지 제35호서식의 소방기술자보유현황

4. 별지 제36호서식의 신인도평가신고서(다음 각 목의 어느 하나에 해당하는 사실이 있는 경우에만 해당된다)

가. 품질경영인증(ISO 9000) 취득

나. 우수소방시설공사업자 지정

다. 소방시설공사 표창 수상

5. 다음 각 목의 어느 하나에 해당하는 서류

가. 「법인세법」 및 「소득세법」에 따라 관할 세무서장에게 제출한 조세에 관한 신고서(「세무사법」 제6조에 따라 등록한 세무사가 확인한 것으로서 대차대조표 및 손익계산서가 포함된 것을 말한다)

나. 「주식회사의 외부감사에 관한 법률」에 따라 외부감사인의 회계감사를 받은 재무제표

다. 「공인회계사법」 제7조에 따라 등록한 공인회계사 또는 같은 법 제24조에 따라 등록한 회계법인이 감사한 회계서류

라. 출자·예치·담보 금액 확인서(다만, 소방청장이 지정하는 금융회사 또는 소방산업공제조합에서 통보하는 경우에는 생략할 수 있다)

② 제1항에서 규정한 사항 외에 시공능력 평가 등 업무수행에 필요한 세부규정은 협회가 정하되, 소방청장의 승인을 받아야 한다.　　　　　　　〈개정 2014. 11. 19., 2017. 7. 26., 2019. 2. 18.〉

[전문개정 2010. 11. 1.]

제23조(시공능력의 평가)

① 법 제26조제3항에 따른 시공능력 평가의 방법은 별표 4와 같다.　　　　　　　〈개정 2015. 8. 4.〉

② 제1항에 따라 평가된 시공능력은 공사업자가 도급받을 수 있는 1건의 공사도급금액으로 하고, 시공능력 평가의 유효기간은 공시일부터 1년간으로 한다. 다만, 다음 각 호의 어느 하나에 해당하는 사유로 평가된 시공능력의 유효기간은 그 시공능력 평가 결과의 공시일부터 다음 해의 정기 공시일(제3항 본문에 따라 공시한 날을 말한다)의 전날까지로 한다.

1. 법 제4조에 따라 소방시설공사업을 등록한 경우

2. 법 제7조제1항이나 제2항에 따라 소방시설공사업을 상속ㆍ양수ㆍ합병하거나 소방시설 전부를 인수한 경우

3. 제22조제1항 각 호의 서류가 거짓으로 확인되어 제4항에 따라 새로 평가한 경우

③ 협회는 시공능력을 평가한 경우에는 그 사실을 해당 공사업자의 등록수첩에 기재하여 발급하고, 매년 7월 31일까지 각 공사업자의 시공능력을 일간신문(「신문 등의 진흥에 관한 법률」 제2조제1호가목 또는 나목에 해당하는 일간신문으로서 같은 법 제9조제1항에 따른 등록 시 전국을 보급지역으로 등록한 일간신문을 말한다. 이하 같다) 또는 인터넷 홈페이지를 통하여 공시하여야 한다. 다만, 제2항 각 호의 어느 하나에 해당하는 사유로 시공능력을 평가한 경우에는 인터넷 홈페이지를 통하여 공시하여야 한다.

④ 협회는 시공능력평가 및 공시를 위하여 제22조에 따라 제출된 자료가 거짓으로 확인된 경우에는 그 확인된 날부터 10일 이내에 제3항에 따라 공시된 해당 공사업자의 시공능력을 새로 평가하고 해당 공사업자의 등록수첩에 그 사실을 기재하여 발급하여야 한다.

[전문개정 2010. 11. 1.]

제23조의2(설계업자 또는 감리업자의 선정 등)

① 영 제12조의8제4항에 따른 사업수행능력 평가의 세부기준은 다음 각 호의 평가기준을 말한다.

1. 설계용역의 경우: 별표 4의3의 사업수행능력 평가기준

2. 공사감리용역의 경우: 별표 4의4의 사업수행능력 평가기준

② 소방청장은 영 제12조의8에 따라 설계업자 또는 감리업자가 사업수행능력을 평가받을 때 제출하는 서류 등의 표준서식을 정하여 국가등이 이를 이용하게 할 수 있다. 〈개정 2017. 7. 26.〉

③ 설계업자 및 감리업자는 그가 수행하거나 수행한 설계용역 또는 공사감리용역의 실적관리를 위하여 협회에 설계용역 또는 공사감리용역의 실적 현황을 제출할 수 있다.

④ 협회는 제3항에 따라 설계용역 또는 공사감리용역의 현황을 접수받았을 때에는 그 내용을 기록ㆍ관리하여야 하며, 설계업자 또는 감리업자가 요청하면 별지 제36호의2서식의 설계용역 수행현황확인서 또는 별지 제36호의3서식의 공사감리용역 수행현황확인서를 발급하여야 한다.

⑤ 협회는 제4항에 따라 설계용역 또는 공사감리용역의 기록ㆍ관리를 하는 경우나 설계용역 수행현황확인서, 공사감리용역 수행현황확인서를 발급할 때에는 그 신청인으로부터 실비(實費)의 범위에서 소방청장의 승인을 받아 정한 수수료를 받을 수 있다. 〈개정 2017. 7. 26.〉

[본조신설 2016. 8. 25.]

제23조의3(기술능력 평가기준 · 방법)

① 국가등은 법 제26조의2 및 영 제12조의8제3항에 따라 기술과 가격을 분리하여 낙찰자를 선정하려는 경우에는 다음 각 호의 기준에 따라야 한다.

1. 설계용역의 경우: 별표 4의3의 평가기준에 따른 평가 결과 국가등이 정하는 일정 점수 이상을 얻은 자를 입찰참가자로 선정한 후 기술제안서(입찰금액이 적힌 것을 말한다. 이하 이 조에서 같다)를 제출하게 하고, 기술제안서를 제출한 자를 별표 4의5의 평가기준에 따라 평가한 결과 그 점수가 가장 높은 업체부터 순서대로 기술제안서에 기재된 입찰금액이 예정가격 이내인 경우 그 업체와 협상하여 낙찰자를 선정한다.

2. 공사감리용역의 경우: 별표 4의4의 평가기준에 따른 평가 결과 국가등이 정하는 일정 점수 이상을 얻은 자를 입찰참가자로 선정한 후 기술제안서를 제출하게 하고, 기술제안서를 제출한 자를 별표 4의6의 평가기준에 따라 평가한 결과 그 점수가 가장 높은 업체부터 순서대로 기술제안서에 기재된 입찰금액이 예정가격 이내인 경우 그 업체와 협상하여 낙찰자를 선정한다.

② 국가등은 낙찰된 업체의 기술제안서를 설계용역 또는 감리용역 계약문서에 포함시켜야 한다.

[본조신설 2016. 8. 25.]

제23조의4(소방시설업 종합정보시스템의 구축 · 운영)

① 소방청장은 법 제26조의3제1항에 따른 소방시설업 종합정보시스템(이하 "소방시설업 종합정보시스템"이라 한다)의 구축 및 운영 등을 위하여 다음 각 호의 업무를 수행할 수 있다.

1. 소방시설업 종합정보시스템의 구축 및 운영에 관한 연구개발

2. 법 제26조의3제1항 각 호의 정보에 대한 수집 · 분석 및 공유

3. 소방시설업 종합정보시스템의 표준화 및 공동활용 촉진

② 소방청장은 소방시설업 종합정보시스템의 효율적인 구축과 운영을 위하여 협회, 소방기술과 관련된 법인 또는 단체와 협의체를 구성 · 운영할 수 있다.

③ 소방청장은 법 제26조의3제2항 전단에 따라 필요한 자료의 제출을 요청하는 경우에는 그 범위, 사용 목적, 제출기한 및 제출방법 등을 명시한 서면으로 해야 한다.

④ 법 제26조의3제3항에 따른 관련 기관 또는 단체는 소방청장에게 필요한 정보의 제공을 요청하는 경우에는 그 범위, 사용 목적 및 제공방법 등을 명시한 서면으로 해야 한다.

[본조신설 2020. 1. 15.]

제4장 소방기술관리

제24조(소방기술과 관련된 자격 · 학력 및 경력의 인정 범위 등)

① 법 제28조제3항에 따른 소방기술과 관련된 자격 · 학력 및 경력의 인정 범위는 별표 4의2와 같다. 〈개정 2012. 2. 3., 2013. 11. 22.〉

　　1. 삭제 〈2013. 11. 22.〉

　　2. 삭제 〈2013. 11. 22.〉

　　3. 삭제 〈2013. 11. 22.〉

② 협회 또는 영 제20조제4항에 따라 소방기술과 관련된 자격 · 학력 및 경력의 인정업무를 위탁받은 소방기술과 관련된 법인 또는 단체는 법 제28조제1항에 따라 소방기술과 관련된 자격 · 학력 및 경력을 가진 사람을 소방기술자로 인정하는 경우에는 별지 제39호서식의 소방기술 인정 자격수첩과 별지 제39호의2서식에 따른 소방기술자 경력수첩을 발급하여야 한다. 〈개정 2015. 8. 4., 2020. 1. 15.〉

③ 제1항 및 제2항에서 규정한 사항 외에 자격수첩과 경력수첩의 발급절차 수수료 등에 관하여 필요한 사항은 소방청장이 정하여 고시한다. 〈개정 2014. 11. 19., 2015. 8. 4., 2017. 7. 26.〉

[전문개정 2010. 11. 1.]

제25조(자격의 정지 및 취소에 관한 기준)

법 제28조제4항에 따른 자격의 정지 및 취소기준은 별표 5와 같다. 〈개정 2015. 8. 4.〉

[전문개정 2010. 11. 1.]

[제목개정 2015. 8. 4.]

제26조(소방기술자의 실무교육)

① 소방기술자는 법 제29조제1항에 따라 실무교육을 2년마다 1회 이상 받아야 한다.

② 영 제20조제1항에 따라 소방기술자 실무교육에 관한 업무를 위탁받은 실무교육기관 또는 「소방기본법」 제40조에 따른 한국소방안전원의 장(이하 "실무교육기관등의 장"이라 한다)은 소방기술자에 대한 실무교육을 실시하려면 교육일정 등 교육에 필요한 계획을 수립하여 소방청장에게 보고한 후 교육 10일 전까지 교육대상자에게 알려야 한다. 〈개정 2014. 11. 19., 2017. 7. 26., 2019. 2. 18.〉

③ 제1항에 따른 실무교육의 시간, 교육과목, 수수료, 그 밖에 실무교육에 관하여 필요한 사항은 소방청장이 정하여 고시한다. 〈개정 2014. 11. 19., 2017. 7. 26.〉

[전문개정 2010. 11. 1.]

제27조(교육수료 사항의 기록 등)

① 실무교육기관등의 장은 실무교육을 수료한 소방기술자의 기술자격증(자격수첩)에 교육수료 사항을 기재 · 날인하여 발급하여야 한다.　　　　　　　　　　　　　〈개정 2014. 9. 2.〉

② 실무교육기관등의 장은 별지 제40호서식의 소방기술자 실무교육수료자 명단을 교육대상자가 소속된 소방시설업의 업종별로 작성하고 필요한 사항을 기록하여 갖춰 두어야 한다.

[전문개정 2010. 11. 1.]

제28조(감독)

소방청장은 실무교육기관등의 장이 실시하는 소방기술자 실무교육의 계획 · 실시 및 결과에 대하여 지도 · 감독하여야 한다.　　　　　　　　　　　〈개정 2014. 11. 19., 2017. 7. 26.〉

[전문개정 2010. 11. 1.]

제5장 소방기술자 실무교육기관의 지정 등

제29조(소방기술자 실무교육기관의 지정기준)

① 법 제29조제4항에 따라 소방기술자에 대한 실무교육기관의 지정을 받으려는 자가 갖추어야 하는 실무교육에 필요한 기술인력 및 시설장비는 별표 6과 같다.

② 제1항에 따라 실무교육기관의 지정을 받으려는 자는 비영리법인이어야 한다.

[전문개정 2010. 11. 1.]

제30조(지정신청)

① 법 제29조제4항에 따라 실무교육기관의 지정을 받으려는 자는 별지 제41호서식의 실무교육기관 지정신청서(전자문서로 된 실무교육기관 지정신청서를 포함한다)에 다음 각 호의 서류(전자문서를 포함한다)를 첨부하여 소방청장에게 제출하여야 한다. 다만, 「전자정부법」 제36조제1항에 따른 행정정보의 공동이용을 통하여 첨부서류에 대한 정보를 확인할 수 있는 경우에는 그 확인으로 첨부서류를 갈음할 수 있다.　　〈개정 2014. 11. 19., 2015. 8. 4., 2017. 7. 26.〉

1. 정관 사본 1부

2. 대표자, 각 지부의 책임임원 및 기술인력의 자격을 증명할 수 있는 서류(전자문서를 포함

한다)와 기술인력의 명단 및 이력서 각 1부

3. 건물의 소유자가 아닌 경우 건물임대차계약서 사본 및 그 밖에 사무실 보유를 증명할 수 있는 서류(전자문서를 포함한다) 각 1부

4. 교육장 도면 1부

5. 시설 및 장비명세서 1부

② 제1항에 따른 신청서를 제출받은 담당 공무원은 「전자정부법」 제36조제1항에 따라 행정정보의 공동이용을 통하여 다음 각 호의 서류를 확인하여야 한다. 〈개정 2013. 11. 22.〉

1. 법인등기사항 전부증명서 1부

2. 건물등기사항 전부증명서(건물의 소유자인 경우에만 첨부한다)

[전문개정 2010. 11. 1.]

제31조(서류심사 등)

① 제30조에 따라 실무교육기관의 지정신청을 받은 소방청장은 제29조의 지정기준을 충족하였는지를 현장 확인하여야 한다. 이 경우 소방청장은 「소방기본법」 제40조에 따른 한국소방안전원에 소속된 사람을 현장 확인에 참여시킬 수 있다.

〈개정 2014. 11. 19., 2017. 7. 26., 2019. 2. 18.〉

② 소방청장은 신청자가 제출한 신청서(전자문서로 된 신청서를 포함한다) 및 첨부서류(전자문서를 포함한다)가 미비되거나 현장 확인 결과 제29조에 따른 지정기준을 충족하지 못하였을 때에는 15일 이내의 기간을 정하여 이를 보완하게 할 수 있다. 이 경우 보완기간 내에 보완하지 않으면 신청서를 되돌려 보내야 한다. 〈개정 2014. 11. 19., 2017. 7. 26.〉

[전문개정 2010. 11. 1.]

제32조(지정서 발급 등)

① 소방청장은 제30조에 따라 제출된 서류(전자문서를 포함한다)를 심사하고 현장 확인한 결과 제29조의 지정기준을 충족한 경우에는 신청일부터 30일 이내에 별지 제42호서식의 실무교육기관 지정서(전자문서로 된 실무교육기관 지정서를 포함한다)를 발급하여야 한다.

〈개정 2014. 11. 19., 2017. 7. 26.〉

② 제1항에 따라 실무교육기관을 지정한 소방청장은 지정한 실무교육기관의 명칭, 대표자, 소재지, 교육실시 범위 및 교육업무 개시일 등 교육에 필요한 사항을 관보에 공고하여야 한다.

〈개정 2014. 11. 19., 2017. 7. 26.〉

[전문개정 2010. 11. 1.]

제33조(지정사항의 변경)

제32조제1항에 따라 실무교육기관으로 지정된 기관은 다음 각 호의 어느 하나에 해당하는 사항을 변경하려면 변경일부터 10일 이내에 소방청장에게 보고하여야 한다.

〈개정 2014. 11. 19., 2017. 7. 26.〉

1. 대표자 또는 각 지부의 책임임원
2. 기술인력 또는 시설장비 등 지정기준
3. 교육기관의 명칭 또는 소재지

[전문개정 2010. 11. 1.]

제34조(휴업 · 재개업 및 폐업 신고 등)

① 제32조제1항에 따라 지정을 받은 실무교육기관은 휴업 · 재개업 또는 폐업을 하려면 그 휴업 또는 재개업을 하려는 날의 14일 전까지 별지 제43호서식의 휴업 · 재개업 · 폐업 보고서에 실무교육기관 지정서 1부를 첨부(폐업하는 경우에만 첨부한다)하여 소방청장에게 보고하여야 한다. 〈개정 2014. 11. 19., 2017. 7. 26.〉

② 제1항에 따른 보고는 방문 · 전화 · 팩스 또는 컴퓨터통신으로 할 수 있다.

③ 소방청장은 제1항에 따라 휴업보고를 받은 경우에는 실무교육기관 지정서에 휴업기간을 기재하여 발급하고, 폐업보고를 받은 경우에는 실무교육기관 지정서를 회수하여야 한다. 이 경우 소방청장은 휴업 · 재개업 · 폐업 사실을 인터넷 등을 통하여 널리 알려야 한다.

〈개정 2014. 11. 19., 2017. 7. 26.〉

[전문개정 2010. 11. 1.]

제35조(교육계획의 수립 · 공고 등)

① 실무교육기관등의 장은 매년 11월 30일까지 다음 해 교육계획을 실무교육의 종류별 · 대상자별 · 지역별로 수립하여 이를 일간신문에 공고하고 소방본부장 또는 소방서장에게 보고하여야 한다.

② 제1항에 따른 교육계획을 변경하는 경우에는 변경한 날부터 10일 이내에 이를 일간신문에 공고하고 소방본부장 또는 소방서장에게 보고하여야 한다.

[전문개정 2010. 11. 1.]

제36조(교육대상자 관리 및 교육실적 보고)

① 실무교육기관등의 장은 그 해의 교육이 끝난 후 직능별 · 지역별 교육수료자 명부를 작성하

여 소방본부장 또는 소방서장에게 다음 해 1월 말까지 알려야 한다.

② 실무교육기관등의 장은 매년 1월 말까지 전년도 교육 횟수 · 인원 및 대상자 등 교육실적을 소방청장에게 보고하여야 한다. 〈개정 2014. 11. 19., 2017. 7. 26.〉

[전문개정 2010. 11. 1.]

제6장 보칙

제37조(수수료 기준)

① 법 제34조에 따른 수수료 또는 교육비는 별표 7과 같다.

② 제1항에 따른 수수료는 다음 각 호의 어느 하나에 해당하는 방법으로 납부하여야 한다. 다만, 소방청장 또는 시 · 도지사(영 제20조제2항 또는 제3항에 따라 업무가 위탁된 경우에는 위탁받은 기관을 말한다)는 정보통신망을 이용한 전자화폐 · 전자결제 등의 방법으로 이를 납부하게 할 수 있다. 〈개정 2016. 1. 21., 2017. 7. 26., 2019. 2. 18.〉

1. 법 제34조제1호부터 제3호에 따른 수수료: 해당 지방자치단체의 수입증지

2. 법 제34조제4호부터 제7호까지의 규정에 따른 수수료: 현금

[전문개정 2010. 11. 1.]

부칙 〈제156호, 2020. 1. 15.〉

이 규칙은 공포한 날부터 시행한다. 다만, 제12조제1항 및 별지 제14호서식의 개정규정은 공포 후 3개월이 경과한 날부터 시행한다.

화재예방소방시설 설치·유지 및 안전관리에 관한 법률

제1장 총칙 〈개정 2011. 8. 4.〉

제1조 목적

이 법은 화재와 재난·재해, 그 밖의 위급한 상황으로부터 국민의 생명·신체 및 재산을 보호하기 위하여 화재의 예방 및 안전관리에 관한 국가와 지방자치단체의 책무와 소방시설등의 설치·유지 및 소방대상물의 안전관리에 관하여 필요한 사항을 정함으로써 공공의 안전과 복리 증진에 이바지 함을 목적으로 한다.　　　　　　　　　　　　　　　　　　　　　　　　　　〈개정 2015. 1. 20.〉

[전문개정 2011. 8. 4.]

제2조(정의)

① 이 법에서 사용하는 용어의 뜻은 다음과 같다.　　　　　　　　　　〈개정 2018. 3. 27.〉

  1. "소방시설"이란 소화설비, 경보설비, 피난구조설비, 소화용수설비, 그 밖에 소화활동설비로서 대통령령으로 정하는 것을 말한다.

  2. "소방시설등"이란 소방시설과 비상구(非常口), 그 밖에 소방 관련 시설로서 대통령령으로 정하는 것을 말한다.

  3. "특정소방대상물"이란 소방시설을 설치하여야 하는 소방대상물로서 대통령령으로 정하는 것을 말한다.

  4. "소방용품"이란 소방시설등을 구성하거나 소방용으로 사용되는 제품 또는 기기로서 대통령령으로 정하는 것을 말한다.

② 이 법에서 사용하는 용어의 뜻은 제1항에서 규정하는 것을 제외하고는 「소방기본법」, 「소방시설공사업법」, 「위험물 안전관리법」 및 「건축법」에서 정하는 바에 따른다.

[전문개정 2011. 8. 4.]

제2조의2(국가 및 지방자치단체의 책무)

① 국가는 화재로부터 국민의 생명과 재산을 보호할 수 있도록 종합적인 화재안전정책을 수립·시행하여야 한다.

② 지방자치단체는 국가의 화재안전정책에 맞추어 지역의 실정에 부합하는 화재안전정책을 수립·시행하여야 한다.

③ 국가와 지방자치단체가 제1항 및 제2항에 따른 화재안전정책을 수립·시행할 때에는 과학적

합리성, 일관성, 사전 예방의 원칙이 유지되도록 하되, 국민의 생명 · 신체 및 재산보호를 최우
선적으로 고려하여야 한다.

[본조신설 2015. 1. 20.]

제2조의3(화재안전정책기본계획 등의 수립 · 시행)

① 국가는 화재안전 기반 확충을 위하여 화재안전정책에 관한 기본계획(이하 "기본계획"이라 한
다)을 5년마다 수립 · 시행하여야 한다.

② 기본계획은 대통령령으로 정하는 바에 따라 소방청장이 관계 중앙행정기관의 장과 협의하여
수립한다. 〈개정 2017. 7. 26.〉

③ 기본계획에는 다음 각 호의 사항이 포함되어야 한다.

1. 화재안전정책의 기본목표 및 추진방향

2. 화재안전을 위한 법령 · 제도의 마련 등 기반 조성에 관한 사항

3. 화재예방을 위한 대국민 홍보 · 교육에 관한 사항

4. 화재안전 관련 기술의 개발 · 보급에 관한 사항

5. 화재안전분야 전문인력의 육성 · 지원 및 관리에 관한 사항

6. 화재안전분야 국제경쟁력 향상에 관한 사항

7. 그 밖에 대통령령으로 정하는 화재안전 개선에 필요한 사항

④ 소방청장은 기본계획을 시행하기 위하여 매년 시행계획을 수립 · 시행하여야 한다.

〈개정 2017. 7. 26.〉

⑤ 소방청장은 제1항 및 제4항에 따라 수립된 기본계획 및 시행계획을 관계 중앙행정기관의 장, 특
별시장 · 광역시장 · 특별자치시장 · 도지사 · 특별자치도지사(이하 이 조에서 "시 · 도지사"라
한다)에게 통보한다. 〈개정 2017. 7. 26.〉

⑥ 제5항에 따라 기본계획과 시행계획을 통보받은 관계 중앙행정기관의 장 또는 시 · 도지사는 소
관 사무의 특성을 반영한 세부 시행계획을 수립하여 시행하여야 하고, 시행결과를 소방청장에
게 통보하여야 한다. 〈개정 2017. 7. 26.〉

⑦ 소방청장은 기본계획 및 시행계획을 수립하기 위하여 필요한 경우에는 관계 중앙행정기관의
장 또는 시 · 도지사에게 관련 자료의 제출을 요청할 수 있다. 이 경우 자료제출을 요청받은 관
계 중앙행정기관의 장 또는 시 · 도지사는 특별한 사유가 없으면 이에 따라야 한다.

〈개정 2017. 7. 26.〉

⑧ 기본계획, 시행계획 및 세부시행계획 등의 수립 · 시행에 관하여 필요한 사항은 대통령령으로
정한다.

[본조신설 2015. 1. 20.]

제3조(다른 법률과의 관계)

특정소방대상물 가운데 「위험물 안전관리법」에 따른 위험물 제조소등의 안전관리와 위험물 제조소등에 설치하는 소방시설등의 설치기준에 관하여는 「위험물 안전관리법」에서 정하는 바에 따른다.

[전문개정 2011. 8. 4.]

제2장 소방특별조사 등 〈개정 2011. 8. 4.〉

제4조(소방특별조사)

① 소방청장, 소방본부장 또는 소방서장은 관할구역에 있는 소방대상물, 관계 지역 또는 관계인에 대하여 소방시설등이 이 법 또는 소방 관계 법령에 적합하게 설치·유지·관리되고 있는지, 소방대상물에 화재, 재난·재해 등의 발생 위험이 있는지 등을 확인하기 위하여 관계 공무원으로 하여금 소방안전관리에 관한 특별조사(이하 "소방특별조사"라 한다)를 하게 할 수 있다. 다만, 개인의 주거에 대하여는 관계인의 승낙이 있거나 화재발생의 우려가 뚜렷하여 긴급한 필요가 있는 때에 한정한다. 〈개정 2014. 11. 19., 2017. 7. 26.〉

② 소방특별조사는 다음 각 호의 어느 하나에 해당하는 경우에 실시한다.

1. 관계인이 이 법 또는 다른 법령에 따라 실시하는 소방시설등, 방화시설, 피난시설 등에 대한 자체점검 등이 불성실하거나 불완전하다고 인정되는 경우

2. 「소방기본법」 제13조에 따른 화재경계지구에 대한 소방특별조사 등 다른 법률에서 소방특별조사를 실시하도록 한 경우

3. 국가적 행사 등 주요 행사가 개최되는 장소 및 그 주변의 관계 지역에 대하여 소방안전관리 실태를 점검할 필요가 있는 경우

4. 화재가 자주 발생하였거나 발생할 우려가 뚜렷한 곳에 대한 점검이 필요한 경우

5. 재난예측정보, 기상예보 등을 분석한 결과 소방대상물에 화재, 재난·재해의 발생 위험이 높다고 판단되는 경우

6. 제1호부터 제5호까지에서 규정한 경우 외에 화재, 재난·재해, 그 밖의 긴급한 상황이 발생할 경우 인명 또는 재산 피해의 우려가 현저하다고 판단되는 경우

③ 소방청장, 소방본부장 또는 소방서장은 객관적이고 공정한 기준에 따라 소방특별조사의 대상을 선정하여야 하며, 소방본부장은 소방특별조사의 대상을 객관적이고 공정하게 선정하기 위하여 필요하면 소방특별조사위원회를 구성하여 소방특별조사의 대상을 선정할 수 있다. 〈개정 2014. 11. 19., 2015. 7. 24., 2017. 7. 26.〉

④ 소방청장은 소방특별조사를 할 때 필요하면 대통령령으로 정하는 바에 따라 중앙소방특별조사단을 편성하여 운영할 수 있다. 〈신설 2015. 7. 24., 2017. 7. 26.〉

⑤ 소방청장은 중앙소방특별조사단의 업무수행을 위하여 필요하다고 인정하는 경우 관계 기관의 장에게 그 소속 공무원 또는 직원의 파견을 요청할 수 있다. 이 경우 공무원 또는 직원의 파견요

청을 받은 관계 기관의 장은 특별한 사유가 없으면 이에 협조하여야 한다.

〈신설 2015. 7. 24., 2017. 7. 26.〉

⑥ 소방청장, 소방본부장 또는 소방서장은 소방특별조사를 실시하는 경우 다른 목적을 위하여 조사권을 남용하여서는 아니 된다. 〈개정 2014. 11. 19., 2015. 7. 24., 2017. 7. 26.〉

⑦ 소방특별조사의 세부 항목, 제3항에 따른 소방특별조사위원회의 구성·운영에 필요한 사항은 대통령령으로 정한다. 이 경우 소방특별조사의 세부 항목에는 소방시설등의 관리 상황 및 소방대상물의 화재 등의 발생 위험과 관련된 사항이 포함되어야 한다. 〈개정 2015. 7. 24., 2016. 1. 27.〉

[전문개정 2011. 8. 4.]

제4조의2(소방특별조사에의 전문가 참여)

① 소방청장, 소방본부장 또는 소방서장은 필요하면 소방기술사, 소방시설관리사, 그 밖에 소방·방재 분야에 관한 전문지식을 갖춘 사람을 소방특별조사에 참여하게 할 수 있다.

〈개정 2014. 11. 19., 2017. 7. 26.〉

② 제1항에 따라 조사에 참여하는 외부 전문가에게는 예산의 범위에서 수당, 여비, 그 밖에 필요한 경비를 지급할 수 있다.

[본조신설 2011. 8. 4.]

제4조의3(소방특별조사의 방법·절차 등)

① 소방청장, 소방본부장 또는 소방서장은 소방특별조사를 하려면 7일 전에 관계인에게 조사대상, 조사기간 및 조사사유 등을 서면으로 알려야 한다. 다만, 다음 각 호의 어느 하나에 해당하는 경우에는 그러하지 아니하다. 〈개정 2014. 11. 19., 2017. 7. 26.〉

1. 화재, 재난·재해가 발생할 우려가 뚜렷하여 긴급하게 조사할 필요가 있는 경우

2. 소방특별조사의 실시를 사전에 통지하면 조사목적을 달성할 수 없다고 인정되는 경우

② 소방특별조사는 관계인의 승낙 없이 해가 뜨기 전이나 해가 진 뒤에 할 수 없다. 다만, 제1항 각 호의 어느 하나에 해당하는 경우에는 그러하지 아니하다.

③ 제1항에 따른 통지를 받은 관계인은 천재지변이나 그 밖에 대통령령으로 정하는 사유로 소방특별조사를 받기 곤란한 경우에는 소방특별조사를 통지한 소방청장, 소방본부장 또는 소방서장에게 대통령령으로 정하는 바에 따라 소방특별조사를 연기하여 줄 것을 신청할 수 있다.

〈개정 2014. 11. 19., 2017. 7. 26.〉

④ 제3항에 따라 연기신청을 받은 소방청장, 소방본부장 또는 소방서장은 연기신청 승인 여부를 결정하고 그 결과를 조사 개시 전까지 관계인에게 알려주어야 한다.

⑤ 소방청장, 소방본부장 또는 소방서장은 소방특별조사를 마친 때에는 그 조사결과를 관계인에게 서면으로 통지하여야 한다. 〈개정 2014. 11. 19., 2017. 7. 26.〉

⑥ 제1항부터 제5항까지에서 규정한 사항 외에 소방특별조사의 방법 및 절차에 필요한 사항은 대통령령으로 정한다.

[본조신설 2011. 8. 4.]

제4조의4(증표의 제시 및 비밀유지 의무 등)

① 소방특별조사 업무를 수행하는 관계 공무원 및 관계 전문가는 그 권한 또는 자격을 표시하는 증표를 지니고 이를 관계인에게 내보여야 한다.

② 소방특별조사 업무를 수행하는 관계 공무원 및 관계 전문가는 관계인의 정당한 업무를 방해하여서는 아니되며, 조사업무를 수행하면서 취득한 자료나 알게 된 비밀을 다른 자에게 제공 또는 누설하거나 목적 외의 용도로 사용하여서는 아니 된다.

[본조신설 2011. 8. 4.]

제5조(소방특별조사 결과에 따른 조치명령)

① 소방청장, 소방본부장 또는 소방서장은 소방특별조사 결과 소방대상물의 위치·구조·설비 또는 관리의 상황이 화재나 재난·재해 예방을 위하여 보완될 필요가 있거나 화재가 발생하면 인명 또는 재산의 피해가 클 것으로 예상되는 때에는 행정안전부령으로 정하는 바에 따라 관계인에게 그 소방대상물의 개수(改修)·이전·제거, 사용의 금지 또는 제한, 사용폐쇄, 공사의 정지 또는 중지, 그 밖의 필요한 조치를 명할 수 있다. 〈개정 2013. 3. 23., 2014. 11. 19., 2017. 7. 26.〉

② 소방청장, 소방본부장 또는 소방서장은 소방특별조사 결과 소방대상물이 법령을 위반하여 건축 또는 설비되었거나 소방시설등, 피난시설·방화구획, 방화시설 등이 법령에 적합하게 설치·유지·관리되고 있지 아니한 경우에는 관계인에게 제1항에 따른 조치를 명하거나 관계 행정기관의 장에게 필요한 조치를 하여 줄 것을 요청할 수 있다. 〈개정 2014. 11. 19., 2017. 7. 26.〉

③ 소방청장, 소방본부장 또는 소방서장은 관계인이 제1항 및 제2항에 따른 조치명령을 받고도 이를 이행하지 아니한 때에는 그 위반사실 등을 인터넷 등에 공개할 수 있다.
〈개정 2014. 11. 19., 2017. 7. 26.〉

④ 제3항에 따른 위반사실 등의 공개 절차, 공개 기간, 공개 방법 등 필요한 사항은 대통령령으로 정한다.

[전문개정 2011. 8. 4.]

제6조(손실 보상)

　소방청장, 특별시장 · 광역시장 · 특별자치시장 · 도지사 또는 특별자치도지사(이하 "시 · 도지사"라 한다)는 제5조제1항에 따른 명령으로 인하여 손실을 입은 자가 있는 경우에는 대통령령으로 정하는 바에 따라 보상하여야 한다.　　　　　　　　　　　　〈개정 2014. 1. 7., 2014. 11. 19., 2017. 7. 26.〉

　[전문개정 2011. 8. 4.]

제1절 건축허가등의 동의 등 〈개정 2011. 8. 4.〉

제7조(건축허가등의 동의 등)

① 건축물 등의 신축·증축·개축·재축(再築)·이전·용도변경 또는 대수선(大修繕)의 허가·협의 및 사용승인(「주택법」 제15조에 따른 승인 및 같은 법 제49조에 따른 사용검사, 「학교시설사업 촉진법」 제4조에 따른 승인 및 같은 법 제13조에 따른 사용승인을 포함하며, 이하 "건축허가등"이라 한다)의 권한이 있는 행정기관은 건축허가등을 할 때 미리 그 건축물 등의 시공지(施工地) 또는 소재지를 관할하는 소방본부장이나 소방서장의 동의를 받아야 한다.
〈개정 2014. 1. 7., 2016. 1. 19.〉

② 건축물 등의 대수선·증축·개축·재축 또는 용도변경의 신고를 수리(受理)할 권한이 있는 행정기관은 그 신고를 수리하면 그 건축물 등의 시공지 또는 소재지를 관할하는 소방본부장이나 소방서장에게 지체 없이 그 사실을 알려야 한다. 〈개정 2014. 1. 7.〉

③ 제1항에 따른 건축허가등의 권한이 있는 행정기관과 제2항에 따른 신고를 수리할 권한이 있는 행정기관은 제1항에 따라 건축허가등의 동의를 받거나 제2항에 따른 신고를 수리한 사실을 알릴 때 관할 소방본부장이나 소방서장에게 건축허가등을 하거나 신고를 수리할 때 건축허가등을 받으려는 자 또는 신고를 한 자가 제출한 설계도서 중 건축물의 내부구조를 알 수 있는 설계도면을 제출하여야 한다. 다만, 국가안보상 중요하거나 국가기밀에 속하는 건축물을 건축하는 경우로서 관계 법령에 따라 행정기관이 설계도면을 확보할 수 없는 경우에는 그러하지 아니하다. 〈신설 2018. 10. 16.〉

④ 소방본부장이나 소방서장은 제1항에 따른 동의를 요구받으면 그 건축물 등이 이 법 또는 이 법에 따른 명령을 따르고 있는지를 검토한 후 행정안전부령으로 정하는 기간 이내에 해당 행정기관에 동의 여부를 알려야 한다. 〈개정 2013. 3. 23., 2014. 11. 19., 2017. 7. 26., 2018. 10. 16.〉

⑤ 제1항에 따라 사용승인에 대한 동의를 할 때에는 「소방시설공사업법」 제14조제3항에 따른 소방시설공사의 완공검사증명서를 교부하는 것으로 동의를 갈음할 수 있다. 이 경우 제1항에 따른 건축허가등의 권한이 있는 행정기관은 소방시설공사의 완공검사증명서를 확인하여야 한다. 〈개정 2018. 10. 16.〉

⑥ 제1항에 따른 건축허가등을 할 때에 소방본부장이나 소방서장의 동의를 받아야 하는 건축물 등

의 범위는 대통령령으로 정한다. 〈개정 2018. 10. 16.〉

⑦ 다른 법령에 따른 인가 · 허가 또는 신고 등(건축허가등과 제2항에 따른 신고는 제외하며, 이하 이 항에서 "인허가등"이라 한다)의 시설기준에 소방시설등의 설치 · 유지 등에 관한 사항이 포함되어 있는 경우 해당 인허가등의 권한이 있는 행정기관은 인허가등을 할 때 미리 그 시설의 소재지를 관할하는 소방본부장이나 소방서장에게 그 시설이 이 법 또는 이 법에 따른 명령을 따르고 있는지를 확인하여 줄 것을 요청할 수 있다. 이 경우 요청을 받은 소방본부장 또는 소방서장은 행정안전부령으로 정하는 기간 이내에 확인 결과를 알려야 한다.

〈신설 2014. 1. 7., 2014. 11. 19., 2017. 7. 26., 2018. 10. 16.〉

[전문개정 2011. 8. 4.]

[제목개정 2018. 10. 16.]

제7조의2(전산시스템 구축 및 운영)

① 소방청장, 소방본부장 또는 소방서장은 제7조제3항에 따라 제출받은 설계도면의 체계적인 관리 및 공유를 위하여 전산시스템을 구축 · 운영하여야 한다.

② 소방청장, 소방본부장 또는 소방서장은 전산시스템의 구축 · 운영에 필요한 자료의 제출 또는 정보의 제공을 관계 행정기관의 장에게 요청할 수 있다. 이 경우 자료의 제출이나 정보의 제공을 요청받은 관계 행정기관의 장은 정당한 사유가 없으면 이에 따라야 한다.

[본조신설 2018. 10. 16.]

제8조(주택에 설치하는 소방시설)

① 다음 각 호의 주택의 소유자는 대통령령으로 정하는 소방시설을 설치하여야 한다.

〈개정 2015. 7. 24.〉

1. 「건축법」 제2조제2항제1호의 단독주택

2. 「건축법」 제2조제2항제2호의 공동주택(아파트 및 기숙사는 제외한다)

② 국가 및 지방자치단체는 제1항에 따라 주택에 설치하여야 하는 소방시설(이하 "주택용 소방시설"이라 한다)의 설치 및 국민의 자율적인 안전관리를 촉진하기 위하여 필요한 시책을 마련하여야 한다. 〈개정 2015. 7. 24.〉

③ 주택용 소방시설의 설치기준 및 자율적인 안전관리 등에 관한 사항은 특별시 · 광역시 · 특별자치시 · 도 또는 특별자치도의 조례로 정한다. 〈개정 2014. 1. 7., 2015. 7. 24.〉

[본조신설 2011. 8. 4.]

제2절 특정소방대상물에 설치하는 소방시설등의 유지 · 관리 등
〈개정 2011. 8. 4.〉

제9조(특정소방대상물에 설치하는 소방시설의 유지 · 관리 등)

① 특정소방대상물의 관계인은 대통령령으로 정하는 소방시설을 소방청장이 정하여 고시하는 화재안전기준에 따라 설치 또는 유지 · 관리하여야 한다. 이 경우 「장애인 · 노인 · 임산부 등의 편의증진 보장에 관한 법률」 제2조제1호에 따른 장애인등이 사용하는 소방시설(경보설비 및 피난구조설비를 말한다)은 대통령령으로 정하는 바에 따라 장애인등에 적합하게 설치 또는 유지 · 관리하여야 한다.

〈개정 2014. 1. 7., 2014. 11. 19., 2015. 1. 20., 2016. 1. 27., 2017. 7. 26., 2018. 3. 27.〉

② 소방본부장이나 소방서장은 제1항에 따른 소방시설이 제1항의 화재안전기준에 따라 설치 또는 유지 · 관리되어 있지 아니할 때에는 해당 특정소방대상물의 관계인에게 필요한 조치를 명할 수 있다.

〈개정 2014. 1. 7.〉

③ 특정소방대상물의 관계인은 제1항에 따라 소방시설을 유지 · 관리할 때 소방시설의 기능과 성능에 지장을 줄 수 있는 폐쇄(잠금을 포함한다. 이하 같다) · 차단 등의 행위를 하여서는 아니 된다. 다만, 소방시설의 점검 · 정비를 위한 폐쇄 · 차단은 할 수 있다.

〈개정 2014. 1. 7.〉

[전문개정 2011. 8. 4.]

[제목개정 2014. 1. 7.]

제9조의2(소방시설의 내진설계기준)

「지진 · 화산재해대책법」 제14조제1항 각 호의 시설 중 대통령령으로 정하는 특정소방대상물에 대통령령으로 정하는 소방시설을 설치하려는 자는 지진이 발생할 경우 소방시설이 정상적으로 작동될 수 있도록 소방청장이 정하는 내진설계기준에 맞게 소방시설을 설치하여야 한다.

〈개정 2014. 11. 19., 2015. 7. 24., 2017. 7. 26.〉

[본조신설 2011. 8. 4.]

제9조의3(성능위주설계)

① 대통령령으로 정하는 특정소방대상물(신축하는 것만 해당한다)에 소방시설을 설치하려는 자는 그 용도, 위치, 구조, 수용 인원, 가연물(可燃物)의 종류 및 양 등을 고려하여 설계(이하 "성능위주설계"라 한다)하여야 한다.

② 성능위주설계의 기준과 그 밖에 필요한 사항은 소방청장이 정하여 고시한다.

[본조신설 2014. 12. 30.]

제9조의4(특정소방대상물별로 설치하여야 하는 소방시설의 정비 등)

① 제9조제1항에 따라 대통령령으로 소방시설을 정할 때에는 특정소방대상물의 규모 · 용도 및 수용인원 등을 고려하여야 한다.

② 소방청장은 건축 환경 및 화재위험특성 변화사항을 효과적으로 반영할 수 있도록 제1항에 따른 소방시설 규정을 3년에 1회 이상 정비하여야 한다. 〈개정 2017. 7. 26.〉

③ 소방청장은 건축 환경 및 화재위험특성 변화 추세를 체계적으로 연구하여 제2항에 따른 정비를 위한 개선방안을 마련하여야 한다. 〈개정 2017. 7. 26.〉

④ 제3항에 따른 연구의 수행 등에 필요한 사항은 행정안전부령으로 정한다. 〈개정 2017. 7. 26.〉

[본조신설 2016. 1. 27.]

제9조의5(소방용품의 내용연수 등)

① 특정소방대상물의 관계인은 내용연수가 경과한 소방용품을 교체하여야 한다. 이 경우 내용연수를 설정하여야 하는 소방용품의 종류 및 그 내용연수 연한에 필요한 사항은 대통령령으로 정한다.

② 제1항에도 불구하고 행정안전부령으로 정하는 절차 및 방법 등에 따라 소방용품의 성능을 확인받은 경우에는 그 사용기한을 연장할 수 있다. 〈개정 2017. 7. 26.〉

[본조신설 2016. 1. 27.]

제10조(피난시설, 방화구획 및 방화시설의 유지 · 관리)

① 특정소방대상물의 관계인은 「건축법」 제49조에 따른 피난시설, 방화구획(防火區劃) 및 같은 법 제50조부터 제53조까지의 규정에 따른 방화벽, 내부 마감재료 등(이하 "방화시설"이라 한다)에 대하여 다음 각 호의 행위를 하여서는 아니 된다.

1. 피난시설, 방화구획 및 방화시설을 폐쇄하거나 훼손하는 등의 행위

2. 피난시설, 방화구획 및 방화시설의 주위에 물건을 쌓아두거나 장애물을 설치하는 행위

3. 피난시설, 방화구획 및 방화시설의 용도에 장애를 주거나 「소방기본법」 제16조에 따른 소방활동에 지장을 주는 행위

4. 그 밖에 피난시설, 방화구획 및 방화시설을 변경하는 행위

② 소방본부장이나 소방서장은 특정소방대상물의 관계인이 제1항 각 호의 행위를 한 경우에는 피

난시설, 방화구획 및 방화시설의 유지 · 관리를 위하여 필요한 조치를 명할 수 있다.

[전문개정 2011. 8. 4.]

제10조의2(특정소방대상물의 공사 현장에 설치하는 임시소방시설의 유지 · 관리 등)

① 특정소방대상물의 건축 · 대수선 · 용도변경 또는 설치 등을 위한 공사를 시공하는 자(이하 이 조에서 "시공자"라 한다)는 공사 현장에서 인화성(引火性) 물품을 취급하는 작업 등 대통령령으로 정하는 작업(이하 이 조에서 "화재위험작업"이라 한다)을 하기 전에 설치 및 철거가 쉬운 화재대비시설(이하 이 조에서 "임시소방시설"이라 한다)을 설치하고 유지 · 관리하여야 한다.

② 제1항에도 불구하고 시공자가 화재위험작업 현장에 소방시설 중 임시소방시설과 기능 및 성능이 유사한 것으로서 대통령령으로 정하는 소방시설을 제9조제1항 전단에 따른 화재안전기준에 맞게 설치하고 유지 · 관리하고 있는 경우에는 임시소방시설을 설치하고 유지 · 관리한 것으로 본다. 〈개정 2016. 1. 27.〉

③ 소방본부장 또는 소방서장은 제1항이나 제2항에 따라 임시소방시설 또는 소방시설이 설치 또는 유지 · 관리되지 아니할 때에는 해당 시공자에게 필요한 조치를 하도록 명할 수 있다.

④ 제1항에 따라 임시소방시설을 설치하여야 하는 공사의 종류와 규모, 임시소방시설의 종류 등에 관하여 필요한 사항은 대통령령으로 정하고, 임시소방시설의 설치 및 유지 · 관리 기준은 소방청장이 정하여 고시한다. 〈개정 2014. 11. 19., 2017. 7. 26.〉

[본조신설 2014. 1. 7.]

제11조(소방시설기준 적용의 특례)

① 소방본부장이나 소방서장은 제9조제1항 전단에 따른 대통령령 또는 화재안전기준이 변경되어 그 기준이 강화되는 경우 기존의 특정소방대상물(건축물의 신축 · 개축 · 재축 · 이전 및 대수선 중인 특정소방대상물을 포함한다)의 소방시설에 대하여는 변경 전의 대통령령 또는 화재안전기준을 적용한다. 다만, 다음 각 호의 어느 하나에 해당하는 소방시설의 경우에는 대통령령 또는 화재안전기준의 변경으로 강화된 기준을 적용한다. 〈개정 2014. 1. 7., 2016. 1. 27., 2018. 3. 27., 2020. 6. 9.〉

1. 다음 소방시설 중 대통령령으로 정하는 것

   가. 소화기구

   나. 비상경보설비

   다. 자동화재속보설비

   라. 피난구조설비

2. 다음 각 목의 지하구에 설치하여야 하는 소방시설

　　가. 「국토의 계획 및 이용에 관한 법률」 제2조제9호에 따른 공동구

　　나. 전력 또는 통신사업용 지하구

3. 노유자(老幼者)시설, 의료시설에 설치하여야 하는 소방시설 중 대통령령으로 정하는 것

② 소방본부장이나 소방서장은 특정소방대상물에 설치하여야 하는 소방시설 가운데 기능과 성능이 유사한 물 분무 소화설비, 간이 스프링클러 설비, 비상경보설비 및 비상방송설비 등의 소방시설의 경우에는 대통령령으로 정하는 바에 따라 유사한 소방시설의 설치를 면제할 수 있다.

③ 소방본부장이나 소방서장은 기존의 특정소방대상물이 증축되거나 용도변경되는 경우에는 대통령령으로 정하는 바에 따라 증축 또는 용도변경 당시의 소방시설의 설치에 관한 대통령령 또는 화재안전기준을 적용한다.　　　　　　　　　　　　　　　　　　　　　　〈개정 2014. 1. 7.〉

④ 다음 각 호의 어느 하나에 해당하는 특정소방대상물 가운데 대통령령으로 정하는 특정소방대상물에는 제9조제1항 전단에도 불구하고 대통령령으로 정하는 소방시설을 설치하지 아니할 수 있다.　　　　　　　　　　　　　　　　　　　　　　　〈개정 2016. 1. 27.〉

1. 화재 위험도가 낮은 특정소방대상물

2. 화재안전기준을 적용하기 어려운 특정소방대상물

3. 화재안전기준을 다르게 적용하여야 하는 특수한 용도 또는 구조를 가진 특정소방대상물

4. 「위험물 안전관리법」 제19조에 따른 자체소방대가 설치된 특정소방대상물

⑤ 제4항 각 호의 어느 하나에 해당하는 특정소방대상물에 구조 및 원리 등에서 공법이 특수한 설계로 인정된 소방시설을 설치하는 경우에는 제11조의2제1항에 따른 중앙소방기술심의위원회의 심의를 거쳐 제9조제1항 전단에 따른 화재안전기준을 적용하지 아니 할 수 있다.

　　　　　　　　　　　　　　　　　　　　　　〈신설 2014. 12. 30., 2016. 1. 27.〉

[전문개정 2011. 8. 4.]

제11조의2(소방기술심의위원회)

① 다음 각 호의 사항을 심의하기 위하여 소방청에 중앙소방기술심의위원회(이하 "중앙위원회"라 한다)를 둔다.　　　　　　　　　　　　　　　　　　　　　　　〈개정 2017. 7. 26.〉

1. 화재안전기준에 관한 사항

2. 소방시설의 구조 및 원리 등에서 공법이 특수한 설계 및 시공에 관한 사항

3. 소방시설의 설계 및 공사감리의 방법에 관한 사항

4. 소방시설공사의 하자를 판단하는 기준에 관한 사항

5. 그 밖에 소방기술 등에 관하여 대통령령으로 정하는 사항

② 다음 각 호의 사항을 심의하기 위하여 특별시 · 광역시 · 특별자치시 · 도 및 특별자치도에 지방 소방기술심의위원회(이하 "지방위원회"라 한다)를 둔다.

1. 소방시설에 하자가 있는지의 판단에 관한 사항

2. 그 밖에 소방기술 등에 관하여 대통령령으로 정하는 사항

③ 제1항과 제2항에 따른 중앙위원회 및 지방위원회의 구성 · 운영에 필요한 사항은 대통령령으로 정한다.

[본조신설 2014. 12. 30.]

제3절 방염(防炎) 〈개정 2011. 8. 4.〉

제12조(소방대상물의 방염 등)

① 대통령령으로 정하는 특정소방대상물에 실내장식 등의 목적으로 설치 또는 부착하는 물품으로 서 대통령령으로 정하는 물품(이하 "방염대상물품"이라 한다)은 방염성능기준 이상의 것으로 설치하여야 한다.　　　　　　　　　　　　　　　　　　　　　　　　　　　　　〈개정 2015. 7. 24.〉

② 소방본부장이나 소방서장은 방염대상물품이 제1항에 따른 방염성능기준에 미치지 못하거나 제13조제1항에 따른 방염성능검사를 받지 아니한 것이면 소방대상물의 관계인에게 방염대상 물품을 제거하도록 하거나 방염성능검사를 받도록 하는 등 필요한 조치를 명할 수 있다.

③ 제1항에 따른 방염성능기준은 대통령령으로 정한다.

[전문개정 2011. 8. 4.]

제13조(방염성능의 검사)

① 제12조제1항에 따른 특정소방대상물에서 사용하는 방염대상물품은 소방청장(대통령령으로 정 하는 방염대상물품의 경우에는 시 · 도지사를 말한다)이 실시하는 방염성능검사를 받은 것이어 야 한다.　　　　　　　　　　　　　　　　　　　〈개정 2014. 1. 7., 2014. 11. 19., 2017. 7. 26.〉

② 「소방시설공사업법」 제4조에 따라 방염처리업의 등록을 한 자는 제1항에 따른 방염성능검사 를 할 때에 거짓 시료(試料)를 제출하여서는 아니 된다.　　　　　　　　　　〈개정 2014. 12. 30.〉

③ 제1항에 따른 방염성능검사의 방법과 검사 결과에 따른 합격 표시 등에 필요한 사항은 행정안 전부령으로 정한다.　　　　　　　　　　　　　　　〈개정 2013. 3. 23., 2014. 11. 19., 2017. 7. 26.〉

[전문개정 2011. 8. 4.]

제14조 삭제 〈2014. 12. 30.〉

제15조 삭제 〈2014. 12. 30.〉

제16조 삭제 〈2014. 12. 30.〉

제17조 삭제 〈2014. 12. 30.〉

제18조 삭제 〈2014. 12. 30.〉

제19조 삭제 〈2014. 12. 30.〉

제4장 소방대상물의 안전관리 〈개정 2011. 8. 4.〉

제20조(특정소방대상물의 소방안전관리)

① 특정소방대상물의 관계인은 그 특정소방대상물에 대하여 제6항에 따른 소방안전관리 업무를 수행하여야 한다.

② 대통령령으로 정하는 특정소방대상물(이하 이 조에서 "소방안전관리대상물"이라 한다)의 관계인은 소방안전관리 업무를 수행하기 위하여 대통령령으로 정하는 자를 행정안전부령으로 정하는 바에 따라 소방안전관리자 및 소방안전관리보조자로 선임하여야 한다. 이 경우 소방안전관리보조자의 최소인원 기준 등 필요한 사항은 대통령령으로 정하고, 제4항·제5항 및 제7항은 소방안전관리보조자에 대하여 준용한다.   〈개정 2013. 3. 23., 2014. 1. 7., 2014. 11. 19., 2017. 7. 26.〉

③ 대통령령으로 정하는 소방안전관리대상물의 관계인은 제2항에도 불구하고 제29조제1항에 따른 소방시설관리업의 등록을 한 자(이하 "관리업자"라 한다)로 하여금 제1항에 따른 소방안전관리 업무 중 대통령령으로 정하는 업무를 대행하게 할 수 있으며, 이 경우 소방안전관리 업무를 대행하는 자를 감독할 수 있는 자를 소방안전관리자로 선임할 수 있다.

〈개정 2014. 1. 7., 2015. 7. 24.〉

1. 삭제 〈2015. 7. 24.〉

2. 삭제 〈2015. 7. 24.〉

④ 소방안전관리대상물의 관계인이 소방안전관리자를 선임한 경우에는 행정안전부령으로 정하는 바에 따라 선임한 날부터 14일 이내에 소방본부장이나 소방서장에게 신고하고, 소방안전관리대상물의 출입자가 쉽게 알 수 있도록 소방안전관리자의 성명과 그 밖에 행정안전부령으로 정하는 사항을 게시하여야 한다.   〈개정 2013. 3. 23., 2014. 11. 19., 2016. 1. 27., 2017. 7. 26.〉

⑤ 소방안전관리대상물의 관계인이 소방안전관리자를 해임한 경우에는 그 관계인 또는 해임된 소방안전관리자는 소방본부장이나 소방서장에게 그 사실을 알려 해임한 사실의 확인을 받을 수 있다.

⑥ 특정소방대상물(소방안전관리대상물은 제외한다)의 관계인과 소방안전관리대상물의 소방안전관리자의 업무는 다음 각 호와 같다. 다만, 제1호·제2호 및 제4호의 업무는 소방안전관리대상물의 경우에만 해당한다.   〈개정 2014. 1. 7., 2014. 12. 30.〉

1. 제21조의2에 따른 피난계획에 관한 사항과 대통령령으로 정하는 사항이 포함된 소방계획서의 작성 및 시행

2. 자위소방대(自衛消防隊) 및 초기대응체계의 구성ㆍ운영ㆍ교육

3. 제10조에 따른 피난시설, 방화구획 및 방화시설의 유지ㆍ관리

4. 제22조에 따른 소방훈련 및 교육

5. 소방시설이나 그 밖의 소방 관련 시설의 유지ㆍ관리

6. 화기(火氣) 취급의 감독

7. 그 밖에 소방안전관리에 필요한 업무

⑦ 소방안전관리대상물의 관계인은 소방안전관리자가 소방안전관리 업무를 성실하게 수행할 수 있도록 지도ㆍ감독하여야 한다.

⑧ 소방안전관리자는 인명과 재산을 보호하기 위하여 소방시설ㆍ피난시설ㆍ방화시설 및 방화구획 등이 법령에 위반된 것을 발견한 때에는 지체 없이 소방안전관리대상물의 관계인에게 소방대상물의 개수ㆍ이전ㆍ제거ㆍ수리 등 필요한 조치를 할 것을 요구하여야 하며, 관계인이 시정하지 아니하는 경우 소방본부장 또는 소방서장에게 그 사실을 알려야 한다. 이 경우 소방안전관리자는 공정하고 객관적으로 그 업무를 수행하여야 한다. 〈개정 2016. 1. 27.〉

⑨ 소방안전관리자로부터 제8항에 따른 조치요구 등을 받은 소방안전관리대상물의 관계인은 지체 없이 이에 따라야 하며 제8항에 따른 조치요구 등을 이유로 소방안전관리자를 해임하거나 보수(報酬)의 지급을 거부하는 등 불이익한 처우를 하여서는 아니 된다.

⑩ 제3항에 따라 소방안전관리 업무를 관리업자에게 대행하게 하는 경우의 대가(代價)는 「엔지니어링산업 진흥법」 제31조에 따른 엔지니어링사업의 대가 기준 가운데 행정안전부령으로 정하는 방식에 따라 산정한다. 〈신설 2014. 1. 7., 2014. 11. 19., 2017. 7. 26.〉

⑪ 제6항제2호에 따른 자위소방대와 초기대응체계의 구성, 운영 및 교육 등에 관하여 필요한 사항은 행정안전부령으로 정한다. 〈신설 2014. 1. 7., 2014. 11. 19., 2017. 7. 26.〉

⑫ 소방본부장 또는 소방서장은 제2항에 따른 소방안전관리자를 선임하지 아니한 소방안전관리대상물의 관계인에게 소방안전관리자를 선임하도록 명할 수 있다. 〈신설 2014. 12. 30.〉

⑬ 소방본부장 또는 소방서장은 제6항에 따른 업무를 다하지 아니하는 특정소방대상물의 관계인 또는 소방안전관리자에게 그 업무를 이행하도록 명할 수 있다. 〈신설 2014. 12. 30.〉

[전문개정 2011. 8. 4.]

제20조의2(소방안전 특별관리시설물의 안전관리)

① 소방청장은 화재 등 재난이 발생할 경우 사회ㆍ경제적으로 피해가 큰 다음 각 호의 시설(이하 이 조에서 "소방안전 특별관리시설물"이라 한다)에 대하여 소방안전 특별관리를 하여야 한다.

〈개정 2017. 7. 26., 2017. 12. 26., 2018. 3. 2., 2019. 11. 26.〉

1. 「공항시설법」 제2조제7호의 공항시설
2. 「철도산업발전기본법」 제3조제2호의 철도시설
3. 「도시철도법」 제2조제3호의 도시철도시설
4. 「항만법」 제2조제5호의 항만시설
5. 「문화재보호법」 제2조제3항의 지정문화재인 시설(시설이 아닌 지정문화재를 보호하거나 소장하고 있는 시설을 포함한다)
6. 「산업기술단지 지원에 관한 특례법」 제2조제1호의 산업기술단지
7. 「산업입지 및 개발에 관한 법률」 제2조제8호의 산업단지
8. 「초고층 및 지하연계 복합건축물 재난관리에 관한 특별법」 제2조제1호 및 제2호의 초고층 건축물 및 지하연계 복합건축물
9. 「영화 및 비디오물의 진흥에 관한 법률」 제2조제10호의 영화상영관 중 수용인원 1,000명 이상인 영화상영관
10. 전력용 및 통신용 지하구
11. 「한국석유공사법」 제10조제1항제3호의 석유비축시설
12. 「한국가스공사법」 제11조제1항제2호의 천연가스 인수기지 및 공급망
13. 「전통시장 및 상점가 육성을 위한 특별법」 제2조제1호의 전통시장으로서 대통령령으로 정하는 전통시장
14. 그 밖에 대통령령으로 정하는 시설물

② 소방청장은 제1항에 따른 특별관리를 체계적이고 효율적으로 하기 위하여 시 · 도지사와 협의하여 소방안전 특별관리기본계획을 수립하여 시행하여야 한다. 〈개정 2017. 7. 26.〉

③ 시 · 도지사는 제2항에 따른 소방안전 특별관리기본계획에 저촉되지 아니하는 범위에서 관할 구역에 있는 소방안전 특별관리시설물의 안전관리에 적합한 소방안전 특별관리시행계획을 수립하여 시행하여야 한다.

④ 그 밖에 제2항 및 제3항에 따른 소방안전 특별관리기본계획 및 소방안전 특별관리시행계획의 수립 · 시행에 필요한 사항은 대통령령으로 정한다.

[본조신설 2015. 7. 24.]

제21조(공동 소방안전관리)

다음 각 호의 어느 하나에 해당하는 특정소방대상물로서 그 관리의 권원(權原)이 분리되어 있는 것 가운데 소방본부장이나 소방서장이 지정하는 특정소방대상물의 관계인은 행정안전부령으로 정하는 바에 따라 대통령령으로 정하는 자를 공동 소방안전관리자로 선임하여야 한다.

1. 고층 건축물(지하층을 제외한 층수가 11층 이상인 건축물만 해당한다)

2. 지하가(지하의 인공구조물 안에 설치된 상점 및 사무실, 그 밖에 이와 비슷한 시설이 연속하여 지하도에 접하여 설치된 것과 그 지하도를 합한 것을 말한다)

3. 그 밖에 대통령령으로 정하는 특정소방대상물

[전문개정 2011. 8. 4.]

제21조의2(피난계획의 수립 및 시행)

① 제20조제2항에 따른 소방안전관리대상물의 관계인은 그 장소에 근무하거나 거주 또는 출입하는 사람들이 화재가 발생한 경우에 안전하게 피난할 수 있도록 피난계획을 수립하여 시행하여야 한다.

② 제1항의 피난계획에는 그 특정소방대상물의 구조, 피난시설 등을 고려하여 설정한 피난경로가 포함되어야 한다.

③ 제1항의 소방안전관리대상물의 관계인은 피난시설의 위치, 피난경로 또는 대피요령이 포함된 피난유도 안내정보를 근무자 또는 거주자에게 정기적으로 제공하여야 한다.

④ 제1항에 따른 피난계획의 수립 · 시행, 제3항에 따른 피난유도 안내정보 제공에 필요한 사항은 행정안전부령으로 정한다.　　　　　　　　　　　　　　　　〈개정 2017. 7. 26.〉

[본조신설 2014. 12. 30.]

제22조(특정소방대상물의 근무자 및 거주자에 대한 소방훈련 등)

① 대통령령으로 정하는 특정소방대상물의 관계인은 그 장소에 상시 근무하거나 거주하는 사람에게 소화 · 통보 · 피난 등의 훈련(이하 "소방훈련"이라 한다)과 소방안전관리에 필요한 교육을 하여야 한다. 이 경우 피난훈련은 그 소방대상물에 출입하는 사람을 안전한 장소로 대피시키고 유도하는 훈련을 포함하여야 한다.

② 소방본부장이나 소방서장은 제1항에 따라 특정소방대상물의 관계인이 실시하는 소방훈련을 지도 · 감독할 수 있다.

③ 제1항에 따른 소방훈련과 교육의 횟수 및 방법 등에 관하여 필요한 사항은 행정안전부령으로 정한다.　　　　　　　　　〈개정 2013. 3. 23., 2014. 11. 19., 2017. 7. 26.〉

[전문개정 2011. 8. 4.]

제23조(특정소방대상물의 관계인에 대한 소방안전교육)

① 소방본부장이나 소방서장은 제22조를 적용받지 아니하는 특정소방대상물의 관계인에 대하여 특정소방대상물의 화재 예방과 소방안전을 위하여 행정안전부령으로 정하는 바에 따라 소방안전교육을 하여야 한다. 〈개정 2013. 3. 23., 2014. 11. 19., 2017. 7. 26.〉

② 제1항에 따른 교육대상자 및 특정소방대상물의 범위 등에 관하여 필요한 사항은 행정안전부령으로 정한다. 〈개정 2013. 3. 23., 2014. 11. 19., 2017. 7. 26.〉

[전문개정 2011. 8. 4.]

제24조(공공기관의 소방안전관리)

① 국가, 지방자치단체, 국공립학교 등 대통령령으로 정하는 공공기관의 장은 소관 기관의 근무자 등의 생명·신체와 건축물·인공구조물 및 물품 등을 화재로부터 보호하기 위하여 화재 예방, 자위소방대의 조직 및 편성, 소방시설의 자체점검과 소방훈련 등의 소방안전관리를 하여야 한다.

② 제1항에 따른 공공기관에 대한 다음 각 호의 사항에 관하여는 제20조부터 제23조까지의 규정에도 불구하고 대통령령으로 정하는 바에 따른다.

1. 소방안전관리자의 자격, 책임 및 선임 등

2. 소방안전관리의 업무대행

3. 자위소방대의 구성, 운영 및 교육

4. 근무자 등에 대한 소방훈련 및 교육

5. 그 밖에 소방안전관리에 필요한 사항

[전문개정 2014. 1. 7.]

제25조(소방시설등의 자체점검 등)

① 특정소방대상물의 관계인은 그 대상물에 설치되어 있는 소방시설등에 대하여 정기적으로 자체점검을 하거나 관리업자 또는 행정안전부령으로 정하는 기술자격자로 하여금 정기적으로 점검하게 하여야 한다. 〈개정 2013. 3. 23., 2014. 11. 19., 2017. 7. 26.〉

② 제1항에 따라 특정소방대상물의 관계인 등이 점검을 한 경우에는 관계인이 그 점검 결과를 행정안전부령으로 정하는 바에 따라 소방본부장이나 소방서장에게 보고하여야 한다.
〈개정 2013. 3. 23., 2014. 11. 19., 2016. 1. 27., 2017. 7. 26.〉

③ 제1항에 따른 점검의 구분과 그 대상, 점검인력의 배치기준 및 점검자의 자격, 점검 장비, 점검 방법 및 횟수 등 필요한 사항은 행정안전부령으로 정한다.

④ 제1항에 따라 관리업자나 기술자격자로 하여금 점검하게 하는 경우의 점검 대가는 「엔지니어링산업 진흥법」 제31조에 따른 엔지니어링사업의 대가의 기준 가운데 행정안전부령으로 정하는 방식에 따라 산정한다. 〈개정 2013. 3. 23., 2014. 1. 7., 2014. 11. 19., 2017. 7. 26.〉

[전문개정 2011. 8. 4.]

제25조의2(우수 소방대상물 관계인에 대한 포상 등)

① 소방청장은 소방대상물의 자율적인 안전관리를 유도하기 위하여 안전관리 상태가 우수한 소방대상물을 선정하여 우수 소방대상물 표지를 발급하고, 소방대상물의 관계인을 포상할 수 있다.
〈개정 2014. 11. 19., 2017. 7. 26.〉

② 제1항에 따른 우수 소방대상물의 선정 방법, 평가 대상물의 범위 및 평가 절차 등 필요한 사항은 행정안전부령으로 정한다. 〈개정 2013. 3. 23., 2014. 11. 19., 2017. 7. 26.〉

[전문개정 2011. 8. 4.]

제5장 소방시설관리사 및 소방시설관리업 〈개정 2011. 8. 4.〉

제1절 소방시설관리사 〈개정 2011. 8. 4.〉

제26조(소방시설관리사)

① 소방시설관리사(이하 "관리사"라 한다)가 되려는 사람은 소방청장이 실시하는 관리사시험에 합격하여야 한다.　　　　　　　　　　　　　　　　　〈개정 2014. 11. 19., 2017. 7. 26.〉

② 제1항에 따른 관리사시험의 응시자격, 시험 방법, 시험 과목, 시험 위원, 그 밖에 관리사시험에 필요한 사항은 대통령령으로 정한다.

③ 소방기술사 등 대통령령으로 정하는 사람에 대하여는 제2항에 따른 관리사시험 과목 가운데 일부를 면제할 수 있다.

④ 소방청장은 제1항에 따른 관리사시험에 합격한 사람에게는 행정안전부령으로 정하는 바에 따라 소방시설관리사증을 발급하여야 한다.　　〈개정 2014. 11. 19., 2015. 7. 24., 2017. 7. 26.〉

⑤ 제4항에 따라 소방시설관리사증을 발급받은 사람은 소방시설관리사증을 잃어버렸거나 못 쓰게 된 경우에는 행정안전부령으로 정하는 바에 따라 소방시설관리사증을 재발급받을 수 있다.
　　　　　　　　　　　　　　　　　　　　　　　　　　〈신설 2015. 7. 24., 2017. 7. 26.〉

⑥ 관리사는 제4항에 따라 받은 소방시설관리사증을 다른 자에게 빌려주어서는 아니 된다.
　　　　　　　　　　　　　　　　　　　　　　　　　　　　　　　　〈개정 2015. 7. 24.〉

⑦ 관리사는 동시에 둘 이상의 업체에 취업하여서는 아니 된다.　　　　〈개정 2015. 7. 24.〉

⑧ 제25조제1항에 따른 기술자격자 및 제29조제2항에 따라 관리업의 기술 인력으로 등록된 관리사는 성실하게 자체점검 업무를 수행하여야 한다.　　　　　　　　〈개정 2015. 7. 24.〉

[전문개정 2011. 8. 4.]

제26조의2(부정행위자에 대한 제재)

소방청장은 시험에서 부정한 행위를 한 응시자에 대하여는 그 시험을 정지 또는 무효로 하고, 그 처분이 있은 날부터 2년간 시험 응시자격을 정지한다.　　　　〈개정 2014. 11. 19., 2017. 7. 26.〉

[본조신설 2011. 8. 4.]

제27조(관리사의 결격사유)

다음 각 호의 어느 하나에 해당하는 사람은 관리사가 될 수 없다.　　　　〈개정 2015. 7. 24.〉

1. 피성년후견인
2. 이 법, 「소방기본법」, 「소방시설공사업법」 또는 「위험물 안전관리법」에 따른 금고 이상의 실형을 선고받고 그 집행이 끝나거나(집행이 끝난 것으로 보는 경우를 포함한다) 집행이 면제된 날부터 2년이 지나지 아니한 사람
3. 이 법, 「소방기본법」, 「소방시설공사업법」 또는 「위험물 안전관리법」에 따른 금고 이상의 형의 집행유예를 선고받고 그 유예기간 중에 있는 사람
4. 제28조에 따라 자격이 취소(제27조제1호에 해당하여 자격이 취소된 경우는 제외한다)된 날부터 2년이 지나지 아니한 사람
[전문개정 2011. 8. 4.]

제28조(자격의 취소 · 정지)

소방청장은 관리사가 다음 각 호의 어느 하나에 해당할 때에는 행정안전부령으로 정하는 바에 따라 그 자격을 취소하거나 2년 이내의 기간을 정하여 그 자격의 정지를 명할 수 있다. 다만, 제1호, 제4호, 제5호 또는 제7호에 해당하면 그 자격을 취소하여야 한다.

〈개정 2013. 3. 23., 2014. 1. 7., 2014. 11. 19., 2015. 7. 24., 2017. 7. 26.〉

1. 거짓이나 그 밖의 부정한 방법으로 시험에 합격한 경우
2. 제20조제6항에 따른 소방안전관리 업무를 하지 아니하거나 거짓으로 한 경우
3. 제25조에 따른 점검을 하지 아니하거나 거짓으로 한 경우
4. 제26조제6항을 위반하여 소방시설관리사증을 다른 자에게 빌려준 경우
5. 제26조제7항을 위반하여 동시에 둘 이상의 업체에 취업한 경우
6. 제26조제8항을 위반하여 성실하게 자체점검 업무를 수행하지 아니한 경우
7. 제27조 각 호의 어느 하나에 따른 결격사유에 해당하게 된 경우
8. 삭제 〈2014. 1. 7.〉
9. 삭제 〈2014. 1. 7.〉
[전문개정 2011. 8. 4.]

제2절 소방시설관리업 〈개정 2011. 8. 4.〉

제29조(소방시설관리업의 등록 등)

① 제20조에 따른 소방안전관리 업무의 대행 또는 소방시설등의 점검 및 유지 · 관리의 업을 하려

는 자는 시 · 도지사에게 소방시설관리업(이하 "관리업"이라 한다)의 등록을 하여야 한다.

② 제1항에 따른 기술 인력, 장비 등 관리업의 등록기준에 관하여 필요한 사항은 대통령령으로 정한다.

③ 제1항에 따른 관리업의 등록신청과 등록증 · 등록수첩의 발급 · 재발급 신청, 그 밖에 관리업의 등록에 필요한 사항은 행정안전부령으로 정한다. 〈개정 2013. 3. 23., 2014. 11. 19., 2017. 7. 26.〉

[전문개정 2011. 8. 4.]

제30조(등록의 결격사유)

다음 각 호의 어느 하나에 해당하는 자는 관리업의 등록을 할 수 없다. 〈개정 2015. 7. 24.〉

1. 피성년후견인

2. 이 법, 「소방기본법」, 「소방시설공사업법」 또는 「위험물 안전관리법」에 따른 금고 이상의 실형을 선고받고 그 집행이 끝나거나(집행이 끝난 것으로 보는 경우를 포함한다) 집행이 면제된 날부터 2년이 지나지 아니한 사람

3. 이 법, 「소방기본법」, 「소방시설공사업법」 또는 「위험물 안전관리법」에 따른 금고 이상의 형의 집행유예를 선고받고 그 유예기간 중에 있는 사람

4. 제34조제1항에 따라 관리업의 등록이 취소(제30조제1호에 해당하여 등록이 취소된 경우는 제외한다)된 날부터 2년이 지나지 아니한 자

5. 임원 중에 제1호부터 제4호까지의 어느 하나에 해당하는 사람이 있는 법인

[전문개정 2011. 8. 4.]

제31조(등록사항의 변경신고)

관리업자는 제29조에 따라 등록한 사항 중 행정안전부령으로 정하는 중요 사항이 변경되었을 때에는 행정안전부령으로 정하는 바에 따라 시 · 도지사에게 변경사항을 신고하여야 한다. 〈개정 2013. 3. 23., 2014. 11. 19., 2017. 7. 26.〉

[전문개정 2011. 8. 4.]

제32조(소방시설관리업자의 지위승계)

① 다음 각 호의 어느 하나에 해당하는 자는 관리업자의 지위를 승계한다.

1. 관리업자가 사망한 경우 그 상속인

2. 관리업자가 그 영업을 양도한 경우 그 양수인

3. 법인인 관리업자가 합병한 경우 합병 후 존속하는 법인이나 합병으로 설립되는 법인

② 「민사집행법」에 따른 경매, 「채무자 회생 및 파산에 관한 법률」에 따른 환가, 「국세징수법」, 「관세법」 또는 「지방세징수법」에 따른 압류재산의 매각과 그 밖에 이에 준하는 절차에 따라 관리업의 시설 및 장비의 전부를 인수한 자는 그 관리업자의 지위를 승계한다.

〈개정 2016. 12. 27.〉

③ 제1항이나 제2항에 따라 관리업자의 지위를 승계한 자는 행정안전부령으로 정하는 바에 따라 시·도지사에게 신고하여야 한다. 〈개정 2013. 3. 23., 2014. 11. 19., 2017. 7. 26.〉

④ 제1항이나 제2항에 따른 지위승계에 관하여는 제30조를 준용한다. 다만, 상속인이 제30조 각 호의 어느 하나에 해당하는 경우에는 상속받은 날부터 3개월 동안은 그러하지 아니하다.

[전문개정 2011. 8. 4.]

제33조(관리업의 운영)

① 관리업자는 관리업의 등록증이나 등록수첩을 다른 자에게 빌려주어서는 아니 된다.

② 관리업자는 다음 각 호의 어느 하나에 해당하면 제20조에 따라 소방안전관리 업무를 대행하게 하거나 제25조제1항에 따라 소방시설등의 점검업무를 수행하게 한 특정소방대상물의 관계인에게 지체 없이 그 사실을 알려야 한다.

1. 제32조에 따라 관리업자의 지위를 승계한 경우

2. 제34조제1항에 따라 관리업의 등록취소 또는 영업정지처분을 받은 경우

3. 휴업 또는 폐업을 한 경우

③ 관리업자는 제25조제1항에 따라 자체점검을 할 때에는 행정안전부령으로 정하는 바에 따라 기술인력을 참여시켜야 한다. 〈개정 2014. 1. 7., 2014. 11. 19., 2017. 7. 26.〉

[전문개정 2011. 8. 4.]

제33조의2(점검능력 평가 및 공시 등)

① 소방청장은 관계인 또는 건축주가 적정한 관리업자를 선정할 수 있도록 하기 위하여 관리업자의 신청이 있는 경우 해당 관리업자의 점검능력을 종합적으로 평가하여 공시할 수 있다.

〈개정 2014. 11. 19., 2017. 7. 26.〉

② 제1항에 따라 점검능력 평가를 신청하려는 관리업자는 소방시설등의 점검실적을 증명하는 서류 등 행정안전부령으로 정하는 서류를 소방청장에게 제출하여야 한다.

〈신설 2014. 1. 7., 2014. 11. 19., 2017. 7. 26.〉

③ 제1항에 따른 점검능력 평가 및 공시방법, 수수료 등 필요한 사항은 행정안전부령으로 정한다.

<개정 2013. 3. 23., 2014. 1. 7., 2014. 11. 19., 2017. 7. 26.〉

④ 소방청장은 제1항에 따른 점검능력을 평가하기 위하여 관리업자의 기술인력 및 장비 보유현황, 점검실적, 행정처분이력 등 필요한 사항에 대하여 데이터베이스를 구축할 수 있다.

<개정 2014. 1. 7., 2014. 11. 19., 2017. 7. 26.〉

[본조신설 2011. 8. 4.]

제33조의3(점검실명제)

① 관리업자가 소방시설등의 점검을 마친 경우 점검일시, 점검자, 점검업체 등 점검과 관련된 사항을 점검기록표에 기록하고 이를 해당 특정소방대상물에 부착하여야 한다.

② 제1항에 따른 점검기록표에 관한 사항은 행정안전부령으로 정한다.

<개정 2013. 3. 23., 2014. 11. 19., 2017. 7. 26.〉

[본조신설 2011. 8. 4.]

제34조(등록의 취소와 영업정지 등)

① 시·도지사는 관리업자가 다음 각 호의 어느 하나에 해당할 때에는 행정안전부령으로 정하는 바에 따라 그 등록을 취소하거나 6개월 이내의 기간을 정하여 이의 시정이나 그 영업의 정지를 명할 수 있다. 다만, 제1호·제4호 또는 제7호에 해당할 때에는 등록을 취소하여야 한다. 〈 개정 2013. 3. 23., 2014. 1. 7., 2014. 11. 19., 2016. 1. 27., 2017. 7. 26.〉

1. 거짓이나 그 밖의 부정한 방법으로 등록을 한 경우

2. 제25조제1항에 따른 점검을 하지 아니하거나 거짓으로 한 경우

3. 제29조제2항에 따른 등록기준에 미달하게 된 경우

4. 제30조 각 호의 어느 하나의 등록의 결격사유에 해당하게 된 경우. 다만, 제30조제5호에 해당하는 법인으로서 결격사유에 해당하게 된 날부터 2개월 이내에 그 임원을 결격사유가 없는 임원으로 바꾸어 선임한 경우는 제외한다.

5. 삭제 〈2014. 1. 7.〉

6. 삭제 〈2014. 1. 7.〉

7. 제33조제1항을 위반하여 다른 자에게 등록증이나 등록수첩을 빌려준 경우

8. 삭제 〈2014. 1. 7.〉

9. 삭제 〈2014. 1. 7.〉

10. 삭제 〈2014. 1. 7.〉

② 제32조에 따라 관리업자의 지위를 승계한 상속인이 제30조 각 호의 어느 하나에 해당하는 경우

에는 상속을 개시한 날부터 6개월 동안은 제1항제4호를 적용하지 아니한다.

[전문개정 2011. 8. 4.]

제35조(과징금처분)

① 시 · 도지사는 제34조제1항에 따라 영업정지를 명하는 경우로서 그 영업정지가 국민에게 심한 불편을 주거나 그 밖에 공익을 해칠 우려가 있을 때에는 영업정지처분을 갈음하여 3천만원 이하의 과징금을 부과할 수 있다. 〈개정 2014. 12. 30.〉

② 제1항에 따른 과징금을 부과하는 위반행위의 종류와 위반 정도 등에 따른 과징금의 금액, 그 밖의 필요한 사항은 행정안전부령으로 정한다. 〈개정 2013. 3. 23., 2014. 11. 19., 2017. 7. 26.〉

③ 시 · 도지사는 제1항에 따른 과징금을 내야 하는 자가 납부기한까지 내지 아니하면 「지방행정 제재 · 부과금의 징수 등에 관한 법률」 에 따라 징수한다. 〈개정 2013. 8. 6., 2020. 3. 24.〉

[전문개정 2011. 8. 4.]

제6장 소방용품의 품질관리 〈개정 2011. 8. 4.〉

제36조(소방용품의 형식승인 등)

① 대통령령으로 정하는 소방용품을 제조하거나 수입하려는 자는 소방청장의 형식승인을 받아야 한다. 다만, 연구개발 목적으로 제조하거나 수입하는 소방용품은 그러하지 아니하다.

〈개정 2014. 1. 7., 2014. 11. 19., 2017. 7. 26.〉

② 제1항에 따른 형식승인을 받으려는 자는 행정안전부령으로 정하는 기준에 따라 형식승인을 위한 시험시설을 갖추고 소방청장의 심사를 받아야 한다. 다만, 소방용품을 수입하는 자가 판매를 목적으로 하지 아니하고 자신의 건축물에 직접 설치하거나 사용하려는 경우 등 행정안전부령으로 정하는 경우에는 시험시설을 갖추지 아니할 수 있다.

〈개정 2013. 3. 23., 2014. 1. 7., 2014. 11. 19., 2017. 7. 26.〉

③ 제1항과 제2항에 따라 형식승인을 받은 자는 그 소방용품에 대하여 소방청장이 실시하는 제품검사를 받아야 한다. 〈개정 2014. 11. 19., 2017. 7. 26.〉

④ 제1항에 따른 형식승인의 방법·절차 등과 제3항에 따른 제품검사의 구분·방법·순서·합격표시 등에 관한 사항은 행정안전부령으로 정한다. 〈개정 2013. 3. 23., 2014. 11. 19., 2017. 7. 26.〉

⑤ 소방용품의 형상·구조·재질·성분·성능 등 (이하 "형상등"이라 한다)의 형식승인 및 제품검사의 기술기준 등에 관한 사항은 소방청장이 정하여 고시한다. 〈개정 2014. 11. 19., 2017. 7. 26.〉

⑥ 누구든지 다음 각 호의 어느 하나에 해당하는 소방용품을 판매하거나 판매 목적으로 진열하거나 소방시설공사에 사용할 수 없다.

1. 형식승인을 받지 아니한 것
2. 형상등을 임의로 변경한 것
3. 제품검사를 받지 아니하거나 합격표시를 하지 아니한 것

⑦ 소방청장은 제6항을 위반한 소방용품에 대하여는 그 제조자·수입자·판매자 또는 시공자에게 수거·폐기 또는 교체 등 행정안전부령으로 정하는 필요한 조치를 명할 수 있다.

〈개정 2013. 3. 23., 2014. 11. 19., 2017. 7. 26.〉

⑧ 소방청장은 소방용품의 작동기능, 제조방법, 부품 등이 제5항에 따라 소방청장이 고시하는 형식승인 및 제품검사의 기술기준에서 정하고 있는 방법이 아닌 새로운 기술이 적용된 제품의 경우에는 관련 전문가의 평가를 거쳐 행정안전부령으로 정하는 바에 따라 제4항에 따른 방법 및 절차와 다른 방법 및 절차로 형식승인을 할 수 있으며, 외국의 공인기관으로부터 인정받은 신기

술 제품은 형식승인을 위한 시험 중 일부를 생략하여 형식승인을 할 수 있다.

〈개정 2013. 3. 23., 2014. 11. 19., 2017. 7. 26.〉

⑨ 다음 각 호의 어느 하나에 해당하는 소방용품의 형식승인 내용에 대하여 공인기관의 평가결과가 있는 경우 형식승인 및 제품검사 시험 중 일부만을 적용하여 형식승인 및 제품검사를 할 수 있다.

〈신설 2016. 1. 27., 2017. 7. 26.〉

1. 「군수품관리법」 제2조에 따른 군수품

2. 주한외국공관 또는 주한외국군 부대에서 사용되는 소방용품

3. 외국의 차관이나 국가 간의 협약 등에 의하여 건설되는 공사에 사용되는 소방용품으로서 사전에 합의된 것

4. 그 밖에 특수한 목적으로 사용되는 소방용품으로서 소방청장이 인정하는 것

⑩ 하나의 소방용품에 두 가지 이상의 형식승인 사항 또는 형식승인과 성능인증 사항이 결합된 경우에는 두 가지 이상의 형식승인 또는 형식승인과 성능인증 시험을 함께 실시하고 하나의 형식승인을 할 수 있다.

〈신설 2016. 1. 27.〉

⑪ 제9항 및 제10항에 따른 형식승인의 방법 및 절차 등에 관하여는 행정안전부령으로 정한다.

〈신설 2016. 1. 27., 2017. 7. 26.〉

[전문개정 2011. 8. 4.]

제36조(소방용품의 형식승인 등)

① 대통령령으로 정하는 소방용품을 제조하거나 수입하려는 자는 소방청장의 형식승인을 받아야 한다. 다만, 연구개발 목적으로 제조하거나 수입하는 소방용품은 그러하지 아니하다.

〈개정 2014. 1. 7., 2014. 11. 19., 2017. 7. 26.〉

② 제1항에 따른 형식승인을 받으려는 자는 행정안전부령으로 정하는 기준에 따라 형식승인을 위한 시험시설을 갖추고 소방청장의 심사를 받아야 한다. 다만, 소방용품을 수입하는 자가 판매를 목적으로 하지 아니하고 자신의 건축물에 직접 설치하거나 사용하려는 경우 등 행정안전부령으로 정하는 경우에는 시험시설을 갖추지 아니할 수 있다.

〈개정 2013. 3. 23., 2014. 1. 7., 2014. 11. 19., 2017. 7. 26.〉

③ 제1항과 제2항에 따라 형식승인을 받은 자는 그 소방용품에 대하여 소방청장이 실시하는 제품검사를 받아야 한다. 〈개정 2014. 11. 19., 2017. 7. 26.〉

④ 제1항에 따른 형식승인의 방법·절차 등과 제3항에 따른 제품검사의 구분·방법·순서·합격표시 등에 관한 사항은 행정안전부령으로 정한다. 〈개정 2013. 3. 23., 2014. 11. 19., 2017. 7. 26.〉

⑤ 소방용품의 형상·구조·재질·성분·성능 등 (이하 "형상등"이라 한다)의 형식승인 및 제품

검사의 기술기준 등에 관한 사항은 소방청장이 정하여 고시한다. 〈개정 2014. 11. 19., 2017. 7. 26.〉

⑥ 누구든지 다음 각 호의 어느 하나에 해당하는 소방용품을 판매하거나 판매 목적으로 진열하거나 소방시설공사에 사용할 수 없다.

1. 형식승인을 받지 아니한 것

2. 형상등을 임의로 변경한 것

3. 제품검사를 받지 아니하거나 합격표시를 하지 아니한 것

⑦ 소방청장, 소방본부장 또는 소방서장은 제6항을 위반한 소방용품에 대하여는 그 제조자 · 수입자 · 판매자 또는 시공자에게 수거 · 폐기 또는 교체 등 행정안전부령으로 정하는 필요한 조치를 명할 수 있다. 〈개정 2013. 3. 23., 2014. 11. 19., 2017. 7. 26., 2020. 2. 18.〉

⑧ 소방청장은 소방용품의 작동기능, 제조방법, 부품 등이 제5항에 따라 소방청장이 고시하는 형식승인 및 제품검사의 기술기준에서 정하고 있는 방법이 아닌 새로운 기술이 적용된 제품의 경우에는 관련 전문가의 평가를 거쳐 행정안전부령으로 정하는 바에 따라 제4항에 따른 방법 및 절차와 다른 방법 및 절차로 형식승인을 할 수 있으며, 외국의 공인기관으로부터 인정받은 신기술 제품은 형식승인을 위한 시험 중 일부를 생략하여 형식승인을 할 수 있다.

〈개정 2013. 3. 23., 2014. 11. 19., 2017. 7. 26.〉

⑨ 다음 각 호의 어느 하나에 해당하는 소방용품의 형식승인 내용에 대하여 공인기관의 평가결과가 있는 경우 형식승인 및 제품검사 시험 중 일부만을 적용하여 형식승인 및 제품검사를 할 수 있다. 〈신설 2016. 1. 27., 2017. 7. 26.〉

1. 「군수품관리법」 제2조에 따른 군수품

2. 주한외국공관 또는 주한외국군 부대에서 사용되는 소방용품

3. 외국의 차관이나 국가 간의 협약 등에 의하여 건설되는 공사에 사용되는 소방용품으로서 사전에 합의된 것

4. 그 밖에 특수한 목적으로 사용되는 소방용품으로서 소방청장이 인정하는 것

⑩ 하나의 소방용품에 두 가지 이상의 형식승인 사항 또는 형식승인과 성능인증 사항이 결합된 경우에는 두 가지 이상의 형식승인 또는 형식승인과 성능인증 시험을 함께 실시하고 하나의 형식승인을 할 수 있다. 〈신설 2016. 1. 27.〉

⑪ 제9항 및 제10항에 따른 형식승인의 방법 및 절차 등에 관하여는 행정안전부령으로 정한다.

〈신설 2016. 1. 27., 2017. 7. 26.〉

[전문개정 2011. 8. 4.]

[시행일 : 2021. 1. 1.] 제36조

제37조(형식승인의 변경)

① 제36조제1항 및 제10항에 따른 형식승인을 받은 자가 해당 소방용품에 대하여 형상등의 일부를 변경하려면 소방청장의 변경승인을 받아야 한다. 〈개정 2015. 7. 24., 2016. 1. 27., 2017. 7. 26.〉

② 제1항에 따른 변경승인의 대상·구분·방법 및 절차 등에 관하여 필요한 사항은 행정안전부령으로 정한다. 〈개정 2013. 3. 23., 2014. 11. 19., 2017. 7. 26.〉

[전문개정 2011. 8. 4.]

제38조(형식승인의 취소 등)

① 소방청장은 소방용품의 형식승인을 받았거나 제품검사를 받은 자가 다음 각 호의 어느 하나에 해당될 때에는 행정안전부령으로 정하는 바에 따라 그 형식승인을 취소하거나 6개월 이내의 기간을 정하여 제품검사의 중지를 명할 수 있다. 다만, 제1호·제3호 또는 제7호의 경우에는 형식승인을 취소하여야 한다. 〈개정 2013. 3. 23., 2014. 1. 7., 2014. 11. 19., 2016. 1. 27., 2017. 7. 26.〉

1. 거짓이나 그 밖의 부정한 방법으로 제36조제1항 및 제10항에 따른 형식승인을 받은 경우

2. 제36조제2항에 따른 시험시설의 시설기준에 미달되는 경우

3. 거짓이나 그 밖의 부정한 방법으로 제36조제3항에 따른 제품검사를 받은 경우

4. 제품검사 시 제36조제5항에 따른 기술기준에 미달되는 경우

5. 삭제 〈2014. 1. 7.〉

6. 삭제 〈2014. 1. 7.〉

7. 제37조에 따른 변경승인을 받지 아니하거나 거짓이나 그 밖의 부정한 방법으로 변경승인을 받은 경우

8. 삭제 〈2014. 1. 7.〉

9. 삭제 〈2014. 1. 7.〉

② 제1항에 따라 소방용품의 형식승인이 취소된 자는 그 취소된 날부터 2년 이내에는 형식승인이 취소된 동일 품목에 대하여 형식승인을 받을 수 없다.

[전문개정 2011. 8. 4.]

제39조(소방용품의 성능인증 등)

① 소방청장은 제조자 또는 수입자 등의 요청이 있는 경우 소방용품에 대하여 성능인증을 할 수 있다. 〈개정 2014. 11. 19., 2017. 7. 26.〉

② 제1항에 따라 성능인증을 받은 자는 그 소방용품에 대하여 소방청장의 제품검사를 받아야 한다. 〈개정 2014. 11. 19., 2017. 7. 26.〉

③ 제1항에 따른 성능인증의 대상·신청·방법 및 성능인증서 발급에 관한 사항과 제2항에 따른 제품검사의 구분·대상·절차·방법·합격표시 및 수수료 등에 관한 사항은 행정안전부령으로 정한다. 〈개정 2013. 3. 23., 2014. 1. 7., 2014. 11. 19., 2017. 7. 26.〉

④ 제1항에 따른 성능인증 및 제2항에 따른 제품검사의 기술기준 등에 관한 사항은 소방청장이 정하여 고시한다. 〈개정 2014. 11. 19., 2017. 7. 26.〉

⑤ 제2항에 따른 제품검사에 합격하지 아니한 소방용품에는 성능인증을 받았다는 표시를 하거나 제품검사에 합격하였다는 표시를 하여서는 아니 되며, 제품검사를 받지 아니하거나 합격표시를 하지 아니한 소방용품을 판매 또는 판매 목적으로 진열하거나 소방시설공사에 사용하여서는 아니 된다. 〈개정 2014. 1. 7., 2015. 7. 24.〉

⑥ 하나의 소방용품에 성능인증 사항이 두 가지 이상 결합된 경우에는 해당 성능인증 시험을 모두 실시하고 하나의 성능인증을 할 수 있다. 〈신설 2016. 1. 27.〉

⑦ 제6항에 따른 성능인증의 방법 및 절차 등에 관하여는 행정안전부령으로 정한다.
〈신설 2016. 1. 27., 2017. 7. 26.〉

[전문개정 2011. 8. 4.]

제39조의2(성능인증의 변경)

① 제39조제1항 및 제6항에 따른 성능인증을 받은 자가 해당 소방용품에 대하여 형상등의 일부를 변경하려면 소방청장의 변경인증을 받아야 한다. 〈개정 2016. 1. 27., 2017. 7. 26.〉

② 제1항에 따른 변경인증의 대상·구분·방법 및 절차 등에 필요한 사항은 행정안전부령으로 정한다. 〈개정 2017. 7. 26.〉

[본조신설 2015. 7. 24.]

제39조의3(성능인증의 취소 등)

① 소방청장은 소방용품의 성능인증을 받았거나 제품검사를 받은 자가 다음 각 호의 어느 하나에 해당되는 때에는 행정안전부령으로 정하는 바에 따라 해당 소방용품의 성능인증을 취소하거나 6개월 이내의 기간을 정하여 해당 소방용품의 제품검사 중지를 명할 수 있다. 다만, 제1호·제2호 또는 제5호에 해당하는 경우에는 해당 소방용품의 성능인증을 취소하여야 한다.
〈개정 2017. 7. 26.〉

1. 거짓이나 그 밖의 부정한 방법으로 제39조제1항 및 제6항에 따른 성능인증을 받은 경우

2. 거짓이나 그 밖의 부정한 방법으로 제39조제2항에 따른 제품검사를 받은 경우

3. 제품검사 시 제39조제4항에 따른 기술기준에 미달되는 경우

4. 제39조제5항을 위반한 경우

5. 제39조의2에 따라 변경인증을 받지 아니하고 해당 소방용품에 대하여 형상 등의 일부를 변경하거나 거짓이나 그 밖의 부정한 방법으로 변경인증을 받은 경우

② 제1항에 따라 소방용품의 성능인증이 취소된 자는 그 취소된 날부터 2년 이내에 성능인증이 취소된 소방용품과 동일한 품목에 대하여는 성능인증을 받을 수 없다.

[본조신설 2016. 1. 27.]

제40조(우수품질 제품에 대한 인증)

① 소방청장은 제36조에 따른 형식승인의 대상이 되는 소방용품 중 품질이 우수하다고 인정하는 소방용품에 대하여 인증(이하 "우수품질인증"이라 한다)을 할 수 있다.

〈개정 2014. 11. 19., 2017. 7. 26.〉

② 우수품질인증을 받으려는 자는 행정안전부령으로 정하는 바에 따라 소방청장에게 신청하여야 한다.

〈개정 2014. 11. 19., 2017. 7. 26.〉

③ 우수품질인증을 받은 소방용품에는 우수품질인증 표시를 할 수 있다.

④ 우수품질인증의 유효기간은 5년의 범위에서 행정안전부령으로 정한다.

〈개정 2014. 11. 19., 2017. 7. 26.〉

⑤ 소방청장은 다음 각 호의 어느 하나에 해당하는 경우에는 우수품질인증을 취소할 수 있다. 다만, 제1호에 해당하는 경우에는 우수품질인증을 취소하여야 한다.

〈개정 2014. 11. 19., 2017. 7. 26.〉

1. 거짓이나 그 밖의 부정한 방법으로 우수품질인증을 받은 경우

2. 우수품질인증을 받은 제품이 「발명진흥법」 제2조제4호에 따른 산업재산권 등 타인의 권리를 침해하였다고 판단되는 경우

⑥ 제1항부터 제5항까지에서 규정한 사항 외에 우수품질인증을 위한 기술기준, 제품의 품질관리 평가, 우수품질인증의 갱신, 수수료, 인증표시 등 우수품질인증에 관하여 필요한 사항은 행정안전부령으로 정한다. 〈개정 2014. 11. 19., 2016. 1. 27., 2017. 7. 26.〉

[전문개정 2014. 1. 7.]

제40조의2(우수품질인증 소방용품에 대한 지원 등)

다음 각 호의 어느 하나에 해당하는 기관 및 단체는 건축물의 신축·증축 및 개축 등으로 소방용품을 변경 또는 신규 비치하여야 하는 경우 우수품질인증 소방용품을 우선 구매·사용하도록 노력하여야 한다.

1. 중앙행정기관

2. 지방자치단체

3. 「공공기관의 운영에 관한 법률」 제4조에 따른 공공기관

4. 그 밖에 대통령령으로 정하는 기관

[본조신설 2016. 1. 27.]

[종전 제40조의2는 제40조의3으로 이동 〈2016. 1. 27.〉]

제40조의3(소방용품의 수집검사 등)

① 소방청장은 소방용품의 품질관리를 위하여 필요하다고 인정할 때에는 유통 중인 소방용품을 수집하여 검사할 수 있다. 〈개정 2014. 11. 19., 2017. 7. 26.〉

② 소방청장은 제1항에 따른 수집검사 결과 행정안전부령으로 정하는 중대한 결함이 있다고 인정되는 소방용품에 대하여는 그 제조자 및 수입자에게 행정안전부령으로 정하는 바에 따라 회수 · 교환 · 폐기 또는 판매중지를 명하고, 형식승인 또는 성능인증을 취소할 수 있다.

〈개정 2014. 1. 7., 2014. 11. 19., 2017. 7. 26.〉

③ 소방청장은 제2항에 따라 회수 · 교환 · 폐기 또는 판매중지를 명하거나 형식승인 또는 성능인증을 취소한 때에는 행정안전부령으로 정하는 바에 따라 그 사실을 소방청 홈페이지 등에 공표할 수 있다. 〈개정 2013. 3. 23., 2014. 1. 7., 2014. 11. 19., 2017. 7. 26.〉

[본조신설 2011. 8. 4.]

[제40조의2에서 이동 〈2016. 1. 27.〉]

제7장 보칙 〈개정 2011. 8. 4.〉

제41조(소방안전관리자 등에 대한 교육)

① 다음 각 호의 어느 하나에 해당하는 자는 화재 예방 및 안전관리의 효율화, 새로운 기술의 보급과 안전의식의 향상을 위하여 행정안전부령으로 정하는 바에 따라 소방청장이 실시하는 강습 또는 실무 교육을 받아야 한다. 〈개정 2013. 3. 23., 2014. 1. 7., 2014. 11. 19., 2015. 7. 24., 2017. 7. 26.〉

1. 제20조제2항에 따라 선임된 소방안전관리자 및 소방안전관리보조자

2. 제20조제3항에 따라 선임된 소방안전관리자

3. 소방안전관리자의 자격을 인정받으려는 자로서 대통령령으로 정하는 자

② 소방본부장이나 소방서장은 제1항제1호 또는 제2호에 따른 소방안전관리자나 소방안전관리 업무 대행자가 정하여진 교육을 받지 아니하면 교육을 받을 때까지 행정안전부령으로 정하는 바에 따라 그 소방안전관리자나 소방안전관리 업무 대행자에 대하여 제20조에 따른 소방안전관리 업무를 제한할 수 있다. 〈개정 2013. 3. 23., 2014. 11. 19., 2017. 7. 26.〉

[전문개정 2011. 8. 4.]

제42조(제품검사 전문기관의 지정 등)

① 소방청장은 제36조제3항 및 제39조제2항에 따른 제품검사를 전문적·효율적으로 실시하기 위하여 다음 각 호의 요건을 모두 갖춘 기관을 제품검사 전문기관(이하 "전문기관"이라 한다)으로 지정할 수 있다. 〈개정 2014. 1. 7., 2014. 11. 19., 2014. 12. 30., 2017. 7. 26.〉

1. 다음 각 목의 어느 하나에 해당하는 기관일 것

　가. 「과학기술분야 정부출연연구기관 등의 설립·운영 및 육성에 관한 법률」 제8조에 따라 설립된 연구기관

　나. 「공공기관의 운영에 관한 법률」 제4조에 따라 지정된 공공기관

　다. 소방용품의 시험·검사 및 연구를 주된 업무로 하는 비영리 법인

2. 「국가표준기본법」 제23조에 따라 인정을 받은 시험·검사기관일 것

3. 행정안전부령으로 정하는 검사인력 및 검사설비를 갖추고 있을 것

4. 기관의 대표자가 제27조제1호부터 제3호까지의 어느 하나에 해당하지 아니할 것

5. 제43조에 따라 전문기관의 지정이 취소된 경우에는 지정이 취소된 날부터 2년이 경과하였을 것

② 전문기관 지정의 방법 및 절차 등에 관하여 필요한 사항은 행정안전부령으로 정한다.

〈개정 2013. 3. 23., 2014. 1. 7., 2014. 11. 19., 2017. 7. 26.〉

③ 소방청장은 제1항에 따라 전문기관을 지정하는 경우에는 소방용품의 품질 향상, 제품검사의 기술개발 등에 드는 비용을 부담하게 하는 등 필요한 조건을 붙일 수 있다. 이 경우 그 조건은 공공의 이익을 증진하기 위하여 필요한 최소한도에 한정하여야 하며, 부당한 의무를 부과하여서는 아니 된다.

〈개정 2014. 11. 19., 2017. 7. 26.〉

④ 전문기관은 행정안전부령으로 정하는 바에 따라 제품검사 실시 현황을 소방청장에게 보고하여야 한다.

〈개정 2013. 3. 23., 2014. 11. 19., 2017. 7. 26.〉

⑤ 소방청장은 전문기관을 지정한 경우에는 행정안전부령으로 정하는 바에 따라 전문기관의 제품검사 업무에 대한 평가를 실시할 수 있으며, 제품검사를 받은 소방용품에 대하여 확인검사를 할 수 있다.

〈개정 2013. 3. 23., 2014. 11. 19., 2017. 7. 26.〉

⑥ 소방청장은 제5항에 따라 전문기관에 대한 평가를 실시하거나 확인검사를 실시한 때에는 그 평가결과 또는 확인검사결과를 행정안전부령으로 정하는 바에 따라 공표할 수 있다.

〈개정 2013. 3. 23., 2014. 11. 19., 2017. 7. 26.〉

⑦ 소방청장은 제5항에 따른 확인검사를 실시하는 때에는 행정안전부령으로 정하는 바에 따라 전문기관에 대하여 확인검사에 드는 비용을 부담하게 할 수 있다.

〈개정 2013. 3. 23., 2014. 11. 19., 2017. 7. 26.〉

[전문개정 2011. 8. 4.]

제43조(전문기관의 지정취소 등)

소방청장은 전문기관이 다음 각 호의 어느 하나에 해당할 때에는 그 지정을 취소하거나 6개월 이내의 기간을 정하여 그 업무의 정지를 명할 수 있다. 다만, 제1호에 해당할 때에는 그 지정을 취소하여야 한다.

〈개정 2014. 1. 7., 2014. 11. 19., 2017. 7. 26.〉

　　1. 거짓이나 그 밖의 부정한 방법으로 지정을 받은 경우

　　2. 정당한 사유 없이 1년 이상 계속하여 제품검사 또는 실무교육 등 지정받은 업무를 수행하지 아니한 경우

　　3. 제42조제1항 각 호의 요건을 갖추지 못하거나 제42조제3항에 따른 조건을 위반한 때

　　4. 제46조제1항제7호에 따른 감독 결과 이 법이나 다른 법령을 위반하여 전문기관으로서의 업무를 수행하는 것이 부적당하다고 인정되는 경우

[전문개정 2011. 8. 4.]

제44조(청문)

소방청장 또는 시·도지사는 다음 각 호의 어느 하나에 해당하는 처분을 하려면 청문을 하여야 한다. 〈개정 2014. 1. 7., 2014. 11. 19., 2016. 1. 27., 2017. 7. 26.〉

1. 제28조에 따른 관리사 자격의 취소 및 정지
2. 제34조제1항에 따른 관리업의 등록취소 및 영업정지
3. 제38조에 따른 소방용품의 형식승인 취소 및 제품검사 중지
3의2. 제39조의3에 따른 성능인증의 취소
4. 제40조제5항에 따른 우수품질인증의 취소
5. 제43조에 따른 전문기관의 지정취소 및 업무정지

[전문개정 2011. 8. 4.]

제45조(권한의 위임·위탁 등)

① 이 법에 따른 소방청장 또는 시·도지사의 권한은 그 일부를 대통령령으로 정하는 바에 따라 시·도지사, 소방본부장 또는 소방서장에게 위임할 수 있다. 〈개정 2014. 11. 19., 2017. 7. 26.〉

② 소방청장은 다음 각 호의 업무를 「소방산업의 진흥에 관한 법률」 제14조에 따른 한국소방산업기술원(이하 "기술원"이라 한다)에 위탁할 수 있다. 이 경우 소방청장은 기술원에 소방시설 및 소방용품에 관한 기술개발·연구 등에 필요한 경비의 일부를 보조할 수 있다. 〈개정 2014. 11. 19., 2015. 7. 24., 2016. 1. 27., 2017. 7. 26.〉

1. 제13조에 따른 방염성능검사 중 대통령령으로 정하는 검사
2. 제36조제1항·제2항 및 제8항부터 제10항까지에 따른 소방용품의 형식승인
3. 제37조에 따른 형식승인의 변경승인
3의2. 제38조제1항에 따른 형식승인의 취소
4. 제39조제1항·제6항에 따른 성능인증 및 제39조의3에 따른 성능인증의 취소
5. 제39조의2에 따른 성능인증의 변경인증
6. 제40조에 따른 우수품질인증 및 그 취소

③ 소방청장은 제41조에 따른 소방안전관리자 등에 대한 교육 업무를 「소방기본법」 제40조에 따른 한국소방안전원(이하 "안전원"이라 한다)에 위탁할 수 있다. 〈개정 2014. 11. 19., 2017. 7. 26., 2017. 12. 26.〉

④ 소방청장은 제36조제3항 및 제39조제2항에 따른 제품검사 업무를 기술원 또는 전문기관에 위탁할 수 있다. 〈개정 2014. 11. 19., 2017. 7. 26.〉

⑤ 제2항부터 제4항까지의 규정에 따라 위탁받은 업무를 수행하는 안전원, 기술원 및 전문기관이

갖추어야 하는 시설기준 등에 관하여 필요한 사항은 행정안전부령으로 정한다.

〈개정 2013. 3. 23., 2014. 11. 19., 2017. 7. 26., 2017. 12. 26.〉

⑥ 소방청장은 다음 각 호의 업무를 대통령령으로 정하는 바에 따라 소방기술과 관련된 법인 또는 단체에 위탁할 수 있다. 〈개정 2014. 1. 7., 2014. 11. 19., 2015. 7. 24., 2017. 7. 26.〉

1. 제26조제4항 및 제5항에 따른 소방시설관리사증의 발급·재발급에 관한 업무

2. 제33조의2제1항에 따른 점검능력 평가 및 공시에 관한 업무

3. 제33조의2제4항에 따른 데이터베이스 구축에 관한 업무

⑦ 소방청장은 제9조의4제3항에 따른 건축 환경 및 화재위험특성 변화 추세 연구에 관한 업무를 대통령령이 정하는 바에 따라 화재안전 관련 전문 연구기관에 위탁할 수 있다. 이 경우 소방청장은 연구에 필요한 경비를 지원할 수 있다. 〈개정 2016. 1. 27., 2017. 7. 26.〉

⑧ 제6항 및 제7항에 따라 위탁받은 업무에 종사하고 있거나 종사하였던 사람은 업무를 수행하면서 알게 된 비밀을 이 법에서 정한 목적 외의 용도로 사용하거나 다른 사람 또는 기관에 제공하거나 누설하여서는 아니 된다. 〈신설 2016. 1. 27.〉

[전문개정 2011. 8. 4.]

제45조의2(벌칙 적용 시의 공무원 의제)

제4조제3항에 따른 소방특별조사위원회의 위원 중 공무원이 아닌 사람, 제4조의2제1항에 따라 소방특별조사에 참여하는 전문가, 제45조제2항부터 제6항까지의 규정에 따라 위탁받은 업무를 수행하는 안전원·기술원 및 전문기관, 법인 또는 단체의 담당 임직원은 「형법」 제129조부터 제132조까지의 규정을 적용할 때에는 공무원으로 본다. 〈개정 2014. 12. 30., 2015. 7. 24., 2017. 12. 26.〉

[본조신설 2011. 8. 4.]

제46조(감독)

① 소방청장, 시·도지사, 소방본부장 또는 소방서장은 다음 각 호의 어느 하나에 해당하는 자, 사업체 또는 소방대상물 등의 감독을 위하여 필요하면 관계인에게 필요한 보고 또는 자료제출을 명할 수 있으며, 관계 공무원으로 하여금 소방대상물·사업소·사무소 또는 사업장에 출입하여 관계 서류·시설 및 제품 등을 검사하거나 관계인에게 질문하게 할 수 있다.

〈개정 2014. 11. 19., 2014. 12. 30., 2016. 1. 27., 2017. 7. 26.〉

1. 제29조제1항에 따른 관리업자

2. 제25조에 따라 관리업자가 점검한 특정소방대상물

3. 제26조에 따른 관리사

4. 제36조제1항부터 제3항까지 및 제10항의 규정에 따른 소방용품의 형식승인, 제품검사 및 시험시설의 심사를 받은 자

5. 제37조제1항에 따라 변경승인을 받은 자

6. 제39조제1항, 제2항 및 제6항에 따라 성능인증 및 제품검사를 받은 자

7. 제42조제1항에 따라 지정을 받은 전문기관

8. 소방용품을 판매하는 자

② 제1항에 따라 출입·검사 업무를 수행하는 관계 공무원은 그 권한을 표시하는 증표를 지니고 이를 관계인에게 내보여야 한다.

③ 제1항에 따라 출입·검사 업무를 수행하는 관계 공무원은 관계인의 정당한 업무를 방해하거나 출입·검사 업무를 수행하면서 알게 된 비밀을 다른 사람에게 누설하여서는 아니 된다.

[전문개정 2011. 8. 4.]

제47조(수수료 등)

다음 각 호의 어느 하나에 해당하는 자는 행정안전부령으로 정하는 수수료 또는 교육비를 내야 한다. 〈개정 2013. 3. 23., 2014. 1. 7., 2014. 11. 19., 2015. 7. 24., 2016. 1. 27., 2017. 7. 26.〉

1. 제13조에 따른 방염성능검사를 받으려는 자

2. 삭제 〈2014. 12. 30.〉

3. 삭제 〈2014. 12. 30.〉

4. 삭제 〈2014. 12. 30.〉

5. 제26조제1항에 따른 관리사시험에 응시하려는 사람

5의2. 제26조제4항 및 제5항에 따라 소방시설관리사증을 발급받거나 재발급받으려는 자

6. 제29조제1항에 따른 관리업의 등록을 하려는 자

7. 제29조제3항에 따라 관리업의 등록증이나 등록수첩을 재발급받으려는 자

8. 제32조제3항에 따라 관리업자의 지위승계를 신고하는 자

9. 제36조제1항 및 제10항에 따라 소방용품의 형식승인을 받으려는 자

10. 제36조제2항에 따라 시험시설의 심사를 받으려는 자

11. 제36조제3항에 따라 형식승인을 받은 소방용품의 제품검사를 받으려는 자

12. 제37조제1항에 따라 형식승인의 변경승인을 받으려는 자

13. 제39조제1항 및 제6항에 따라 소방용품의 성능인증을 받으려는 자

14. 제39조제2항에 따라 성능인증을 받은 소방용품의 제품검사를 받으려는 자

15. 제39조의2제1항에 따른 성능인증의 변경인증을 받으려는 자

16. 제40조제1항에 따른 우수품질인증을 받으려는 자

17. 제41조에 따라 강습교육이나 실무교육을 받으려는 자

18. 제42조에 따라 전문기관으로 지정을 받으려는 자

[전문개정 2011. 8. 4.]

제47조의2(조치명령 등의 기간연장)

① 다음 각 호에 따른 조치명령ㆍ선임명령 또는 이행명령(이하 "조치명령 등"이라 한다)을 받은 관계인 등은 천재지변이나 그 밖에 대통령령으로 정하는 사유로 조치명령 등을 그 기간 내에 이행할 수 없는 경우에는 조치명령 등을 명령한 소방청장, 소방본부장 또는 소방서장에게 대통령령으로 정하는 바에 따라 조치명령 등을 연기하여 줄 것을 신청할 수 있다.

〈개정 2016. 1. 27., 2017. 7. 26.〉

1. 제5조제1항 및 제2항에 따른 소방대상물의 개수ㆍ이전ㆍ제거, 사용의 금지 또는 제한, 사용폐쇄, 공사의 정지 또는 중지, 그 밖의 필요한 조치명령

2. 제9조제2항에 따른 소방시설에 대한 조치명령

3. 제10조제2항에 따른 피난시설, 방화구획 및 방화시설에 대한 조치명령

4. 제12조제2항에 따른 방염성대상물품의 제거 또는 방염성능검사 조치명령

5. 제20조제12항에 따른 소방안전관리자 선임명령

6. 제20조제13항에 따른 소방안전관리업무 이행명령

7. 제36조제7항에 따른 형식승인을 받지 아니한 소방용품의 수거ㆍ폐기 또는 교체 등의 조치명령

8. 제40조의3제2항에 따른 중대한 결함이 있는 소방용품의 회수ㆍ교환ㆍ폐기 조치명령

② 제1항에 따라 연기신청을 받은 소방청장, 소방본부장 또는 소방서장은 연기신청 승인 여부를 결정하고 그 결과를 조치명령 등의 이행 기간 내에 관계인 등에게 알려주어야 한다.

〈개정 2017. 7. 26.〉

[본조신설 2014. 12. 30.]

제47조의3(위반행위의 신고 및 신고포상금의 지급)

① 누구든지 소방본부장 또는 소방서장에게 다음 각 호의 어느 하나에 해당하는 행위를 한 자를 신고할 수 있다.

1. 제9조제1항을 위반하여 소방시설을 설치 또는 유지ㆍ관리한 자

2. 제9조제3항을 위반하여 폐쇄ㆍ차단 등의 행위를 한 자

3. 제10조제1항 각 호의 어느 하나에 해당하는 행위를 한 자

② 소방본부장 또는 소방서장은 제1항에 따른 신고를 받은 경우 신고 내용을 확인하여 이를 신속하게 처리하고, 그 처리결과를 행정안전부령으로 정하는 방법 및 절차에 따라 신고자에게 통지하여야 한다. 〈신설 2018. 10. 16.〉

③ 소방본부장 또는 소방서장은 제1항에 따른 신고를 한 사람에게 예산의 범위에서 포상금을 지급할 수 있다. 〈개정 2018. 10. 16.〉

④ 제3항에 따른 신고포상금의 지급대상, 지급기준, 지급절차 등에 필요한 사항은 특별시·광역시·특별자치시·도 또는 특별자치도의 조례로 정한다. 〈개정 2018. 10. 16.〉

[본조신설 2016. 1. 27.]

[제목개정 2018. 10. 16.]

제8장 벌칙 〈개정 2011. 8. 4.〉

제48조(벌칙)

① 제9조제3항 본문을 위반하여 소방시설에 폐쇄ㆍ차단 등의 행위를 한 자는 5년 이하의 징역 또는 5천만원 이하의 벌금에 처한다. 〈개정 2014. 1. 7., 2016. 1. 27.〉

② 제1항의 죄를 범하여 사람을 상해에 이르게 한 때에는 7년 이하의 징역 또는 7천만원 이하의 벌금에 처하며, 사망에 이르게 한 때에는 10년 이하의 징역 또는 1억원 이하의 벌금에 처한다.

〈신설 2016. 1. 27.〉

[전문개정 2011. 8. 4.]

제48조의2(벌칙)

다음 각 호의 어느 하나에 해당하는 자는 3년 이하의 징역 또는 3천만원 이하의 벌금에 처한다.

〈개정 2014. 1. 7., 2014. 12. 30., 2015. 7. 24., 2016. 1. 27.〉

1. 제5조제1항ㆍ제2항, 제9조제2항, 제10조제2항, 제10조의2제3항, 제12조제2항, 제20조제12항, 제20조제13항, 제36조제7항 또는 제40조의3제2항에 따른 명령을 정당한 사유 없이 위반한 자
2. 제29조제1항을 위반하여 관리업의 등록을 하지 아니하고 영업을 한 자
3. 제36조제1항, 제2항 및 제10항을 위반하여 소방용품의 형식승인을 받지 아니하고 소방용품을 제조하거나 수입한 자
4. 제36조제3항을 위반하여 제품검사를 받지 아니한 자
5. 제36조제6항을 위반하여 같은 항 각 호의 어느 하나에 해당하는 소방용품을 판매ㆍ진열하거나 소방시설공사에 사용한 자
6. 제39조제5항을 위반하여 제품검사를 받지 아니하거나 합격표시를 하지 아니한 소방용품을 판매ㆍ진열하거나 소방시설공사에 사용한 자
7. 거짓이나 그 밖의 부정한 방법으로 제42조제1항에 따른 전문기관으로 지정을 받은 자

[전문개정 2011. 8. 4.]

제49조(벌칙)

다음 각 호의 어느 하나에 해당하는 자는 1년 이하의 징역 또는 1천만원 이하의 벌금에 처한다.

〈개정 2014. 12. 30., 2015. 7. 24., 2017. 12. 26.〉

1. 제4조의4제2항 또는 제46조제3항을 위반하여 관계인의 정당한 업무를 방해한 자, 조 사ㆍ검사 업무를 수행하면서 알게 된 비밀을 제공 또는 누설하거나 목적 외의 용도로 사용 한 자

2. 제33조제1항을 위반하여 관리업의 등록증이나 등록수첩을 다른 자에게 빌려준 자

3. 제34조제1항에 따라 영업정지처분을 받고 그 영업정지기간 중에 관리업의 업무를 한 자

4. 제25조제1항을 위반하여 소방시설등에 대한 자체점검을 하지 아니하거나 관리업자 등으 로 하여금 정기적으로 점검하게 하지 아니한 자

5. 제26조제6항을 위반하여 소방시설관리사증을 다른 자에게 빌려주거나 같은 조 제7항을 위반하여 동시에 둘 이상의 업체에 취업한 사람

6. 제36조제3항에 따른 제품검사에 합격하지 아니한 제품에 합격표시를 하거나 합격표시를 위조 또는 변조하여 사용한 자

7. 제37조제1항을 위반하여 형식승인의 변경승인을 받지 아니한 자

8. 제39조제5항을 위반하여 제품검사에 합격하지 아니한 소방용품에 성능인증을 받았다는 표시 또는 제품검사에 합격하였다는 표시를 하거나 성능인증을 받았다는 표시 또는 제품 검사에 합격하였다는 표시를 위조 또는 변조하여 사용한 자

9. 제39조의2제1항을 위반하여 성능인증의 변경인증을 받지 아니한 자

10. 제40조제1항에 따른 우수품질인증을 받지 아니한 제품에 우수품질인증 표시를 하거나 우수품질인증 표시를 위조하거나 변조하여 사용한 자

[전문개정 2011. 8. 4.]

제50조(벌칙)

다음 각 호의 어느 하나에 해당하는 자는 300만원 이하의 벌금에 처한다.

〈개정 2014. 1. 7., 2016. 1. 27.〉

1. 제4조제1항에 따른 소방특별조사를 정당한 사유 없이 거부ㆍ방해 또는 기피한 자

2. 삭제 〈2017. 12. 26.〉

3. 제13조를 위반하여 방염성능검사에 합격하지 아니한 물품에 합격표시를 하거나 합격표시 를 위조하거나 변조하여 사용한 자

4. 제13조제2항을 위반하여 거짓 시료를 제출한 자

5. 제20조제2항을 위반하여 소방안전관리자 또는 소방안전관리보조자를 선임하지 아니한 자

5의2. 제21조를 위반하여 공동 소방안전관리자를 선임하지 아니한 자

6. 제20조제8항을 위반하여 소방시설·피난시설·방화시설 및 방화구획 등이 법령에 위반된 것을 발견하였음에도 필요한 조치를 할 것을 요구하지 아니한 소방안전관리자

7. 제20조제9항을 위반하여 소방안전관리자에게 불이익한 처우를 한 관계인

8. 제33조의3제1항을 위반하여 점검기록표를 거짓으로 작성하거나 해당 특정소방대상물에 부착하지 아니한 자

9. 삭제 〈2017. 12. 26.〉

9의2. 삭제 〈2017. 12. 26.〉

10. 삭제 〈2017. 12. 26.〉

11. 제45조제8항을 위반하여 업무를 수행하면서 알게 된 비밀을 이 법에서 정한 목적 외의 용도로 사용하거나 다른 사람 또는 기관에 제공하거나 누설한 사람

[전문개정 2011. 8. 4.]

제51조 삭제 〈2011. 8. 4.〉

제52조(양벌규정)

법인의 대표자나 법인 또는 개인의 대리인, 사용인, 그 밖의 종업원이 그 법인 또는 개인의 업무에 관하여 제48조부터 제51조까지의 어느 하나에 해당하는 위반행위를 하면 그 행위자를 벌하는 외에 그 법인 또는 개인에게도 해당 조문의 벌금형을 과(科)한다. 다만, 법인 또는 개인이 그 위반행위를 방지하기 위하여 해당 업무에 관하여 상당한 주의와 감독을 게을리하지 아니한 경우에는 그러하지 아니하다.

[전문개정 2008. 12. 26.]

제53조(과태료)

①다음 각 호의 어느 하나에 해당하는 자에게는 300만원 이하의 과태료를 부과한다.

〈신설 2016. 1. 27., 2020. 6. 9.〉

1. 제9조제1항 전단의 화재안전기준을 위반하여 소방시설을 설치 또는 유지·관리한 자

2. 제10조제1항을 위반하여 피난시설, 방화구획 또는 방화시설의 폐쇄·훼손·변경 등의 행위를 한 자

3. 제10조의2제1항을 위반하여 임시소방시설을 설치·유지·관리하지 아니한 자

②다음 각 호의 어느 하나에 해당하는 자에게는 200만원 이하의 과태료를 부과한다.

1. 제12조제1항을 위반한 자

2. 삭제 〈2016. 1. 27.〉

3. 제20조제4항, 제31조 또는 제32조제3항에 따른 신고를 하지 아니한 자 또는 거짓으로 신고한 자

3의2. 삭제 〈2014. 12. 30.〉

4. 삭제 〈2014. 12. 30.〉

5. 제20조제1항을 위반하여 소방안전관리 업무를 수행하지 아니한 자

6. 제20조제6항에 따른 소방안전관리 업무를 하지 아니한 특정소방대상물의 관계인 또는 소방안전관리대상물의 소방안전관리자

7. 제20조제7항을 위반하여 지도와 감독을 하지 아니한 자

7의2. 제21조의2제3항을 위반하여 피난유도 안내정보를 제공하지 아니한 자

8. 제22조제1항을 위반하여 소방훈련 및 교육을 하지 아니한 자

9. 제24조제1항을 위반하여 소방안전관리 업무를 하지 아니한 자

10. 제25조제2항을 위반하여 소방시설등의 점검결과를 보고하지 아니한 자 또는 거짓으로 보고한 자

11. 제33조제2항을 위반하여 지위승계, 행정처분 또는 휴업·폐업의 사실을 특정소방대상물의 관계인에게 알리지 아니하거나 거짓으로 알린 관리업자

12. 제33조제3항을 위반하여 기술인력의 참여 없이 자체점검을 한 자

12의2. 제33조의2제2항에 따른 서류를 거짓으로 제출한 자

13. 제46조제1항에 따른 명령을 위반하여 보고 또는 자료제출을 하지 아니하거나 거짓으로 보고 또는 자료제출을 한 자 또는 정당한 사유 없이 관계 공무원의 출입 또는 조사·검사를 거부·방해 또는 기피한 자

③ 제41조제1항제1호 또는 제2호를 위반하여 실무 교육을 받지 아니한 소방안전관리자 및 소방안전관리보조자에게는 100만원 이하의 과태료를 부과한다. 〈신설 2018. 3. 2.〉

④ 제1항부터 제3항까지에 따른 과태료는 대통령령으로 정하는 바에 따라 소방청장, 관할 시·도지사, 소방본부장 또는 소방서장이 부과·징수한다.

〈개정 2014. 1. 7., 2014. 11. 19., 2016. 1. 27., 2017. 7. 26., 2018. 3. 2.〉

[전문개정 2011. 8. 4.]

부칙 〈제17395호, 2020. 6. 9.〉

제1조(시행일)

이 법은 공포 후 6개월이 경과한 날부터 시행한다.

제2조(기존 지하구에 대한 경과조치)

이 법 시행 전에 설치된 지하구(전력 또는 통신사업용에 한정한다)의 관계인은 이 법 시행일부터 2년이내에 대통령령 및 화재안전기준에 따른 소방시설을 설치하여야 한다.

화재예방 소방시설 설치 · 유지 및 안전관리에 관한 법률 시행령

[시행 2021. 3. 16]
[대통령령 제31016호, 2020. 9. 15, 일부개정]

제1장 총칙

제1조 목적

이 영은 「화재예방, 소방시설 설치·유지 및 안전관리에 관한 법률」에서 위임된 사항과 그 시행에 필요한 사항을 규정함을 목적으로 한다. 〈개정 2005. 11. 11., 2012. 1. 31., 2016. 1. 19.〉

제2조(정의)

이 영에서 사용하는 용어의 뜻은 다음과 같다.

1. "무창층"(無窓層)이란 지상층 중 다음 각 목의 요건을 모두 갖춘 개구부(건축물에서 채광·환기·통풍 또는 출입 등을 위하여 만든 창·출입구, 그 밖에 이와 비슷한 것을 말한다)의 면적의 합계가 해당 층의 바닥면적(「건축법 시행령」 제119조제1항제3호에 따라 산정된 면적을 말한다. 이하 같다)의 30분의 1 이하가 되는 층을 말한다.

   가. 크기는 지름 50센티미터 이상의 원이 내접(內接)할 수 있는 크기일 것
   나. 해당 층의 바닥면으로부터 개구부 밑부분까지의 높이가 1.2미터 이내일 것
   다. 도로 또는 차량이 진입할 수 있는 빈터를 향할 것
   라. 화재 시 건축물로부터 쉽게 피난할 수 있도록 창살이나 그 밖의 장애물이 설치되지 아니할 것
   마. 내부 또는 외부에서 쉽게 부수거나 열 수 있을 것
2. "피난층"이란 곧바로 지상으로 갈 수 있는 출입구가 있는 층을 말한다.

[전문개정 2012. 9. 14.]

제3조(소방시설)

「화재예방, 소방시설 설치·유지 및 안전관리에 관한 법률」(이하 "법"이라 한다) 제2조제1항제1호에서 "대통령령으로 정하는 것"이란 별표 1의 설비를 말한다. 〈개정 2016. 1. 19.〉

[전문개정 2012. 9. 14.]

제4조(소방시설등)

법 제2조제1항제2호에서 "그 밖에 소방 관련 시설로서 대통령령으로 정하는 것"이란 방화문 및 방화셔터를 말한다.

[본조신설 2014. 7. 7.]

제5조(특정소방대상물)

법 제2조제1항제3호에서 "대통령령으로 정하는 것"이란 별표 2의 소방대상물을 말한다.

[전문개정 2012. 9. 14.]

제6조(소방용품)

법 제2조제1항제4호에서 "대통령령으로 정하는 것"이란 별표 3의 제품 또는 기기를 말한다.

[전문개정 2012. 9. 14.]

제6조의2(화재안전정책기본계획의 협의 및 수립)

소방청장은 법 제2조의3에 따른 화재안전정책에 관한 기본계획(이하 "기본계획"이라 한다)을 계획 시행 전년도 8월 31일까지 관계 중앙행정기관의 장과 협의를 마친 후 계획 시행 전년도 9월 30일까지 수립하여야 한다. 〈개정 2017. 7. 26.〉

[본조신설 2016. 1. 19.]

제6조의3(기본계획의 내용)

법 제2조의3제3항제7호에서 "대통령령으로 정하는 화재안전 개선에 필요한 사항"이란 다음 각 호의 사항을 말한다.

1. 화재현황, 화재발생 및 화재안전정책의 여건 변화에 관한 사항
2. 소방시설의 설치 · 유지 및 화재안전기준의 개선에 관한 사항

[본조신설 2016. 1. 19.]

제6조의4(화재안전정책시행계획의 수립 · 시행)

① 소방청장은 법 제2조의3제4항에 따라 기본계획을 시행하기 위한 시행계획(이하 "시행계획"이라 한다)을 계획 시행 전년도 10월 31일까지 수립하여야 한다. 〈개정 2017. 7. 26.〉

② 시행계획에는 다음 각 호의 사항이 포함되어야 한다. 〈개정 2017. 7. 26.〉

1. 기본계획의 시행을 위하여 필요한 사항
2. 그 밖에 화재안전과 관련하여 소방청장이 필요하다고 인정하는 사항

[본조신설 2016. 1. 19.]

제6조의5(화재안전정책 세부시행계획의 수립 · 시행)

① 관계 중앙행정기관의 장 또는 특별시장 · 광역시장 · 특별자치시장 · 도지사 · 특별자치도지

사(이하 "시 · 도지사"라 한다)는 법 제2조의3제6항에 따른 세부 시행계획(이하 "세부시행계획"이라 한다)을 계획 시행 전년도 12월 31일까지 수립하여야 한다.

② 세부시행계획에는 다음 각 호의 사항이 포함되어야 한다.

1. 기본계획 및 시행계획에 대한 관계 중앙행정기관 또는 특별시 · 광역시 · 특별자치시 · 도 · 특별자치도(이하 "시 · 도"라 한다)의 세부 집행계획

2. 그 밖에 화재안전과 관련하여 관계 중앙행정기관의 장 또는 시 · 도지사가 필요하다고 결정한 사항

[본조신설 2016. 1. 19.]

제2장 소방특별조사 등 〈개정 2012. 1. 31.〉

제7조(소방특별조사의 항목)

법 제4조에 따른 소방특별조사(이하 "소방특별조사"라 한다)는 다음 각 호의 세부 항목에 대하여 실시한다. 다만, 소방특별조사의 목적을 달성하기 위하여 필요한 경우에는 법 제9조에 따른 소방시설, 법 제10조에 따른 피난시설 · 방화구획 · 방화시설 및 법 제10조의2에 따른 임시소방시설의 설치 · 유지 및 관리에 관한 사항을 조사할 수 있다. 〈개정 2014. 7. 7., 2015. 1. 6., 2017. 1. 26.〉

1. 법 제20조 및 제24조에 따른 소방안전관리 업무 수행에 관한 사항

2. 법 제20조제6항제1호에 따라 작성한 소방계획서의 이행에 관한 사항

3. 법 제25조제1항에 따른 자체점검 및 정기적 점검 등에 관한 사항

4. 「소방기본법」 제12조에 따른 화재의 예방조치 등에 관한 사항

5. 「소방기본법」 제15조에 따른 불을 사용하는 설비 등의 관리와 특수가연물의 저장 · 취급에 관한 사항

6. 「다중이용업소의 안전관리에 관한 특별법」 제8조부터 제13조까지의 규정에 따른 안전관리에 관한 사항

7. 「위험물안전관리법」 제5조 · 제6조 · 제14조 · 제15조 및 제18조에 따른 안전관리에 관한 사항

[전문개정 2012. 9. 14.]

제7조의2(소방특별조사위원회의 구성 등)

① 법 제4조제3항에 따른 소방특별조사위원회(이하 이 조 및 제7조의3부터 제7조의5까지에서 "

위원회"라 한다)는 위원장 1명을 포함한 7명 이내의 위원으로 성별을 고려하여 구성하고, 위원장은 소방본부장이 된다. 〈개정 2013. 1. 9., 2014. 11. 19., 2016. 1. 19., 2017. 1. 26.〉

② 위원회의 위원은 다음 각 호의 어느 하나에 해당하는 사람 중에서 소방본부장이 임명하거나 위촉한다. 〈개정 2014. 11. 19., 2016. 1. 19.〉

1. 과장급 직위 이상의 소방공무원

2. 소방기술사

3. 소방시설관리사

4. 소방 관련 분야의 석사학위 이상을 취득한 사람

5. 소방 관련 법인 또는 단체에서 소방 관련 업무에 5년 이상 종사한 사람

6. 소방공무원 교육기관, 「고등교육법」 제2조의 학교 또는 연구소에서 소방과 관련한 교육 또는 연구에 5년 이상 종사한 사람

③ 위촉위원의 임기는 2년으로 하고, 한 차례만 연임할 수 있다.

④ 위원회에 출석한 위원에게는 예산의 범위에서 수당, 여비, 그 밖에 필요한 경비를 지급할 수 있다. 다만, 공무원인 위원이 그 소관 업무와 직접적으로 관련하여 위원회에 출석하는 경우는 그러하지 아니하다.

⑤ 삭제 〈2013. 1. 9.〉

[전문개정 2012. 9. 14.]

[제목개정 2016. 1. 19.]

제7조의3(위원의 제척 · 기피 · 회피)

① 위원회의 위원이 다음 각 호의 어느 하나에 해당하는 경우에는 위원회의 심의 · 의결에서 제척(除斥)된다.

1. 위원, 그 배우자나 배우자였던 사람 또는 위원의 친족이거나 친족이었던 사람이 다음 각 목의 어느 하나에 해당하는 경우

    가. 해당 안건의 소방대상물 등(이하 이 조에서 "소방대상물등"이라 한다)의 관계인이거나 그 관계인과 공동권리자 또는 공동의무자인 경우

    나. 소방대상물등의 설계, 공사, 감리 등을 수행한 경우

    다. 소방대상물등에 대하여 제7조 각 호의 업무를 수행한 경우 등 소방대상물등과 직접적인 이해관계가 있는 경우

2. 위원이 소방대상물등에 관하여 자문, 연구, 용역(하도급을 포함한다), 감정 또는 조사를 한 경우

3. 위원이 임원 또는 직원으로 재직하고 있거나 최근 3년 내에 재직하였던 기업 등이 소방대
   상물등에 관하여 자문, 연구, 용역(하도급을 포함한다), 감정 또는 조사를 한 경우
② 소방대상물등의 관계인은 위원에게 공정한 심의 · 의결을 기대하기 어려운 사정이 있는 경
   우에는 위원회에 기피(忌避) 신청을 할 수 있고, 위원회는 의결로 이를 결정한다. 이 경우 기
   피 신청의 대상인 위원은 그 의결에 참여하지 못한다.
③ 위원이 제1항 각 호에 따른 제척 사유에 해당하는 경우에는 스스로 해당 안건의 심의 · 의결
   에서 회피(回避)하여야 한다.
[본조신설 2013. 1. 9.]

제7조의4(위원의 해임 · 해촉)

소방본부장은 위원회의 위원이 다음 각 호의 어느 하나에 해당하는 경우에는 해당 위원을 해임
하거나 해촉(解嘱)할 수 있다. 〈개정 2014. 11. 19., 2016. 1. 19.〉
   1. 심신장애로 인하여 직무를 수행할 수 없게 된 경우
   2. 직무태만, 품위손상이나 그 밖의 사유로 위원으로 적합하지 아니하다고 인정된 경우
   3. 제7조의3제1항 각 호의 어느 하나에 해당함에도 불구하고 회피하지 아니한 경우
   4. 직무와 관련된 비위사실이 있는 경우
   5. 위원 스스로 직무를 수행하는 것이 곤란하다고 의사를 밝히는 경우
[본조신설 2013. 1. 9.]

제7조의5(운영 세칙)

제7조의2부터 제7조의4까지에서 규정한 사항 외에 위원회의 구성 및 운영에 필요한 사항은 소
방청장이 정한다. 〈개정 2014. 11. 19., 2017. 7. 26.〉
[본조신설 2013. 1. 9.]

제7조의6(중앙소방특별조사단의 편성 · 운영)

① 법 제4조제4항에 따른 중앙소방특별조사단(이하 "조사단"이라 한다)은 단장을 포함하여 21
   명 이내의 단원으로 성별을 고려하여 구성한다. 〈개정 2017. 1. 26.〉
② 조사단의 단원은 다음 각 호의 어느 하나에 해당하는 사람 중에서 소방청장이 임명 또는 위
   촉하고, 단장은 단원 중에서 소방청장이 임명 또는 위촉한다. 〈개정 2017. 7. 26.〉
   1. 소방공무원
   2. 소방업무와 관련된 단체 또는 연구기관 등의 임직원

3. 소방 관련 분야에서 5년 이상 연구 또는 실무 경험이 풍부한 사람

[본조신설 2016. 1. 19.]

제8조(소방특별조사의 연기)

① 법 제4조의3제3항에서 "대통령령으로 정하는 사유"란 다음 각 호의 어느 하나에 해당하는 사유를 말한다.

1. 태풍, 홍수 등 재난(「재난 및 안전관리 기본법」 제3조제1호에 해당하는 재난을 말한다)이 발생하여 소방대상물을 관리하기가 매우 어려운 경우

2. 관계인이 질병, 장기출장 등으로 소방특별조사에 참여할 수 없는 경우

3. 권한 있는 기관에 자체점검기록부, 교육·훈련일지 등 소방특별조사에 필요한 장부·서류 등이 압수되거나 영치(領置)되어 있는 경우

② 법 제4조의3제3항에 따라 소방특별조사의 연기를 신청하려는 관계인은 행정안전부령으로 정하는 연기신청서에 연기의 사유 및 기간 등을 적어 소방청장, 소방본부장 또는 소방서장에게 제출하여야 한다. 〈개정 2013. 3. 23., 2014. 11. 19., 2017. 7. 26.〉

③ 소방청장, 소방본부장 또는 소방서장은 법 제4조의3제4항에 따라 소방특별조사의 연기를 승인한 경우라도 연기기간이 끝나기 전에 연기사유가 없어졌거나 긴급히 조사를 하여야 할 사유가 발생하였을 때에는 관계인에게 통보하고 소방특별조사를 할 수 있다.
〈개정 2014. 11. 19., 2017. 7. 26.〉

[전문개정 2012. 9. 14.]

제9조(소방특별조사의 방법)

① 소방청장, 소방본부장 또는 소방서장은 법 제4조의3제6항에 따라 소방특별조사를 위하여 필요하면 관계 공무원으로 하여금 다음 각 호의 행위를 하게 할 수 있다.
〈개정 2014. 11. 19., 2017. 7. 26.〉

1. 관계인에게 필요한 보고를 하도록 하거나 자료의 제출을 명하는 것

2. 소방대상물의 위치·구조·설비 또는 관리 상황을 조사하는 것

3. 소방대상물의 위치·구조·설비 또는 관리 상황에 대하여 관계인에게 질문하는 것

② 소방청장, 소방본부장 또는 소방서장은 필요하면 다음 각 호의 기관의 장과 합동조사반을 편성하여 소방특별조사를 할 수 있다. 〈개정 2014. 11. 19., 2017. 7. 26., 2018. 6. 26.〉

1. 관계 중앙행정기관 및 시(행정시를 포함한다)·군·자치구

2. 「소방기본법」 제40조에 따른 한국소방안전원

3. 「소방산업의 진흥에 관한 법률」 제14조에 따른 한국소방산업기술원(이하 "기술원"이라한다)

4. 「화재로 인한 재해보상과 보험가입에 관한 법률」 제11조에 따른 한국화재보험협회

5. 「고압가스 안전관리법」 제28조에 따른 한국가스안전공사

6. 「전기사업법」 제74조에 따른 한국전기안전공사

7. 그 밖에 소방청장이 정하여 고시한 소방 관련 단체

③ 제1항 및 제2항에서 규정한 사항 외에 소방특별조사계획의 수립 등 소방특별조사에 필요한 사항은 소방청장이 정한다.　〈개정 2014. 11. 19., 2017. 7. 26.〉

[전문개정 2012. 9. 14.]

제10조(조치명령 미이행 사실 등의 공개)

① 소방청장, 소방본부장 또는 소방서장은 법 제5조제3항에 따라 소방특별조사 결과에 따른 조치명령(이하 "조치명령"이라 한다)의 미이행 사실 등을 공개하려면 공개내용과 공개방법 등을 공개대상 소방대상물의 관계인에게 미리 알려야 한다.　〈개정 2014. 11. 19., 2017. 7. 26.〉

② 소방청장, 소방본부장 또는 소방서장은 조치명령 이행기간이 끝난 때부터 소방청, 소방본부 또는 소방서의 인터넷 홈페이지에 조치명령 미이행 소방대상물의 명칭, 주소, 대표자의 성명, 조치명령의 내용 및 미이행 횟수를 게재하고, 다음 각 호의 어느 하나에 해당하는 매체를 통하여 1회 이상 같은 내용을 알려야 한다.　〈개정 2014. 11. 19., 2017. 7. 26.〉

1. 관보 또는 해당 소방대상물이 있는 지방자치단체의 공보

2. 「신문 등의 진흥에 관한 법률」 제9조제1항제9호에 따라 전국 또는 해당 소방대상물이 있는 지역을 보급지역으로 등록한 같은 법 제2조제1호가목 또는 나목에 해당하는 일간신문

3. 유선방송

4. 반상회보

5. 해당 소방대상물이 있는 지방자치단체에서 지역 주민들에게 배포하는 소식지

③ 소방청장, 소방본부장 또는 소방서장은 소방대상물의 관계인이 조치명령을 이행하였을 때에는 즉시 제2항에 따른 공개내용을 해당 인터넷 홈페이지에서 삭제하여야 한다.

〈개정 2014. 11. 19., 2017. 7. 26.〉

④ 조치명령 미이행 사실 등의 공개가 제3자의 법익을 침해하는 경우에는 제3자와 관련된 사실을 제외하고 공개하여야 한다.

[전문개정 2012. 9. 14.]

제11조(손실 보상)

① 법 제6조에 따라 시 · 도지사가 손실을 보상하는 경우에는 시가(時價)로 보상하여야 한다.

〈개정 2015. 6. 30., 2016. 1. 19.〉

② 제1항에 따른 손실 보상에 관하여는 시 · 도지사와 손실을 입은 자가 협의하여야 한다.

③ 제2항에 따른 보상금액에 관한 협의가 성립되지 아니한 경우에는 시 · 도지사는 그 보상금액을 지급하거나 공탁하고 이를 상대방에게 알려야 한다.

④ 제3항에 따른 보상금의 지급 또는 공탁의 통지에 불복하는 자는 지급 또는 공탁의 통지를 받은 날부터 30일 이내에 관할 토지수용위원회에 재결(裁決)을 신청할 수 있다.

[전문개정 2012. 9. 14.]

제3장 소방시설의 설치 및 유지 · 관리 등 〈개정 2012. 1. 31.〉

제12조(건축허가등의 동의대상물의 범위 등)

① 법 제7조제1항에 따라 건축허가등을 할 때 미리 소방본부장 또는 소방서장의 동의를 받아야 하는 건축물 등의 범위는 다음 각 호와 같다.

〈개정 2013. 1. 9., 2015. 1. 6., 2015. 6. 30., 2017. 1. 26., 2017. 5. 29., 2019. 8. 6., 2020. 9. 15.〉

1. 연면적(「건축법 시행령」 제119조제1항제4호에 따라 산정된 면적을 말한다. 이하 같다)이 400제곱미터 이상인 건축물. 다만, 다음 각 목의 어느 하나에 해당하는 시설은 해당 목에서 정한 기준 이상인 건축물로 한다.

   가. 「학교시설사업 촉진법」 제5조의2제1항에 따라 건축등을 하려는 학교시설: 100제곱미터

   나. 노유자시설(老幼者施設) 및 수련시설: 200제곱미터

   다. 「정신건강증진 및 정신질환자 복지서비스 지원에 관한 법률」 제3조제5호에 따른 정신의료기관(입원실이 없는 정신건강의학과 의원은 제외하며, 이하 "정신의료기관"이라 한다): 300제곱미터

   라. 「장애인복지법」 제58조제1항제4호에 따른 장애인 의료재활시설(이하 "의료재활시설"이라 한다): 300제곱미터

1의2. 층수(「건축법 시행령」 제119조제1항제9호에 따라 산정된 층수를 말한다. 이하 같다)가 6층 이상인 건축물

2. 차고 · 주차장 또는 주차용도로 사용되는 시설로서 다음 각 목의 어느 하나에 해당하는 것

가. 차고·주차장으로 사용되는 바닥면적이 200제곱미터 이상인 층이 있는 건축물이나 주차시설

나. 승강기 등 기계장치에 의한 주차시설로서 자동차 20대 이상을 주차할 수 있는 시설

3. 항공기격납고, 관망탑, 항공관제탑, 방송용 송수신탑

4. 지하층 또는 무창층이 있는 건축물로서 바닥면적이 150제곱미터(공연장의 경우에는 100제곱미터) 이상인 층이 있는 것

5. 별표 2의 특정소방대상물 중 위험물 저장 및 처리 시설, 지하구

6. 제1호에 해당하지 않는 노유자시설 중 다음 각 목의 어느 하나에 해당하는 시설. 다만, 가목2) 및 나목부터 바목까지의 시설 중 「건축법 시행령」 별표 1의 단독주택 또는 공동주택에 설치되는 시설은 제외한다.

가. 별표 2 제9호가목에 따른 노인 관련 시설 중 다음의 어느 하나에 해당하는 시설

1) 「노인복지법」 제31조제1호·제2호 및 제4호에 따른 노인주거복지시설·노인의료복지시설 및 재가노인복지시설

2) 「노인복지법」 제31조제7호에 따른 학대피해노인 전용쉼터

나. 「아동복지법」 제52조에 따른 아동복지시설(아동상담소, 아동전용시설 및 지역아동센터는 제외한다)

다. 「장애인복지법」 제58조제1항제1호에 따른 장애인 거주시설

라. 정신질환자 관련 시설(「정신건강증진 및 정신질환자 복지서비스 지원에 관한 법률」 제27조제1항제2호에 따른 공동생활가정을 제외한 재활훈련시설과 같은 법 시행령 제16조제3호에 따른 종합시설 중 24시간 주거를 제공하지 아니하는 시설은 제외한다)

마. 별표 2 제9호마목에 따른 노숙인 관련 시설 중 노숙인자활시설, 노숙인재활시설 및 노숙인요양시설

바. 결핵환자나 한센인이 24시간 생활하는 노유자시설

7. 「의료법」 제3조제2항제3호라목에 따른 요양병원(이하 "요양병원"이라 한다). 다만, 정신의료기관 중 정신병원(이하 "정신병원"이라 한다)과 의료재활시설은 제외한다.

② 제1항에도 불구하고 다음 각 호의 어느 하나에 해당하는 특정소방대상물은 소방본부장 또는 소방서장의 건축허가등의 동의대상에서 제외된다.

〈개정 2014. 7. 7., 2017. 1. 26., 2018. 6. 26., 2019. 8. 6.〉

1. 별표 5에 따라 특정소방대상물에 설치되는 소화기구, 누전경보기, 피난기구, 방열복·방화복·공기호흡기 및 인공소생기, 유도등 또는 유도표지가 법 제9조제1항 전단에 따른 화재안전기준(이하 "화재안전기준"이라 한다)에 적합한 경우 그 특정소방대상물

   2. 건축물의 증축 또는 용도변경으로 인하여 해당 특정소방대상물에 추가로 소방시설이 설치되지 아니하는 경우 그 특정소방대상물

   3. 법 제9조의3제1항에 따라 성능위주설계를 한 특정소방대상물

③ 법 제7조제1항에 따라 건축허가등의 권한이 있는 행정기관은 건축허가등의 동의를 받으려는 경우에는 동의요구서에 행정안전부령으로 정하는 서류를 첨부하여 해당 건축물 등의 소재지를 관할하는 소방본부장 또는 소방서장에게 동의를 요구하여야 한다. 이 경우 동의 요구를 받은 소방본부장 또는 소방서장은 첨부서류가 미비한 경우에는 그 서류의 보완을 요구할 수 있다. 〈개정 2013. 3. 23., 2014. 11. 19., 2017. 7. 26.〉

[전문개정 2012. 9. 14.]

제13조(주택용 소방시설)

  법 제8조제1항 각 호 외의 부분에서 "대통령령으로 정하는 소방시설"이란 소화기 및 단독경보형감지기를 말한다.

[본조신설 2016. 1. 19.]

제14조 삭제 〈2007. 3. 23.〉

제15조(특정소방대상물의 규모 등에 따라 갖추어야 하는 소방시설)

  법 제9조제1항 전단 및 제9조의4제1항에 따라 특정소방대상물의 관계인이 특정소방대상물의 규모 · 용도 및 별표 4에 따라 산정된 수용 인원(이하 "수용인원"이라 한다) 등을 고려하여 갖추어야 하는 소방시설의 종류는 별표 5와 같다. 〈개정 2014. 7. 7., 2017. 1. 26.〉

[전문개정 2012. 9. 14.]

[제목개정 2014. 7. 7.]

제15조의2(소방시설의 내진설계)

① 법 제9조의2에서 "대통령령으로 정하는 특정소방대상물"이란 「건축법」 제2조제1항제2호에 따른 건축물로서 「지진 · 화산재해대책법 시행령」 제10조제1항 각 호에 해당하는 시설을 말한다.

② 법 제9조의2에서 "대통령령으로 정하는 소방시설"이란 소방시설 중 옥내소화전설비, 스프링클러설비, 물분무등소화설비를 말한다.

[전문개정 2016. 1. 19.]

제15조의3(성능위주설계를 하여야 하는 특정소방대상물의 범위)

법 제9조의3제1항에서 "대통령령으로 정하는 특정소방대상물"이란 다음 각 호의 어느 하나에 해당하는 특정소방대상물(신축하는 것만 해당한다)을 말한다.

1. 연면적 20만제곱미터 이상인 특정소방대상물. 다만, 별표 2 제1호에 따른 공동주택 중 주택으로 쓰이는 층수가 5층 이상인 주택(이하 이 조에서 "아파트등"이라 한다)은 제외한다.

2. 다음 각 목의 어느 하나에 해당하는 특정소방대상물. 다만, 아파트등은 제외한다.

　가. 건축물의 높이가 100미터 이상인 특정소방대상물

　나. 지하층을 포함한 층수가 30층 이상인 특정소방대상물

3. 연면적 3만제곱미터 이상인 특정소방대상물로서 다음 각 목의 어느 하나에 해당하는 특정소방대상물

　가. 별표 2 제6호나목의 철도 및 도시철도 시설

　나. 별표 2 제6호다목의 공항시설

4. 하나의 건축물에 「영화 및 비디오물의 진흥에 관한 법률」 제2조제10호에 따른 영화상영관이 10개 이상인 특정소방대상물

[본조신설 2015. 6. 30.]

[종전 제15조의3은 제15조의4로 이동 〈2015. 6. 30.〉]

제15조의4(내용연수 설정 대상 소방용품)

① 법 제9조의5제1항 후단에 따라 내용연수를 설정하여야 하는 소방용품은 분말형태의 소화약제를 사용하는 소화기로 한다.

② 제1항에 따른 소방용품의 내용연수는 10년으로 한다.

[본조신설 2017. 1. 26.]

[종전 제15조의4는 제15조의5로 이동 〈2017. 1. 26.〉]

제15조의5(임시소방시설의 종류 및 설치기준 등)

① 법 제10조의2제1항에서 "인화성(引火性) 물품을 취급하는 작업 등 대통령령으로 정하는 작업"이란 다음 각 호의 어느 하나에 해당하는 작업을 말한다. 　　〈개정 2017. 7. 26., 2018. 6. 26.〉

1. 인화성 · 가연성 · 폭발성 물질을 취급하거나 가연성 가스를 발생시키는 작업

2. 용접 · 용단 등 불꽃을 발생시키거나 화기(火氣)를 취급하는 작업

3. 전열기구, 가열전선 등 열을 발생시키는 기구를 취급하는 작업

4. 소방청장이 정하여 고시하는 폭발성 부유분진을 발생시킬 수 있는 작업

5. 그 밖에 제1호부터 제4호까지와 비슷한 작업으로 소방청장이 정하여 고시하는 작업

② 법 제10조의2제1항에 따라 공사 현장에 설치하여야 하는 설치 및 철거가 쉬운 화재대비시설(이하 "임시소방시설"이라 한다)의 종류와 임시소방시설을 설치하여야 하는 공사의 종류 및 규모는 별표 5의2 제1호 및 제2호와 같다.

③ 법 제10조의2제2항에 따른 임시소방시설과 기능과 성능이 유사한 소방시설은 별표 5의2 제3호와 같다.

[본조신설 2015. 1. 6.]

[제15조의4에서 이동, 종전 제15조의5는 제15조의6으로 이동 〈2017. 1. 26.〉]

제15조의6(강화된 소방시설기준의 적용대상)

법 제11조제1항제3호에서 "대통령령으로 정하는 것"이란 다음 각 호의 어느 하나에 해당하는 설비를 말한다. 〈개정 2018. 6. 26.〉

1. 노유자(老幼者)시설에 설치하는 간이스프링클러설비, 자동화재탐지설비 및 단독경보형 감지기

2. 의료시설에 설치하는 스프링클러설비, 간이스프링클러설비, 자동화재탐지설비 및 자동화재속보설비

[전문개정 2015. 6. 30.]

[제15조의5에서 이동 〈2017. 1. 26.〉]

제16조(유사한 소방시설의 설치 면제의 기준)

법 제11조제2항에 따라 소방본부장 또는 소방서장은 특정소방대상물에 설치하여야 하는 소방시설 가운데 기능과 성능이 유사한 소방시설의 설치를 면제하려는 경우에는 별표 6의 기준에 따른다.

[전문개정 2012. 9. 14.]

제17조(특정소방대상물의 증축 또는 용도변경 시의 소방시설기준 적용의 특례)

① 법 제11조제3항에 따라 소방본부장 또는 소방서장은 특정소방대상물이 증축되는 경우에는 기존 부분을 포함한 특정소방대상물의 전체에 대하여 증축 당시의 소방시설의 설치에 관한 대통령령 또는 화재안전기준을 적용하여야 한다. 다만, 다음 각 호의 어느 하나에 해당하는 경우에는 기존 부분에 대해서는 증축 당시의 소방시설의 설치에 관한 대통령령 또는 화재안전기준을 적용하지 아니한다. 〈개정 2013. 3. 23., 2014. 7. 7.〉

1. 기존 부분과 증축 부분이 내화구조(耐火構造)로 된 바닥과 벽으로 구획된 경우

2. 기존 부분과 증축 부분이 「건축법 시행령」 제64조에 따른 갑종 방화문(국토교통부장관이 정하는 기준에 적합한 자동방화셔터를 포함한다)으로 구획되어 있는 경우

3. 자동차 생산공장 등 화재 위험이 낮은 특정소방대상물 내부에 연면적 33제곱미터 이하의 직원 휴게실을 증축하는 경우

4. 자동차 생산공장 등 화재 위험이 낮은 특정소방대상물에 캐노피(3면 이상에 벽이 없는 구조의 캐노피를 말한다)를 설치하는 경우

② 법 제11조제3항에 따라 소방본부장 또는 소방서장은 특정소방대상물이 용도변경되는 경우에는 용도변경되는 부분에 대해서만 용도변경 당시의 소방시설의 설치에 관한 대통령령 또는 화재안전기준을 적용한다. 다만, 다음 각 호의 어느 하나에 해당하는 경우에는 특정소방대상물 전체에 대하여 용도변경 전에 해당 특정소방대상물에 적용되던 소방시설의 설치에 관한 대통령령 또는 화재안전기준을 적용한다.　　　　　　　〈개정 2014. 7. 7., 2019. 8. 6.〉

1. 특정소방대상물의 구조·설비가 화재연소 확대 요인이 적어지거나 피난 또는 화재진압활동이 쉬워지도록 변경되는 경우

2. 문화 및 집회시설 중 공연장·집회장·관람장, 판매시설, 운수시설, 창고시설 중 물류터미널이 불특정 다수인이 이용하는 것이 아닌 일정한 근무자가 이용하는 용도로 변경되는 경우

3. 용도변경으로 인하여 천장·바닥·벽 등에 고정되어 있는 가연성 물질의 양이 줄어드는 경우

4. 「다중이용업소의 안전관리에 관한 특별법」 제2조제1항제1호에 따른 다중이용업의 영업소(이하 "다중이용업소"라 한다), 문화 및 집회시설, 종교시설, 판매시설, 운수시설, 의료시설, 노유자시설, 수련시설, 운동시설, 숙박시설, 위락시설, 창고시설 중 물류터미널, 위험물 저장 및 처리 시설 중 가스시설, 장례식장이 각각 이 호에 규정된 시설 외의 용도로 변경되는 경우

[전문개정 2012. 9. 14.]

제18조(소방시설을 설치하지 아니하는 특정소방대상물의 범위)

　법 제11조제4항에 따라 소방시설을 설치하지 아니할 수 있는 특정소방대상물 및 소방시설의 범위는 별표 7과 같다.

　[전문개정 2012. 9. 14.]

제18조의2(소방기술심의위원회의 심의사항)

① 법 제11조의2제1항제5호에서 "대통령령으로 정하는 사항"이란 다음 각 호의 사항을 말한다.
〈개정 2017. 7. 26.〉

1. 연면적 10만제곱미터 이상의 특정소방대상물에 설치된 소방시설의 설계 · 시공 · 감리의 하자 유무에 관한 사항

2. 새로운 소방시설과 소방용품 등의 도입 여부에 관한 사항

3. 그 밖에 소방기술과 관련하여 소방청장이 심의에 부치는 사항

② 법 제11조의2제2항제2호에서 "대통령령으로 정하는 사항"이란 다음 각 호의 사항을 말한다.
〈개정 2017. 1. 26.〉

1. 연면적 10만제곱미터 미만의 특정소방대상물에 설치된 소방시설의 설계 · 시공 · 감리의 하자 유무에 관한 사항

2. 소방본부장 또는 소방서장이 화재안전기준 또는 위험물 제조소등(「위험물안전관리법」 제2조제1항제6호에 따른 제조소등을 말한다. 이하 같다)의 시설기준의 적용에 관하여 기술검토를 요청하는 사항

3. 그 밖에 소방기술과 관련하여 시 · 도지사가 심의에 부치는 사항

[본조신설 2015. 6. 30.]

제18조의3(소방기술심의위원회의 구성 등)

① 법 제11조의2제1항에 따른 중앙소방기술심의위원회(이하 "중앙위원회"라 한다)는 성별을 고려하여 위원장을 포함한 60명 이내의 위원으로 구성한다. 〈개정 2017. 1. 26., 2020. 9. 15.〉

② 법 제11조의2제2항에 따른 지방소방기술심의위원회(이하 "지방위원회"라 한다)는 위원장을 포함하여 5명 이상 9명 이하의 위원으로 구성한다.

③ 중앙위원회의 회의는 위원장과 위원장이 회의마다 지정하는 6명 이상 12명 이하의 위원으로 구성하고, 중앙위원회는 분야별 소위원회를 구성 · 운영할 수 있다. 〈개정 2020. 9. 15.〉

[본조신설 2015. 6. 30.]

제18조의4(위원의 임명 · 위촉)

① 중앙위원회의 위원은 과장급 직위 이상의 소방공무원과 다음 각 호의 어느 하나에 해당하는 사람 중에서 소방청장이 임명하거나 성별을 고려하여 위촉한다. 〈개정 2017. 7. 26.〉

1. 소방기술사

2. 석사 이상의 소방 관련 학위를 소지한 사람

3. 소방시설관리사

4. 소방 관련 법인·단체에서 소방 관련 업무에 5년 이상 종사한 사람

5. 소방공무원 교육기관, 대학교 또는 연구소에서 소방과 관련된 교육이나 연구에 5년 이상 종사한 사람

② 지방위원회의 위원은 해당 시·도 소속 소방공무원과 제1항 각 호의 어느 하나에 해당하는 사람 중에서 시·도지사가 임명하거나 성별을 고려하여 위촉한다. 〈개정 2020. 3. 10.〉

③ 중앙위원회의 위원장은 소방청장이 해당 위원 중에서 위촉하고, 지방위원회의 위원장은 시·도지사가 해당 위원 중에서 위촉한다. 〈개정 2017. 7. 26.〉

④ 중앙위원회 및 지방위원회의 위원 중 위촉위원의 임기는 2년으로 하되, 한 차례만 연임할 수 있다. 〈개정 2016. 1. 19.〉

[본조신설 2015. 6. 30.]

제18조의5(위원장 및 위원의 직무)

① 중앙위원회 및 지방위원회(이하 "위원회"라 한다)의 위원장(이하 "위원장"이라 한다)은 위원회의 회의를 소집하고 그 의장이 된다.

② 위원장이 부득이한 사유로 직무를 수행할 수 없을 때에는 위원장이 지정한 위원이 그 직무를 대리한다.

[본조신설 2015. 6. 30.]

제18조의6(위원의 제척·기피·회피)

① 위원회의 위원이 다음 각 호의 어느 하나에 해당하는 경우에는 위원회의 심의·의결에서 제척(除斥)된다.

1. 위원이나 그 배우자 또는 배우자였던 사람이 해당 안건의 당사자(당사자가 법인·단체 등인 경우에는 그 임원을 포함한다. 이하 이 호 및 제2호에서 같다)가 되거나 그 안건의 당사자와 공동권리자 또는 공동의무자인 경우

2. 위원이 해당 안건의 당사자와 친족인 경우

3. 위원이 해당 안건에 관하여 증언, 진술, 자문, 연구, 용역 또는 감정을 한 경우

4. 위원이나 위원이 속한 법인·단체 등이 해당 안건의 당사자의 대리인이거나 대리인이었던 경우

② 해당 안건의 당사자는 위원에게 공정한 심의·의결을 기대하기 어려운 사정이 있는 경우에는 위원회에 기피신청을 할 수 있고, 위원회는 의결로 이를 결정한다. 이 경우 기피신청의 대

상인 위원은 그 의결에 참여하지 못한다.

③ 위원이 제1항 각 호에 따른 제척사유에 해당하는 경우에는 스스로 해당 안건의 심의 · 의결에서 회피(回避)하여야 한다.

[본조신설 2016. 1. 19.]

[종전 제18조의6은 제18조의8로 이동 〈2016. 1. 19.〉]

제18조의7(위원의 해임 및 해촉)

소방청장 또는 시 · 도지사는 위원이 다음 각 호의 어느 하나에 해당하는 경우에는 해당 위원을 해임하거나 해촉(解囑)할 수 있다.　　　　　　　　　　　　　　〈개정 2017. 7. 26.〉

1. 심신장애로 인하여 직무를 수행할 수 없게 된 경우

2. 직무와 관련된 비위사실이 있는 경우

3. 직무태만, 품위손상이나 그 밖의 사유로 인하여 위원으로 적합하지 아니하다고 인정되는 경우

4. 제18조의6제1항 각 호의 어느 하나에 해당하는 데에도 불구하고 회피하지 아니한 경우

5. 위원 스스로 직무를 수행하는 것이 곤란하다고 의사를 밝히는 경우

[본조신설 2016. 1. 19.]

[종전 제18조의7은 제18조의9로 이동 〈2016. 1. 19.〉]

제18조의8(시설 등의 확인 및 의견청취)

소방청장 또는 시 · 도지사는 위원회의 원활한 운영을 위하여 필요하다고 인정하는 경우 위원회 위원으로 하여금 관련 시설 등을 확인하게 하거나 해당 분야의 전문가 또는 이해관계자 등으로부터 의견을 청취하게 할 수 있다.　　　　　　　　　　　　　〈개정 2017. 7. 26.〉

[본조신설 2015. 6. 30.]

[제18조의6에서 이동, 종전 제18조의8은 제18조의10으로 이동 〈2016. 1. 19.〉]

제18조의9(위원의 수당)

위원회의 위원에게는 예산의 범위에서 참석 및 조사 · 연구 수당을 지급할 수 있다.

[본조신설 2015. 6. 30.]

[제18조의7에서 이동 〈2016. 1. 19.〉]

제18조의10(운영세칙)

이 영에서 정한 것 외에 위원회의 운영에 필요한 사항은 소방청장 또는 시 · 도지사가 정한다.

〈개정 2017. 7. 26.〉

[본조신설 2015. 6. 30.]

[제18조의8에서 이동 〈2016. 1. 19.〉]

제19조(방염성능기준 이상의 실내장식물 등을 설치하여야 하는 특정소방대상물)

법 제12조제1항에서 "대통령령으로 정하는 특정소방대상물"이란 다음 각 호의 어느 하나에 해당하는 것을 말한다. 〈개정 2011. 11. 23., 2012. 1. 31., 2013. 1. 9., 2015. 1. 6., 2019. 8. 6.〉

1. 근린생활시설 중 의원, 체력단련장, 공연장 및 종교집회장
2. 건축물의 옥내에 있는 시설로서 다음 각 목의 시설

　가. 문화 및 집회시설

　나. 종교시설

　다. 운동시설(수영장은 제외한다)
3. 의료시설
4. 교육연구시설 중 합숙소
5. 노유자시설
6. 숙박이 가능한 수련시설
7. 숙박시설
8. 방송통신시설 중 방송국 및 촬영소
9. 다중이용업소
10. 제1호부터 제9호까지의 시설에 해당하지 않는 것으로서 층수가 11층 이상인 것(아파트는 제외한다)

[전문개정 2011. 4. 6.]

제20조(방염대상물품 및 방염성능기준)

① 법 제12조제1항에서 "대통령령으로 정하는 물품"이란 다음 각 호의 어느 하나에 해당하는 것을 말한다. 〈개정 2016. 1. 19., 2019. 8. 6.〉

1. 제조 또는 가공 공정에서 방염처리를 한 물품(합판 · 목재류의 경우에는 설치 현장에서 방염처리를 한 것을 포함한다)으로서 다음 각 목의 어느 하나에 해당하는 것

　가. 창문에 설치하는 커튼류(블라인드를 포함한다)

    나. 카펫, 두께가 2밀리미터 미만인 벽지류(종이벽지는 제외한다)

    다. 전시용 합판 또는 섬유판, 무대용 합판 또는 섬유판

    라. 암막·무대막(「영화 및 비디오물의 진흥에 관한 법률」 제2조제10호에 따른 영화상영관에 설치하는 스크린과 「다중이용업소의 안전관리에 관한 특별법 시행령」 제2조제7호의4에 따른 골프 연습장업에 설치하는 스크린을 포함한다)

    마. 섬유류 또는 합성수지류 등을 원료로 하여 제작된 소파·의자(「다중이용업소의 안전관리에 관한 특별법 시행령」 제2조제1호나목 및 같은 조 제6호에 따른 단란주점영업, 유흥주점영업 및 노래연습장업의 영업장에 설치하는 것만 해당한다)

2. 건축물 내부의 천장이나 벽에 부착하거나 설치하는 것으로서 다음 각 목의 어느 하나에 해당하는 것. 다만, 가구류(옷장, 찬장, 식탁, 식탁용 의자, 사무용 책상, 사무용 의자, 계산대 및 그 밖에 이와 비슷한 것을 말한다. 이하 이 조에서 같다)와 너비 10센티미터 이하인 반자돌림대 등과 「건축법」 제52조에 따른 내부마감재료는 제외한다.

    가. 종이류(두께 2밀리미터 이상인 것을 말한다)·합성수지류 또는 섬유류를 주원료로 한 물품

    나. 합판이나 목재

    다. 공간을 구획하기 위하여 설치하는 간이 칸막이(접이식 등 이동 가능한 벽체나 천장 또는 반자가 실내에 접하는 부분까지 구획하지 아니하는 벽체를 말한다)

    라. 흡음(吸音)이나 방음(防音)을 위하여 설치하는 흡음재(흡음용 커튼을 포함한다) 또는 방음재(방음용 커튼을 포함한다)

② 법 제12조제3항에 따른 방염성능기준은 다음 각 호의 기준에 따르되, 제1항에 따른 방염대상 물품의 종류에 따른 구체적인 방염성능기준은 다음 각 호의 기준의 범위에서 소방청장이 정하여 고시하는 바에 따른다. 〈개정 2014. 11. 19., 2017. 7. 26.〉

1. 버너의 불꽃을 제거한 때부터 불꽃을 올리며 연소하는 상태가 그칠 때까지 시간은 20초 이내일 것

2. 버너의 불꽃을 제거한 때부터 불꽃을 올리지 아니하고 연소하는 상태가 그칠 때까지 시간은 30초 이내일 것

3. 탄화(炭化)한 면적은 50제곱센티미터 이내, 탄화한 길이는 20센티미터 이내일 것

4. 불꽃에 의하여 완전히 녹을 때까지 불꽃의 접촉 횟수는 3회 이상일 것

5. 소방청장이 정하여 고시한 방법으로 발연량(發煙量)을 측정하는 경우 최대연기밀도는 400 이하일 것

③ 소방본부장 또는 소방서장은 제1항에 따른 물품 외에 다음 각 호의 어느 하나에 해당하는 물

품의 경우에는 방염처리된 물품을 사용하도록 권장할 수 있다. 〈개정 2019. 8. 6.〉

1. 다중이용업소, 의료시설, 노유자시설, 숙박시설 또는 장례식장에서 사용하는 침구류 · 소파 및 의자

2. 건축물 내부의 천장 또는 벽에 부착하거나 설치하는 가구류

[전문개정 2012. 9. 14.]

제20조의2(시 · 도지사가 실시하는 방염성능검사)

법 제13조제1항에서 "대통령령으로 정하는 방염대상물품"이란 제20조제1항에 따른 방염대상물품 중 설치 현장에서 방염처리를 하는 합판 · 목재를 말한다.

[본조신설 2014. 7. 7.]

제21조 삭제 〈2015. 6. 30.〉

제4장 소방대상물의 안전관리 〈신설 2012. 1. 31.〉

제22조(소방안전관리자를 두어야 하는 특정소방대상물)

① 법 제20조제2항에 따라 소방안전관리자를 선임하여야 하는 특정소방대상물(이하 "소방안전관리대상물"이라 한다)은 다음 각 호의 어느 하나에 해당하는 특정소방대상물로 한다. 다만, 「공공기관의 소방안전관리에 관한 규정」을 적용받는 특정소방대상물은 제외한다.

〈개정 2015. 6. 30., 2017. 1. 26.〉

1. 별표 2의 특정소방대상물 중 다음 각 목의 어느 하나에 해당하는 것으로서 동 · 식물원, 철강 등 불연성 물품을 저장 · 취급하는 창고, 위험물 저장 및 처리 시설 중 위험물 제조소등, 지하구를 제외한 것(이하 "특급 소방안전관리대상물"이라 한다)

   가. 50층 이상(지하층은 제외한다)이거나 지상으로부터 높이가 200미터 이상인 아파트

   나. 30층 이상(지하층을 포함한다)이거나 지상으로부터 높이가 120미터 이상인 특정소방대상물(아파트는 제외한다)

   다. 나목에 해당하지 아니하는 특정소방대상물로서 연면적이 20만제곱미터 이상인 특정소방대상물(아파트는 제외한다)

2. 별표 2의 특정소방대상물 중 특급 소방안전관리대상물을 제외한 다음 각 목의 어느 하나에 해당하는 것으로서 동 · 식물원, 철강 등 불연성 물품을 저장 · 취급하는 창고, 위험물

저장 및 처리 시설 중 위험물 제조소등, 지하구를 제외한 것(이하 "1급 소방안전관리대상물"이라 한다)

가. 30층 이상(지하층은 제외한다)이거나 지상으로부터 높이가 120미터 이상인 아파트

나. 연면적 1만5천제곱미터 이상인 특정소방대상물(아파트는 제외한다)

다. 나목에 해당하지 아니하는 특정소방대상물로서 층수가 11층 이상인 특정소방대상물(아파트는 제외한다)

라. 가연성 가스를 1천톤 이상 저장 · 취급하는 시설

3. 별표 2의 특정소방대상물 중 특급 소방안전관리대상물 및 1급 소방안전관리대상물을 제외한 다음 각 목의 어느 하나에 해당하는 것(이하 "2급 소방안전관리대상물"이라 한다)

가. 별표 5 제1호다목부터 바목까지의 규정에 해당하는 특정소방대상물[호스릴(Hose Reel) 방식의 물분무등소화설비만을 설치한 경우는 제외한다]

나. 삭제 〈2017. 1. 26.〉

다. 가스 제조설비를 갖추고 도시가스사업의 허가를 받아야 하는 시설 또는 가연성 가스를 100톤 이상 1천톤 미만 저장 · 취급하는 시설

라. 지하구

마. 「공동주택관리법 시행령」 제2조 각 호의 어느 하나에 해당하는 공동주택

바. 「문화재보호법」 제23조에 따라 보물 또는 국보로 지정된 목조건축물

4. 별표 2의 특정소방대상물 중 이 항 제1호부터 제3호까지에 해당하지 아니하는 특정소방대상물로서 별표 5 제2호라목에 해당하는 특정소방대상물(이하 "3급 소방안전관리대상물"이라 한다)

② 제1항에도 불구하고 건축물대장의 건축물현황도에 표시된 대지경계선 안의 지역 또는 인접한 2개 이상의 대지에 제1항에 따라 소방안전관리자를 두어야 하는 특정소방대상물이 둘 이상 있고, 그 관리에 관한 권원(權原)을 가진 자가 동일인인 경우에는 이를 하나의 특정소방대상물로 보되, 그 특정소방대상물이 제1항제1호부터 제4호까지의 규정 중 둘 이상에 해당하는 경우에는 그 중에서 급수가 높은 특정소방대상물로 본다. 〈개정 2017. 1. 26.〉

[전문개정 2012. 9. 14.]

제22조의2(소방안전관리보조자를 두어야 하는 특정소방대상물)

① 법 제20조제2항에 따라 소방안전관리보조자를 선임하여야 하는 특정소방대상물은 제22조에 따라 소방안전관리자를 두어야 하는 특정소방대상물 중 다음 각 호의 어느 하나에 해당하는 특정소방대상물(이하 "보조자선임대상 특정소방대상물"이라 한다)로 한다. 다만, 제3호에

해당하는 특정소방대상물로서 해당 특정소방대상물이 소재하는 지역을 관할하는 소방서장이 야간이나 휴일에 해당 특정소방대상물이 이용되지 아니한다는 것을 확인한 경우에는 소방안전관리보조자를 선임하지 아니할 수 있다.〈개정 2015. 6. 30.〉

1. 「건축법 시행령」 별표 1 제2호가목에 따른 아파트(300세대 이상인 아파트만 해당한다)

2. 제1호에 따른 아파트를 제외한 연면적이 1만5천제곱미터 이상인 특정소방대상물

3. 제1호 및 제2호에 따른 특정소방대상물을 제외한 특정소방대상물 중 다음 각 목의 어느 하나에 해당하는 특정소방대상물

　가. 공동주택 중 기숙사

　나. 의료시설

　다. 노유자시설

　라. 수련시설

　마. 숙박시설(숙박시설로 사용되는 바닥면적의 합계가 1천500제곱미터 미만이고 관계인이 24시간 상시 근무하고 있는 숙박시설은 제외한다)

② 보조자선임대상 특정소방대상물의 관계인이 선임하여야 하는 소방안전관리보조자의 최소 선임기준은 다음 각 호와 같다.〈개정 2015. 6. 30., 2020. 9. 15.〉

1. 제1항제1호의 경우: 1명. 다만, 초과되는 300세대마다 1명 이상을 추가로 선임하여야 한다.

2. 제1항제2호의 경우: 1명. 다만, 초과되는 연면적 1만5천제곱미터(특정소방대상물의 방재실에 자위소방대가 24시간 상시 근무하고 「소방장비관리법 시행령」 별표 1 제1호가목에 따른 소방자동차 중 소방펌프차, 소방물탱크차, 소방화학차 또는 무인방수차를 운용하는 경우에는 3만제곱미터로 한다)마다 1명 이상을 추가로 선임해야 한다.

3. 제1항제3호의 경우: 1명

[본조신설 2015. 1. 6.]

제23조(소방안전관리자 및 소방안전관리보조자의 선임대상자)

① 특급 소방안전관리대상물의 관계인은 다음 각 호의 어느 하나에 해당하는 사람 중에서 소방안전관리자를 선임해야 한다.

〈개정 2014. 11. 19., 2015. 1. 6., 2017. 1. 26., 2017. 7. 26., 2018. 6. 26., 2020. 9. 15.〉

1. 소방기술사 또는 소방시설관리사의 자격이 있는 사람

2. 소방설비기사의 자격을 취득한 후 5년 이상 1급 소방안전관리대상물의 소방안전관리자로 근무한 실무경력(법 제20조제3항에 따라 소방안전관리자로 선임되어 근무한 경력은 제외

한다. 이하 이 조에서 같다)이 있는 사람

3. 소방설비산업기사의 자격을 취득한 후 7년 이상 1급 소방안전관리대상물의 소방안전관리자로 근무한 실무경력이 있는 사람

4. 소방공무원으로 20년 이상 근무한 경력이 있는 사람

5. 소방청장이 실시하는 특급 소방안전관리대상물의 소방안전관리에 관한 시험에 합격한 사람. 이 경우 해당 시험은 다음 각 목의 어느 하나에 해당하는 사람만 응시할 수 있다.

　가. 1급 소방안전관리대상물의 소방안전관리자로 5년(소방설비기사의 경우 2년, 소방설비산업기사의 경우 3년) 이상 근무한 실무경력이 있는 사람

　나. 1급 소방안전관리대상물의 소방안전관리자로 선임될 수 있는 자격이 있는 사람으로서 특급 또는 1급 소방안전관리대상물의 소방안전관리보조자로 7년 이상 근무한 실무경력이 있는 사람

　다. 소방공무원으로 10년 이상 근무한 경력이 있는 사람

　라. 「고등교육법」 제2조제1호부터 제6호까지의 어느 하나에 해당하는 학교(이하 "대학"이라 한다)에서 소방안전관리학과(소방청장이 정하여 고시하는 학과를 말한다. 이하 같다)를 전공하고 졸업한 사람(법령에 따라 이와 같은 수준의 학력이 있다고 인정되는 사람을 포함한다)으로서 해당 학과를 졸업한 후 2년 이상 1급 소방안전관리대상물의 소방안전관리자로 근무한 실무경력이 있는 사람

　마. 다음 1)부터 3)까지의 어느 하나에 해당하는 사람으로서 해당 요건을 갖춘 후 3년 이상 1급 소방안전관리대상물의 소방안전관리자로 근무한 실무경력이 있는 사람

　1) 대학에서 소방안전 관련 교과목(소방청장이 정하여 고시하는 교과목을 말한다. 이하 같다)을 12학점 이상 이수하고 졸업한 사람

　2) 법령에 따라 1)에 해당하는 사람과 같은 수준의 학력이 있다고 인정되는 사람으로서 해당 학력 취득 과정에서 소방안전 관련 교과목을 12학점 이상 이수한 사람

　3) 대학에서 소방안전 관련 학과(소방청장이 정하여 고시하는 학과를 말한다. 이하 같다)를 전공하고 졸업한 사람(법령에 따라 이와 같은 수준의 학력이 있다고 인정되는 사람을 포함한다)

　바. 소방행정학(소방학 및 소방방재학을 포함한다) 또는 소방안전공학(소방방재공학 및 안전공학을 포함한다) 분야에서 석사학위 이상을 취득한 후 2년 이상 1급 소방안전관리대상물의 소방안전관리자로 근무한 실무경력이 있는 사람

　사. 특급 소방안전관리대상물의 소방안전관리보조자로 10년 이상 근무한 실무경력이 있는 사람

아. 법 제41조제1항제3호 및 이 영 제38조에 따라 특급 소방안전관리대상물의 소방안전관리에 대한 강습교육을 수료한 사람

자. 「초고층 및 지하연계 복합건축물 재난관리에 관한 특별법」 제12조제1항 본문에 따라 총괄재난관리자로 지정되어 1년 이상 근무한 경력이 있는 사람

6. 삭제 〈2017. 1. 26.〉

② 1급 소방안전관리대상물의 관계인은 다음 각 호의 어느 하나에 해당하는 사람 중에서 소방안전관리자를 선임하여야 한다. 다만, 제4호부터 제6호까지에 해당하는 사람은 안전관리자로 선임된 해당 소방안전관리대상물의 소방안전관리자로만 선임할 수 있다.
〈개정 2013. 1. 9., 2014. 11. 19., 2015. 1. 6., 2015. 7. 24., 2017. 1. 26., 2017. 7. 26., 2017. 8. 16., 2018. 6. 26.〉

1. 소방설비기사 또는 소방설비산업기사의 자격이 있는 사람

2. 산업안전기사 또는 산업안전산업기사의 자격을 취득한 후 2년 이상 2급 소방안전관리대상물 또는 3급 소방안전관리대상물의 소방안전관리자로 근무한 실무경력이 있는 사람

3. 소방공무원으로 7년 이상 근무한 경력이 있는 사람

4. 위험물기능장 · 위험물산업기사 또는 위험물기능사 자격을 가진 사람으로서 「위험물안전관리법」 제15조제1항에 따라 위험물안전관리자로 선임된 사람

5. 「고압가스 안전관리법」 제15조제1항, 「액화석유가스의 안전관리 및 사업법」 제34조제1항 또는 「도시가스사업법」 제29조제1항에 따라 안전관리자로 선임된 사람

6. 「전기사업법」 제73조제1항 및 제2항에 따라 전기안전관리자로 선임된 사람

7. 소방청장이 실시하는 1급 소방안전관리대상물의 소방안전관리에 관한 시험에 합격한 사람. 이 경우 해당 시험은 다음 각 목의 어느 하나에 해당하는 사람만 응시할 수 있다.

가. 대학에서 소방안전관리학과를 전공하고 졸업한 사람(법령에 따라 이와 같은 수준의 학력이 있다고 인정되는 사람을 포함한다)으로서 해당 학과를 졸업한 후 2년 이상 2급 소방안전관리대상물 또는 3급 소방안전관리대상물의 소방안전관리자로 근무한 실무경력이 있는 사람

나. 다음 1)부터 3)까지의 어느 하나에 해당하는 사람으로서 해당 요건을 갖춘 후 3년 이상 2급 소방안전관리대상물 또는 3급 소방안전관리대상물의 소방안전관리자로 근무한 실무경력이 있는 사람

1) 대학에서 소방안전 관련 교과목을 12학점 이상 이수하고 졸업한 사람

2) 법령에 따라 1)에 해당하는 사람과 같은 수준의 학력이 있다고 인정되는 사람으로서 해당 학력 취득 과정에서 소방안전 관련 교과목을 12학점 이상 이수한 사람

3) 대학에서 소방안전 관련 학과를 전공하고 졸업한 사람(법령에 따라 이와 같은 수준의

학력이 있다고 인정되는 사람을 포함한다)

다. 소방행정학(소방학, 소방방재학을 포함한다) 또는 소방안전공학(소방방재공학, 안전공학을 포함한다) 분야에서 석사학위 이상을 취득한 사람

라. 가목 및 나목에 해당하는 경우 외에 5년 이상 2급 소방안전관리대상물의 소방안전관리자로 근무한 실무경력이 있는 사람

마. 법 제41조제1항제3호 및 이 영 제38조에 따라 특급 소방안전관리대상물 또는 1급 소방안전관리대상물의 소방안전관리에 대한 강습교육을 수료한 사람

바. 「공공기관의 소방안전관리에 관한 규정」 제5조제1항제2호나목에 따른 강습교육을 수료한 사람

사. 2급 소방안전관리대상물의 소방안전관리자로 선임될 수 있는 자격이 있는 사람으로서 특급 또는 1급 소방안전관리대상물의 소방안전관리보조자로 5년 이상 근무한 실무경력이 있는 사람

아. 2급 소방안전관리대상물의 소방안전관리자로 선임될 수 있는 자격이 있는 사람으로서 2급 소방안전관리대상물의 소방안전관리보조자로 7년 이상 근무한 실무경력(특급 또는 1급 소방안전관리대상물의 소방안전관리보조자로 근무한 5년 미만의 실무경력이 있는 경우에는 이를 포함하여 합산한다)이 있는 사람

8. 제1항에 따라 특급 소방안전관리대상물의 소방안전관리자 자격이 인정되는 사람

③ 2급 소방안전관리대상물의 관계인은 다음 각 호의 어느 하나에 해당하는 사람 중에서 소방안전관리자를 선임하여야 한다. 다만, 제3호에 해당하는 사람은 보안관리자 또는 보안감독자로 선임된 해당 소방안전관리대상물의 소방안전관리자로만 선임할 수 있다.
〈개정 2013. 1. 9., 2014. 11. 19., 2015. 1. 6., 2017. 1. 6., 2017. 1. 26., 2017. 7. 26., 2017. 8. 16.〉

1. 축사 · 산업안전기사 · 산업안전산업기사 · 건축기사 · 건축산업기사 · 일반기계기사 · 전기기능장 · 전기기사 · 전기산업기사 · 전기공사기사 또는 전기공사산업기사 자격을 가진 사람

2. 위험물기능장 · 위험물산업기사 또는 위험물기능사 자격을 가진 사람

3. 광산보안기사 또는 광산보안산업기사 자격을 가진 사람으로서 「광산안전법」 제13조에 따라 광산안전관리직원(안전관리자 또는 안전감독자만 해당한다)으로 선임된 사람

4. 소방공무원으로 3년 이상 근무한 경력이 있는 사람

5. 소방청장이 실시하는 2급 소방안전관리대상물의 소방안전관리에 관한 시험에 합격한 사람. 이 경우 해당 시험은 다음 각 목의 어느 하나에 해당하는 사람만 응시할 수 있다.

가. 대학에서 소방안전관리학과를 전공하고 졸업한 사람(법령에 따라 이와 같은 수준의 학

력이 있다고 인정되는 사람을 포함한다)

나. 다음 1)부터 3)까지의 어느 하나에 해당하는 사람

1) 대학에서 소방안전 관련 교과목을 6학점 이상 이수하고 졸업한 사람

2) 법령에 따라 1)에 해당하는 사람과 같은 수준의 학력이 있다고 인정되는 사람으로서 해당 학력 취득 과정에서 소방안전 관련 교과목을 6학점 이상 이수한 사람

3) 대학에서 소방안전 관련 학과를 전공하고 졸업한 사람(법령에 따라 이와 같은 수준의 학력이 있다고 인정되는 사람을 포함한다)

다. 소방본부 또는 소방서에서 1년 이상 화재진압 또는 그 보조 업무에 종사한 경력이 있는 사람

라. 의용소방대원으로 3년 이상 근무한 경력이 있는 사람

마. 군부대(주한 외국군부대를 포함한다) 및 의무소방대의 소방대원으로 1년 이상 근무한 경력이 있는 사람

바. 「위험물안전관리법」 제19조에 따른 자체소방대의 소방대원으로 3년 이상 근무한 경력이 있는 사람

사. 「대통령 등의 경호에 관한 법률」에 따른 경호공무원 또는 별정직공무원으로서 2년 이상 안전검측 업무에 종사한 경력이 있는 사람

아. 경찰공무원으로 3년 이상 근무한 경력이 있는 사람

자. 법 제41조제1항제3호 및 이 영 제38조에 따라 특급 소방안전관리대상물, 1급 소방안전관리대상물 또는 2급 소방안전관리대상물의 소방안전관리에 대한 강습교육을 수료한 사람

차. 제2항제7호바목에 해당하는 사람

카. 소방안전관리보조자로 선임될 수 있는 자격이 있는 사람으로서 특급 소방안전관리대상물, 1급 소방안전관리대상물, 2급 소방안전관리대상물 또는 3급 소방안전관리대상물의 소방안전관리보조자로 3년 이상 근무한 실무경력이 있는 사람

타. 3급 소방안전관리대상물의 소방안전관리자로 2년 이상 근무한 실무경력이 있는 사람

6. 제1항 및 제2항에 따라 특급 또는 1급 소방안전관리대상물의 소방안전관리자 자격이 인정되는 사람

④ 3급 소방안전관리대상물의 관계인은 다음 각 호의 어느 하나에 해당하는 사람 중에서 소방안전관리자를 선임하여야 한다. 〈신설 2017. 1. 26., 2017. 7. 26.〉

1. 소방공무원으로 1년 이상 근무한 경력이 있는 사람

2. 소방청장이 실시하는 3급 소방안전관리대상물의 소방안전관리에 관한 시험에 합격한 사

람. 이 경우 해당 시험은 다음 각 목의 어느 하나에 해당하는 사람만 응시할 수 있다.

　　가. 의용소방대원으로 2년 이상 근무한 경력이 있는 사람

　　나. 「위험물안전관리법」 제19조에 따른 자체소방대의 소방대원으로 1년 이상 근무한 경력이 있는 사람

　　다. 「대통령 등의 경호에 관한 법률」에 따른 경호공무원 또는 별정직공무원으로 1년 이상 안전검측 업무에 종사한 경력이 있는 사람

　　라. 경찰공무원으로 2년 이상 근무한 경력이 있는 사람

　　마. 법 제41조제1항제3호 및 이 영 제38조에 따라 특급 소방안전관리대상물, 1급 소방안전관리대상물, 2급 소방안전관리대상물 또는 3급 소방안전관리대상물의 소방안전관리에 대한 강습교육을 수료한 사람

　　바. 제2항제7호바목에 해당하는 사람

　　사. 소방안전관리보조자로 선임될 수 있는 자격이 있는 사람으로서 특급 소방안전관리대상물, 1급 소방안전관리대상물, 2급 소방안전관리대상물 또는 3급 소방안전관리대상물의 소방안전관리보조자로 2년 이상 근무한 실무경력이 있는 사람

　3. 제1항부터 제3항까지의 규정에 따라 특급 소방안전관리대상물, 1급 소방안전관리대상물 또는 2급 소방안전관리대상물의 소방안전관리자 자격이 인정되는 사람

⑤ 제22조의2제1항에 따라 소방안전관리보조자를 선임하여야 하는 특정소방대상물의 관계인은 다음 각 호의 어느 하나에 해당하는 사람을 소방안전관리보조자로 선임하여야 한다.
〈신설 2015. 1. 6., 2015. 6. 30., 2017. 1. 26., 2017. 7. 26., 2018. 6. 26.〉

　1. 제1항부터 제4항까지의 규정에 따라 특급 소방안전관리대상물, 1급 소방안전관리대상물, 2급 소방안전관리대상물 또는 3급 소방안전관리대상물의 소방안전관리자 자격이 있는 사람

　2. 「국가기술자격법」 제9조제1항제1호에 따른 기술ㆍ기능 분야 국가기술자격 중에서 행정안전부령으로 정하는 국가기술자격이 있는 사람

　3. 제2항제7호바목 또는 제4항제2호마목에 해당하는 사람

　4. 소방안전관리대상물에서 소방안전 관련 업무에 2년 이상 근무한 경력이 있는 사람

⑥ 제1항제5호, 제2항제7호, 제3항제5호 및 제4항제2호에 따른 강습교육의 시간ㆍ기간ㆍ교과목 및 소방안전관리에 관한 시험 등에 관하여 필요한 사항은 행정안전부령으로 정한다.
〈개정 2013. 3. 23., 2014. 11. 19., 2015. 1. 6., 2017. 1. 26., 2017. 7. 26.〉

[전문개정 2012. 9. 14.]

[제목개정 2015. 1. 6.]

제23조의2(소방안전관리 업무의 대행)

① 법 제20조제3항에서 "대통령령으로 정하는 소방안전관리대상물"이란 제22조제1항제2호다
목 또는 같은 항 제3호 · 제4호에 해당하는 특정소방대상물을 말한다.　〈개정 2017. 1. 26.〉

② 법 제20조제3항에서 "소방안전관리 업무 중 대통령령으로 정하는 업무"란 법 제20조제6항제
3호 또는 제5호에 해당하는 업무를 말한다.　〈개정 2018. 6. 26.〉

[본조신설 2014. 7. 7.]

제24조(소방안전관리대상물의 소방계획서 작성 등)

① 법 제20조제6항제1호에 따른 소방계획서에는 다음 각 호의 사항이 포함되어야 한다.

〈개정 2017. 1. 26., 2018. 6. 26.〉

1. 소방안전관리대상물의 위치 · 구조 · 연면적 · 용도 및 수용인원 등 일반 현황
2. 소방안전관리대상물에 설치한 소방시설 · 방화시설(防火施設), 전기시설 · 가스시설 및 위
   험물시설의 현황
3. 화재 예방을 위한 자체점검계획 및 진압대책
4. 소방시설 · 피난시설 및 방화시설의 점검 · 정비계획
5. 피난층 및 피난시설의 위치와 피난경로의 설정, 장애인 및 노약자의 피난계획 등을 포함한
   피난계획
6. 방화구획, 제연구획, 건축물의 내부 마감재료(불연재료 · 준불연재료 또는 난연재료로 사용
   된 것을 말한다) 및 방염물품의 사용현황과 그 밖의 방화구조 및 설비의 유지 · 관리계획
7. 법 제22조에 따른 소방훈련 및 교육에 관한 계획
8. 법 제22조를 적용받는 특정소방대상물의 근무자 및 거주자의 자위소방대 조직과 대원의
   임무(장애인 및 노약자의 피난 보조 임무를 포함한다)에 관한 사항
9. 화기 취급 작업에 대한 사전 안전조치 및 감독 등 공사 중 소방안전관리에 관한 사항
10. 공동 및 분임 소방안전관리에 관한 사항
11. 소화와 연소 방지에 관한 사항
12. 위험물의 저장 · 취급에 관한 사항(「위험물안전관리법」 제17조에 따라 예방규정을 정
    하는 제조소등은 제외한다)
13. 그 밖에 소방안전관리를 위하여 소방본부장 또는 소방서장이 소방안전관리대상물의 위
    치 · 구조 · 설비 또는 관리 상황 등을 고려하여 소방안전관리에 필요하여 요청하는 사항

② 소방본부장 또는 소방서장은 제1항에 따른 특정소방대상물의 소방계획의 작성 및 실시에 관
하여 지도 · 감독한다.

[전문개정 2012. 9. 14.]

제24조의2(소방안전 특별관리시설물)

① 법 제20조의2제1항제13호에서 "대통령령으로 정하는 전통시장"이란 점포가 500개 이상인 전통시장을 말한다. 〈신설 2018. 6. 26.〉

② 법 제20조의2제1항제14호에서 "대통령령으로 정하는 시설물"이란 「전기사업법」 제2조제4호에 따른 발전사업자가 가동 중인 발전소(발전원의 종류별로 「발전소주변지역 지원에 관한 법률 시행령」 제2조제2항에 따른 발전소는 제외한다)를 말한다. 〈개정 2018. 6. 26.〉

[본조신설 2017. 1. 26.]

[종전 제24조의2는 제24조의3으로 이동 〈2017. 1. 26.〉]

제24조의3(소방안전 특별관리기본계획 · 시행계획의 수립 · 시행)

① 소방청장은 법 제20조의2제2항에 따른 소방안전 특별관리기본계획(이하 이 조에서 "특별관리기본계획"이라 한다)을 5년마다 수립 · 시행하여야 하고, 계획 시행 전년도 10월 31일까지 수립하여 시 · 도에 통보한다. 〈개정 2017. 7. 26.〉

② 특별관리기본계획에는 다음 각 호의 사항이 포함되어야 한다.

1. 화재예방을 위한 중기 · 장기 안전관리정책

2. 화재예방을 위한 교육 · 홍보 및 점검 · 진단

3. 화재대응을 위한 훈련

4. 화재대응 및 사후조치에 관한 역할 및 공조체계

5. 그 밖에 화재 등의 안전관리를 위하여 필요한 사항

③ 시 · 도지사는 특별관리기본계획을 시행하기 위하여 매년 법 제20조의2제3항에 따른 소방안전 특별관리시행계획(이하 이 조에서 "특별관리시행계획"이라 한다)을 계획 시행 전년도 12월 31일까지 수립하여 야 하고, 시행 결과를 계획 시행 다음 연도 1월 31일까지 소방청장에게 통보하여야 한다. 〈개정 2017. 7. 26.〉

④ 특별관리시행계획에는 다음 각 호의 사항이 포함되어야 한다.

1. 특별관리기본계획의 집행을 위하여 필요한 사항

2. 시 · 도에서 화재 등의 안전관리를 위하여 필요한 사항

⑤ 소방청장 및 시 · 도지사는 특별관리기본계획 및 특별관리시행계획을 수립하는 경우 성별, 연령별, 재해약자(장애인 · 노인 · 임산부 · 영유아 · 어린이 등 이동이 어려운 사람을 말한다)별 화재 피해현황 및 실태 등에 관한 사항을 고려하여야 한다. 〈신설 2017. 1. 26., 2017. 7. 26.〉

[본조신설 2016. 1. 19.]

[제24조의2에서 이동 〈2017. 1. 26.〉]

제24조의4(공동 소방안전관리자)

법 제21조 각 호 외의 부분에서 "대통령령으로 정하는 자"란 제23조제3항 각 호의 어느 하나에 해당하는 사람을 말한다.

[본조신설 2017. 1. 26.]

제25조(공동 소방안전관리자 선임대상 특정소방대상물)

법 제21조제3호에서 "대통령령으로 정하는 특정소방대상물"이란 다음 각 호의 어느 하나에 해당하는 특정소방대상물을 말한다.

1. 별표 2에 따른 복합건축물로서 연면적이 5천제곱미터 이상인 것 또는 층수가 5층 이상인 것
2. 별표 2에 따른 판매시설 중 도매시장 및 소매시장
3. 제22조제1항에 따른 특정소방대상물 중 소방본부장 또는 소방서장이 지정하는 것

[전문개정 2012. 9. 14.]

제26조(근무자 및 거주자에게 소방훈련 · 교육을 실시하여야 하는 특정소방대상물)

법 제22조제1항 전단에서 "대통령령으로 정하는 특정소방대상물"이란 제22조제1항에 따른 특정소방대상물 중 상시 근무하거나 거주하는 인원(숙박시설의 경우에는 상시 근무하는 인원을 말한다)이 10명 이하인 특정소방대상물을 제외한 것을 말한다.

[전문개정 2012. 9. 14.]

제5장 소방시설관리사 및 소방시설관리업

제27조(소방시설관리사시험의 응시자격)

법 제26조제2항에 따른 소방시설관리사시험(이하 "관리사시험"이라 한다)에 응시할 수 있는 사람은 다음 각 호와 같다. 〈개정 2014. 11. 19., 2016. 6. 30., 2017. 1. 26., 2017. 7. 26.〉

1. 소방기술사 · 위험물기능장 · 건축사 · 건축기계설비기술사 · 건축전기설비기술사 또는 공조냉동기계기술사
2. 소방설비기사 자격을 취득한 후 2년 이상 소방청장이 정하여 고시하는 소방에 관한 실무

경력(이하 "소방실무경력"이라 한다)이 있는 사람

3. 소방설비산업기사 자격을 취득한 후 3년 이상 소방실무경력이 있는 사람

4. 「국가과학기술 경쟁력 강화를 위한 이공계지원 특별법」 제2조제1호에 따른 이공계(이하 "이공계"라 한다) 분야를 전공한 사람으로서 다음 각 목의 어느 하나에 해당하는 사람

　가. 이공계 분야의 박사학위를 취득한 사람

　나. 이공계 분야의 석사학위를 취득한 후 2년 이상 소방실무경력이 있는 사람

　다. 이공계 분야의 학사학위를 취득한 후 3년 이상 소방실무경력이 있는 사람

5. 소방안전공학(소방방재공학, 안전공학을 포함한다) 분야를 전공한 후 다음 각 목의 어느 하나에 해당하는 사람

　가. 해당 분야의 석사학위 이상을 취득한 사람

　나. 2년 이상 소방실무경력이 있는 사람

6. 위험물산업기사 또는 위험물기능사 자격을 취득한 후 3년 이상 소방실무경력이 있는 사람

7. 소방공무원으로 5년 이상 근무한 경력이 있는 사람

8. 소방안전 관련 학과의 학사학위를 취득한 후 3년 이상 소방실무경력이 있는 사람

9. 산업안전기사 자격을 취득한 후 3년 이상 소방실무경력이 있는 사람

10. 다음 각 목의 어느 하나에 해당하는 사람

　가. 특급 소방안전관리대상물의 소방안전관리자로 2년 이상 근무한 실무경력이 있는 사람

　나. 1급 소방안전관리대상물의 소방안전관리자로 3년 이상 근무한 실무경력이 있는 사람

　다. 2급 소방안전관리대상물의 소방안전관리자로 5년 이상 근무한 실무경력이 있는 사람

　라. 3급 소방안전관리대상물의 소방안전관리자로 7년 이상 근무한 실무경력이 있는 사람

　마. 10년 이상 소방실무경력이 있는 사람

[전문개정 2012. 9. 14.]

제28조(시험의 시행방법)

① 관리사시험은 제1차시험과 제2차시험으로 구분하여 시행한다. 다만, 소방청장은 필요하다고 인정하는 경우에는 제1차시험과 제2차시험을 구분하되, 같은 날에 순서대로 시행할 수 있다. 〈개정 2014. 11. 19., 2017. 7. 26.〉

② 제1차시험은 선택형을 원칙으로 하고, 제2차시험은 논문형을 원칙으로 하되, 제2차시험의 경우에는 기입형을 포함할 수 있다.

③ 제1차시험에 합격한 사람에 대해서는 다음 회의 관리사시험에 한정하여 제1차시험을 면제한다. 다만, 면제받으려는 시험의 응시자격을 갖춘 경우로 한정한다.

④ 제2차시험은 제1차시험에 합격한 사람만 응시할 수 있다. 다만, 제1항 단서에 따라 제1차시험과 제2차시험을 병행하여 시행하는 경우에 제1차시험에 불합격한 사람의 제2차시험 응시는 무효로 한다.

[전문개정 2012. 9. 14.]

제29조(시험 과목)

관리사시험의 제1차시험 및 제2차시험 과목은 다음 각 호와 같다. 〈개정 2017. 1. 26.〉

1. 제1차시험

가. 소방안전관리론(연소 및 소화, 화재예방관리, 건축물소방안전기준, 인원수용 및 피난계획에 관한 부분으로 한정한다) 및 화재역학[화재성상, 화재하중(火災荷重), 열전달, 화염 확산, 연소속도, 구획화재, 연소생성물 및 연기의 생성·이동에 관한 부분으로 한정한다]

나. 소방수리학, 약제화학 및 소방전기(소방 관련 전기공사재료 및 전기제어에 관한 부분으로 한정한다)

다. 다음의 소방 관련 법령

1) 「소방기본법」, 같은 법 시행령 및 같은 법 시행규칙

2) 「소방시설공사업법」, 같은 법 시행령 및 같은 법 시행규칙

3) 「화재예방, 소방시설 설치·유지 및 안전관리에 관한 법률」, 같은 법 시행령 및 같은 법 시행규칙

4) 「위험물안전관리법」, 같은 법 시행령 및 같은 법 시행규칙

5) 「다중이용업소의 안전관리에 관한 특별법」, 같은 법 시행령 및 같은 법 시행규칙

라. 위험물의 성상 및 시설기준

마. 소방시설의 구조 원리(고장진단 및 정비를 포함한다)

2. 제2차시험

가. 소방시설의 점검실무행정(점검절차 및 점검기구 사용법을 포함한다)

나. 소방시설의 설계 및 시공

[전문개정 2012. 9. 14.]

제30조(시험위원)

① 소방청장은 법 제26조제2항에 따라 관리사시험의 출제 및 채점을 위하여 다음 각 호의 어느 하나에 해당하는 사람 중에서 시험위원을 임명하거나 위촉하여야 한다.

〈개정 2014. 11. 19., 2017. 1. 26., 2017. 7. 26., 2020. 3. 10.〉

1. 소방 관련 분야의 박사학위를 가진 사람

2. 대학에서 소방안전 관련 학과 조교수 이상으로 2년 이상 재직한 사람

3. 소방위 이상의 소방공무원

4. 소방시설관리사

5. 소방기술사

② 제1항에 따른 시험위원의 수는 다음 각 호의 구분에 따른다.　　　　　　〈개정 2017. 1. 26.〉

1. 출제위원: 시험 과목별 3명

2. 채점위원: 시험 과목별 5명 이내(제2차시험의 경우로 한정한다)

③ 제1항에 따라 시험위원으로 임명되거나 위촉된 사람은 소방청장이 정하는 시험문제 등의 출제 시 유의사항 및 서약서 등에 따른 준수사항을 성실히 이행하여야 한다. 〈개정 2014. 11. 19., 2017. 1. 26., 2017. 7. 26.〉

④ 제1항에 따라 임명되거나 위촉된 시험위원과 시험감독 업무에 종사하는 사람에게는 예산의 범위에서 수당과 여비를 지급할 수 있다.　　　　　　〈개정 2017. 1. 26.〉

[전문개정 2012. 9. 14.]

[제목개정 2017. 1. 26.]

제31조(시험 과목의 일부 면제)

① 법 제26조제3항에 따라 관리사시험의 제1차시험 과목 가운데 일부를 면제받을 수 있는 사람과 그 면제과목은 다음 각 호의 구분에 따른다. 다만, 제1호 및 제2호에 모두 해당하는 사람은 본인이 선택한 한 과목만 면제받을 수 있다.　　　　　　〈개정 2014. 11. 19., 2017. 7. 26.〉

1. 소방기술사 자격을 취득한 후 15년 이상 소방실무경력이 있는 사람: 제29조제1호나목의 과목

2. 소방공무원으로 15년 이상 근무한 경력이 있는 사람으로서 5년 이상 소방청장이 정하여 고시하는 소방 관련 업무 경력이 있는 사람: 제29조제1호다목의 과목

② 법 제26조제3항에 따라 관리사시험의 제2차시험 과목 가운데 일부를 면제받을 수 있는 사람과 그 면제과목은 다음 각 호의 구분에 따른다. 다만, 제1호 및 제2호에 모두 해당하는 사람은 본인이 선택한 한 과목만 면제받을 수 있다.

1. 제27조제1호에 해당하는 사람: 제29조제2호나목의 과목

2. 제27조제7호에 해당하는 사람: 제29조제2호가목의 과목

[전문개정 2013. 1. 9.]

제32조(시험의 시행 및 공고)

① 관리사시험은 1년마다 1회 시행하는 것을 원칙으로 하되, 소방청장이 필요하다고 인정하는 경우에는 그 횟수를 늘리거나 줄일 수 있다. 〈개정 2014. 11. 19., 2016. 6. 30., 2017. 7. 26.〉

② 소방청장은 관리사시험을 시행하려면 응시자격, 시험 과목, 일시ㆍ장소 및 응시절차 등에 관하여 필요한 사항을 모든 응시 희망자가 알 수 있도록 관리사시험 시행일 90일 전까지 소방청 홈페이지 등에 공고하여야 한다. 〈개정 2014. 11. 19., 2017. 1. 26., 2017. 7. 26.〉

[전문개정 2012. 9. 14.]

제33조(응시원서 제출 등)

① 관리사시험에 응시하려는 사람은 행정안전부령으로 정하는 관리사시험 응시원서를 소방청장에게 제출하여야 한다. 〈개정 2013. 3. 23., 2014. 11. 19., 2017. 7. 26.〉

② 제31조에 따라 시험 과목의 일부를 면제받으려는 사람은 제1항에 따른 응시원서에 그 뜻을 적어야 한다.

③ 관리사시험에 응시하는 사람은 제27조에 따른 응시자격에 관한 증명서류를 소방청장이 정하는 원서 접수기간 내에 제출하여야 하며, 증명서류는 해당 자격증(「국가기술자격법」에 따른 국가기술자격 취득자의 자격증은 제외한다) 사본과 행정안전부령으로 정하는 경력ㆍ재직증명원 또는 「소방시설공사업법 시행령」 제20조제4항에 따른 수탁기관이 발행하는 경력증명서로 한다. 다만, 국가ㆍ지방자치단체, 「공공기관의 운영에 관한 법률」 제4조에 따른 공공기관, 「지방공기업법」에 따른 지방공사 또는 지방공단이 증명하는 경력증명원은 해당 기관에서 정하는 서식에 따를 수 있다. 〈개정 2013. 3. 23., 2014. 11. 19., 2017. 7. 26., 2018. 6. 26., 2019. 8. 6.〉

④ 제1항에 따라 응시원서를 받은 소방청장은 「전자정부법」 제36조제1항에 따른 행정정보의 공동이용을 통하여 다음 각 호의 서류를 확인해야 한다. 다만, 응시자가 확인에 동의하지 않는 경우에는 그 사본을 첨부하게 해야 한다. 〈개정 2014. 11. 19., 2017. 7. 26., 2019. 8. 6.〉

1. 응시자의 해당 국가기술자격증
2. 국민연금가입자가입증명 또는 건강보험자격득실확인서

[전문개정 2012. 9. 14.]

제34조(시험의 합격자 결정 등)

① 제1차시험에서는 과목당 100점을 만점으로 하여 모든 과목의 점수가 40점 이상이고, 전 과목 평균 점수가 60점 이상인 사람을 합격자로 한다.

② 제2차시험에서는 과목당 100점을 만점으로 하되, 시험위원의 채점점수 중 최고점수와 최저점수를 제외한 점수가 모든 과목에서 40점 이상, 전 과목에서 평균 60점 이상인 사람을 합격자로 한다.

③ 소방청장은 제1항과 제2항에 따라 관리사시험 합격자를 결정하였을 때에는 이를 소방청 홈페이지 등에 공고하여야 한다. 〈개정 2014. 11. 19., 2017. 1. 26., 2017. 7. 26.〉

④ 삭제 〈2016. 1. 19.〉

[전문개정 2012. 9. 14.]

제35조 삭제 〈2012. 1. 31.〉

제36조(소방시설관리업의 등록기준)

① 법 제29조제2항에 따른 소방시설관리업의 등록기준은 별표 9와 같다.

② 시·도지사는 법 제29조제1항에 따른 등록신청이 다음 각 호의 어느 하나에 해당하는 경우를 제외하고는 등록을 해 주어야 한다.

1. 제1항에 따른 등록기준에 적합하지 아니한 경우

2. 등록을 신청한 자가 법 제30조 각 호의 결격사유 중 어느 하나에 해당하는 경우

3. 그 밖에 이 법 또는 다른 법령에 따른 제한에 위배되는 경우

[전문개정 2012. 9. 14.]

제6장 소방용품의 품질관리 〈개정 2012. 1. 31.〉

제37조(형식승인대상 소방용품)

법 제36조제1항 본문에서 "대통령령으로 정하는 소방용품"이란 별표 3 제1호[별표 1 제1호나목2)에 따른 상업용 주방소화장치는 제외한다] 및 같은 표 제2호부터 제4호까지에 해당하는 소방용품을 말한다. 〈개정 2014. 7. 7., 2015. 1. 6., 2017. 1. 26.〉

[전문개정 2012. 9. 14.]

제37조의2(우수품질인증 소방용품 우선 구매·사용 기관)

법 제40조의2제4호에서 "대통령령으로 정하는 기관"이란 다음 각 호의 어느 하나에 해당하는 기관을 말한다.

1. 「지방공기업법」 제49조에 따라 설립된 지방공사 및 같은 법 제76조에 따라 설립된 지방공단
2. 「지방자치단체 출자·출연 기관의 운영에 관한 법률」 제2조에 따른 출자·출연기관

[본조신설 2017. 1. 26.]

제7장 보칙

제38조(소방안전관리자의 자격을 인정받으려는 사람)

법 제41조제1항제3호에서 "대통령령으로 정하는 자"란 특급 소방안전관리대상물, 1급 소방안전관리대상물, 2급 소방안전관리대상물, 3급 소방안전관리대상물 또는 「공공기관의 소방안전관리에 관한 규정」 제2조에 따른 공공기관의 소방안전관리자가 되려는 사람을 말한다.

〈개정 2017. 1. 26.〉

[전문개정 2012. 9. 14.]

제38조의2(조치명령 등의 연기)

① 법 제47조의2제1항 각 호 외의 부분에서 "그 밖에 대통령령으로 정하는 사유"란 다음 각 호의 어느 하나의 경우에 해당하는 사유를 말한다.　　　　　　　〈개정 2017. 1. 26.〉
  1. 태풍, 홍수 등 재난(「재난 및 안전관리 기본법」 제3조제1호에 해당하는 재난을 말한다)이 발생하여 법 제47조의2 각 호에 따른 조치명령·선임명령 또는 이행명령(이하 "조치명령 등"이라 한다)을 이행할 수 없는 경우
  2. 관계인이 질병, 장기출장 등으로 조치명령 등을 이행할 수 없는 경우
  3. 경매 또는 양도·양수 등의 사유로 소유권이 변동되어 조치명령기간에 시정이 불가능 한 경우
  4. 시장·상가·복합건축물 등 다수의 관계인으로 구성되어 조치명령기간 내에 의견조정과 시정이 불가능하다고 인정할 만한 상당한 이유가 있는 경우
② 법 제47조의2제1항에 따라 조치명령 등의 연기를 신청하려는 관계인 등은 행정안전부령으로 정하는 연기신청서에 연기의 사유 및 기간 등을 적어 소방청장, 소방본부장 또는 소방서장에게 제출하여야 한다.　　　　　　　〈개정 2017. 7. 26.〉
③ 제2항에 따른 연기신청 및 연기신청서의 처리절차에 관하여 필요한 사항은 행정안전부령으로 정한다.　　　　　　　〈개정 2017. 7. 26.〉

[본조신설 2015. 6. 30.]

제39조(권한의 위임 · 위탁 등)

① 삭제 〈2020. 9. 8.〉

② 법 제45조제2항에 따라 소방청장은 다음 각 호의 업무를 기술원에 위탁한다.

〈개정 2017. 1. 26., 2017. 7. 26.〉

1. 법 제13조에 따른 방염성능검사 업무(합판 · 목재를 설치하는 현장에서 방염처리한 경우의 방염성능검사는 제외한다)

2. 법 제36조제1항 · 제2항 및 제8항부터 제10항까지의 규정에 따른 형식승인(시험시설의 심사를 포함한다)

3. 법 제37조에 따른 형식승인의 변경승인

4. 법 제38조제1항에 따른 형식승인의 취소(법 제44조제3호에 따른 청문을 포함한다)

5. 법 제39조제1항 및 제6항에 따른 성능인증

6. 법 제39조의2에 따른 성능인증의 변경인증

7. 법 제39조의3에 따른 성능인증의 취소(법 제44조제3호의2에 따른 청문을 포함한다)

8. 법 제40조에 따른 우수품질인증 및 그 취소(법 제44조제4호에 따른 청문을 포함한다)

③ 법 제45조제3항에 따라 소방청장은 법 제41조에 따른 소방안전관리에 대한 교육 업무를 「소방기본법」 제40조에 따른 한국소방안전원에 위탁한다. 〈개정 2014. 11. 19., 2017. 7. 26., 2018. 6. 26.〉

④ 법 제45조제4항에 따라 소방청장은 법 제36조제3항 및 제39조제2항에 따른 제품검사 업무를 기술원 또는 법 제42조에 따른 전문기관에 위탁한다. 〈개정 2014. 11. 19., 2017. 7. 26.〉

⑤ 소방청장은 법 제45조제6항에 따라 다음 각 호의 업무를 소방청장의 허가를 받아 설립한 소방기술과 관련된 법인 또는 단체 중에서 해당 업무를 처리하는 데 필요한 관련 인력과 장비를 갖춘 법인 또는 단체에 위탁한다. 이 경우 소방청장은 위탁받는 기관의 명칭 · 주소 · 대표자 및 위탁 업무의 내용을 고시하여야 한다. 〈개정 2014. 11. 19., 2016. 1. 19., 2017. 7. 26.〉

1. 법 제26조제4항 및 제5항에 따른 소방시설관리사증의 발급 · 재발급에 관한 업무

2. 법 제33조의2제1항에 따른 점검능력 평가 및 공시에 관한 업무

3. 법 제33조의2제4항에 따른 데이터베이스 구축에 관한 업무

[전문개정 2012. 9. 14.]

제39조의2(고유식별정보의 처리)

소방청장(제39조에 따라 소방청장의 권한을 위임·위탁받은 자를 포함한다), 시·도지사, 소방본부장 또는 소방서장은 다음 각 호의 사무를 수행하기 위하여 불가피한 경우 「개인정보 보호법 시행령」 제19조제1호 또는 제4호에 따른 주민등록번호 또는 외국인등록번호가 포함된 자료를 처리할 수 있다. 〈개정 2014. 7. 7., 2014. 11. 19., 2017. 7. 26.〉

1. 법 제4조 및 제4조의3에 따른 소방특별조사에 관한 사무
2. 법 제5조에 따른 소방특별조사 결과에 따른 조치명령에 관한 사무
3. 법 제6조에 따른 손실 보상에 관한 사무
4. 법 제7조에 따른 건축허가등의 동의에 관한 사무
5. 법 제9조에 따른 특정소방대상물에 설치하는 소방시설의 유지·관리 등에 관한 사무
6. 법 제10조에 따른 피난시설, 방화구획 및 방화시설의 유지·관리에 관한 사무
7. 법 제12조에 따른 소방대상물의 방염 등에 관한 사무
8. 삭제 〈2015. 6. 30.〉
9. 삭제 〈2015. 6. 30.〉
10. 삭제 〈2015. 6. 30.〉
11. 삭제 〈2015. 6. 30.〉
12. 법 제20조, 제21조 및 제24조에 따른 소방안전관리자의 선임신고 등에 관한 사무
13. 법 제25조의2에 따른 우수 소방대상물 관계인에 대한 포상 등에 관한 사무
14. 법 제26조에 따른 소방시설관리사시험 및 소방시설관리사증 발급 등에 관한 사무
15. 법 제26조의2에 따른 부정행위자에 대한 제재에 관한 사무
16. 법 제28조에 따른 자격의 취소·정지에 관한 사무
17. 법 제29조에 따른 소방시설관리업의 등록 등에 관한 사무
18. 법 제31조에 따른 등록사항의 변경신고에 관한 사무
19. 법 제32조에 따른 소방시설관리업자의 지위승계에 관한 사무
20. 법 제33조의2에 따른 점검능력 평가 및 공시 등에 관한 사무
21. 법 제34조에 따른 등록의 취소와 영업정지 등에 관한 사무
22. 법 제35조에 따른 과징금처분에 관한 사무
23. 법 제38조에 따른 형식승인의 취소 등에 관한 사무
24. 법 제41조에 따른 소방안전관리자 등에 대한 교육에 관한 사무
25. 법 제42조에 따른 제품검사 전문기관의 지정 등에 관한 사무
26. 법 제43조에 따른 전문기관의 지정취소 등에 관한 사무

27. 법 제44조에 따른 청문에 관한 사무

28. 법 제46조에 따른 감독에 관한 사무

29. 법 제47조에 따른 수수료 등 징수에 관한 사무

[본조신설 2013. 1. 9.]

제39조의3(규제의 재검토)

소방청장은 다음 각 호의 사항에 대하여 다음 각 호의 기준일을 기준으로 3년마다(매 3년이 되는 해의 기준일과 같은 날 전까지를 말한다) 그 타당성을 검토하여 개선 등의 조치를 하여야 한다.

〈개정 2014. 7. 7., 2014. 11. 19., 2015. 1. 6., 2015. 6. 30., 2017. 1. 26., 2017. 7. 26.〉

1. 제12조에 따른 건축허가등의 동의대상물의 범위 등: 2015년 1월 1일

1의2. 제15조 및 별표 5에 따른 특정소방대상물의 규모·용도 및 수용인원 등을 고려하여 갖추어야 하는 소방시설: 2014년 1월 1일

2. 제15조의2에 따른 내진설계기준을 맞추어야 하는 소방시설: 2014년 1월 1일

2의2. 제15조의5 및 별표 5의2에 따른 임시소방시설의 종류 및 설치기준 등: 2015년 1월 1일

2의3. 제15조의6에 따른 강화된 소방시설기준의 적용대상: 2015년 1월 1일

2의4. 제17조에 따른 특정소방대상물의 증축 또는 용도변경 시의 소방시설기준 적용의 특례: 2015년 1월 1일

3. 제19조에 따른 방염성능기준 이상의 실내장식물 등을 설치하여야 하는 특정소방대상물: 2014년 1월 1일

4. 제20조에 따른 방염대상물품 및 방염성능기준: 2014년 1월 1일

5. 삭제 〈2015. 6. 30.〉

5의2. 제22조에 따른 소방안전관리자를 두어야 하는 특정소방대상물 등: 2015년 1월 1일

5의3. 제22조의2에 따른 소방안전관리보조자를 두어야 하는 특정소방대상물 등: 2015년 1월 1일

5의4. 제23조에 따른 소방안전관리자 및 소방안전관리보조자의 선임대상자: 2015년 1월 1일

5의5. 제23조의2에 따른 소방안전관리 업무의 대행: 2015년 1월 1일

6. 삭제 〈2016. 12. 30.〉

7. 삭제 〈2016. 12. 30.〉

8. 삭제 〈2016. 12. 30.〉

9. 제40조 및 별표 10에 따른 과태료의 부과기준: 2015년 1월 1일

[본조신설 2013. 12. 30.]

제40조(과태료의 부과기준) 법 제53조제1항부터 제3항까지의 규정에 따른 과태료의 부과기준은 별표 10과 같다. 〈개정 2018. 6. 26., 2018. 8. 28.〉

[전문개정 2012. 9. 14.]

부칙 〈제31016호, 2020. 9. 15.〉

제1조(시행일)

이 영은 공포한 날부터 시행한다. 다만, 별표 1 제1호가목2), 별표 5 제5호가목6) 및 별표 6 제9호나목의 개정규정은 공포 후 6개월이 경과한 날부터 시행한다.

제2조(소방시설 설치 기준 강화에 관한 적용례)

별표 5 제5호가목6) 및 별표 6 제9호나목의 개정규정은 부칙 제1조 단서에 따른 시행일 이후 특정소방대상물의 신축 · 증축 · 개축 · 재축 · 이전 · 용도변경 또는 대수선의 허가 · 협의를 신청하거나 신고하는 경우부터 적용한다.

화재예방 소방시설 설치 · 유지 및 안전관리에 관한 법률 시행규칙

[시행 2020. 8. 14]
[행정안전부령 제132호, 2019. 8. 13, 일부개정]

제1장 총칙

제1조 목적

이 규칙은 「화재예방, 소방시설 설치·유지 및 안전관리에 관한 법률」 및 같은 법 시행령에서 위임된 사항과 그 시행에 필요한 사항을 규정함을 목적으로 한다.

〈개정 2005. 12. 21., 2012. 2. 3., 2016. 1. 26.〉

제1조의2(소방특별조사의 연기신청 등)

① 「화재예방, 소방시설 설치·유지 및 안전관리에 관한 법률」 (이하 "법"이라 한다) 제4조의 3제3항 및 「화재예방, 소방시설 설치·유지 및 안전관리에 관한 법률 시행령」 (이하 "영"이라 한다) 제8조제2항에 따라 소방특별조사의 연기를 신청하려는 자는 소방특별조사 시작 3일 전까지 별지 제1호서식의 소방특별조사 연기신청서(전자문서로 된 신청서를 포함한다)에 소방특별조사를 받기가 곤란함을 증명할 수 있는 서류(전자문서로 된 서류를 포함한다)를 첨부하여 소방청장, 소방본부장 또는 소방서장에게 제출하여야 한다.

〈개정 2013. 4. 16., 2014. 11. 19., 2016. 1. 26., 2017. 7. 26.〉

② 제1항에 따른 신청서를 제출받은 소방청장, 소방본부장 또는 소방서장은 연기신청의 승인 여부를 결정한 때에는 별지 제1호의2서식의 소방특별조사 연기신청 결과 통지서를 조사 시작 전까지 연기신청을 한 자에게 통지하여야 하고, 연기기간이 종료하면 지체 없이 조사를 시작하여야 한다. 〈개정 2014. 11. 19., 2017. 7. 26.〉

[본조신설 2012. 2. 3.]

제2조(소방특별조사에 따른 조치명령 등의 절차)

① 소방청장, 소방본부장 또는 소방서장은 법 제5조제1항에 따른 소방대상물의 개수(改修)·이전·제거, 사용의 금지 또는 제한, 사용폐쇄, 공사의 정지 또는 중지, 그 밖의 필요한 조치를 명할 때에는 별지 제2호서식의 소방특별조사 조치명령서를 해당 소방대상물의 관계인에게 발급하고, 별지 제2호의2서식의 소방특별조사 조치명령대장에 이를 기록하여 관리하여야 한다. 〈개정 2014. 11. 19., 2017. 7. 26.〉

② 소방청장, 소방본부장 또는 소방서장은 법 제5조에 따른 명령으로 인하여 손실을 입은 자가 있는 경우에는 별지 제2호의3서식의 소방특별조사 조치명령 손실확인서를 작성하여 관련 사진 및 그 밖의 증빙자료와 함께 보관하여야 한다. 〈개정 2014. 11. 19., 2017. 7. 26.〉

[전문개정 2012. 2. 3.]

제3조(손실보상 청구자가 제출하여야 하는 서류 등)

① 법 제5조제1항에 따른 명령으로 손실을 받은 자가 손실보상을 청구하고자 하는 때에는 별지 제3호서식의 손실보상청구서(전자문서로 된 청구서를 포함한다)에 다음 각 호의 서류(전자문서를 포함한다)를 첨부하여 특별시장·광역시장·특별자치시장·도지사 또는 특별자치도지사(이하 "시·도지사"라 한다)에게 제출하여야 한다. 이 경우 담당 공무원은 「전자정부법」 제36조제1항에 따른 행정정보의 공동이용을 통하여 건축물대장(소방대상물의 관계인임을 증명할 수 있는 서류가 건축물대장인 경우만 해당한다)을 확인하여야 한다. 〈개정 2005. 12. 21., 2007. 12. 13., 2010. 9. 10., 2012. 2. 3., 2015. 1. 9.〉

1. 소방대상물의 관계인임을 증명할 수 있는 서류(건축물대장은 제외한다)

2. 손실을 증명할 수 있는 사진 그 밖의 증빙자료

② 시·도지사는 영 제11조제2항에 따른 손실보상에 관하여 협의가 이루어진 때에는 손실보상을 청구한 자와 연명으로 별지 제4호서식의 손실보상합의서를 작성하고 이를 보관하여야 한다. 〈개정 2005. 12. 21., 2012. 2. 3.〉

제2장 소방시설의 설치 및 유지

제1절 건축허가등의 동의

제4조(건축허가등의 동의요구)

① 법 제7조제1항에 따른 건축물 등의 신축·증축·개축·재축·이전·용도변경 또는 대수선의 허가·협의 및 사용승인(이하 "건축허가등"이라 한다)의 동의요구는 다음 각 호의 구분에 따른 기관이 건축물 등의 시공지(施工地) 또는 소재지를 관할하는 소방본부장 또는 소방서장에게 하여야 한다. 〈개정 2013. 4. 16., 2014. 7. 8.〉

1. 영 제12조제1항제1호부터 제4호까지 및 제6호에 따른 건축물 등과 영 별표 2 제17호가목에 따른 위험물 제조소등의 경우: 「건축법」 제11조에 따른 허가(「건축법」 제29조제1항에 따른 협의, 「주택법」 제16조에 따른 승인, 같은 법 제29조에 따른 사용검사, 「학교시설사업 촉진법」 제4조에 따른 승인 및 같은 법 제13조에 따른 사용승인을 포함한다)의 권한이 있는 행정기관

2. 영 별표 2 제17호나목에 따른 가스시설의 경우: 「고압가스 안전관리법」 제4조, 「도시가스사업법」 제3조 및 「액화석유가스의 안전관리 및 사업법」 제3조·제6조에 따른 허가

의 권한이 있는 행정기관

3. 영 별표 2 제28호에 따른 지하구의 경우: 「국토의 계획 및 이용에 관한 법률」 제88조제2
   항에 따른 도시·군계획시설사업 실시계획 인가의 권한이 있는 행정기관

② 제1항 각 호의 어느 하나에 해당하는 기관은 영 제12조제3항에 따라 건축허가등의 동의를
   요구하는 때에는 동의요구서(전자문서로 된 요구서를 포함한다)에 다음 각 호의 서류(전
   자문서를 포함한다)를 첨부하여야 한다.

〈개정 2005. 12. 21., 2008. 1. 24., 2009. 6. 5., 2010. 9. 10., 2015. 1. 9., 2018. 9. 5.〉

1. 「건축법 시행규칙」 제6조·제8조 및 제12조의 규정에 의한 건축허가신청서 및 건축허
   가서 또는 건축·대수선·용도변경신고서 등 건축허가등을 확인할 수 있는 서류의 사본.
   이 경우 동의 요구를 받은 담당공무원은 특별한 사정이 없는 한 「전자정부법」 제36조제
   1항에 따른 행정정보의 공동이용을 통하여 건축허가서를 확인함으로써 첨부서류의 제출
   에 갈음하여야 한다.

2. 다음 각 목의 설계도서. 다만, 가목 및 다목의 설계도서는 「소방시설공사업법 시행령」
   제4조에 따른 소방시설공사 착공신고대상에 해당되는 경우에 한한다.

   가. 건축물의 단면도 및 주단면 상세도(내장재료를 명시한 것에 한한다)

   나. 소방시설(기계·전기분야의 시설을 말한다)의 층별 평면도 및 층별 계통도(시설별 계
      산서를 포함한다)

   다. 창호도

3. 소방시설 설치계획표

4. 임시소방시설 설치계획서(설치 시기·위치·종류·방법 등 임시소방시설의 설치와 관련
   한 세부사항을 포함한다)

5. 소방시설설계업등록증과 소방시설을 설계한 기술인력자의 기술자격증 사본

6. 「소방시설공사업법」 제21조의3제2항에 따라 체결한 소방시설설계 계약서 사본 1부

③ 제1항에 따른 동의요구를 받은 소방본부장 또는 소방서장은 법 제7조제3항에 따라 건축
   허가등의 동의요구서류를 접수한 날부터 5일(허가를 신청한 건축물 등이 영 제22조제1항
   제1호 각 목의 어느 하나에 해당하는 경우에는 10일) 이내에 건축허가등의 동의여부를 회
   신하여야 한다.   〈개정 2012. 2. 3.〉

④ 소방본부장 또는 소방서장은 제3항의 규정에 불구하고 제2항의 규정에 의한 동의 요구서 및
   첨부서류의 보완이 필요한 경우에는 4일 이내의 기간을 정하여 보완을 요구할 수 있다. 이
   경우 보완기간은 제3항의 규정에 의한 회신기간에 산입하지 아니하고, 보완기간내에 보완하
   지 아니하는 때에는 동의요구서를 반려하여야 한다.   〈개정 2010. 9. 10.〉

⑤ 제1항에 따라 건축허가등의 동의를 요구한 기관이 그 건축허가등을 취소하였을 때에는 취소한 날부터 7일 이내에 건축물 등의 시공지 또는 소재지를 관할하는 소방본부장 또는 소방서장에게 그 사실을 통보하여야 한다. 〈개정 2013. 4. 16.〉

⑥ 소방본부장 또는 소방서장은 제3항의 규정에 의하여 동의 여부를 회신하는 때에는 별지 제5호서식의 건축허가등의동의대장에 이를 기재하고 관리하여야 한다.

⑦ 법 제7조제6항 후단에서 "행정안전부령으로 정하는 기간"이란 7일을 말한다.

〈신설 2014. 7. 8., 2014. 11. 19., 2017. 7. 26.〉

제5조 삭제 〈2007. 3. 23.〉

제6조(소방시설을 설치하여야 하는 터널)

① 영 별표 5 제1호다목2)나)에서 "행정안전부령으로 정하는 터널"이란 「도로의 구조ㆍ시설 기준에 관한 규칙」 제48조에 따라 국토교통부장관이 정하는 도로의 구조 및 시설에 관한 세부기준에 의하여 옥내소화전설비를 설치하여야 하는 터널을 말한다.

〈신설 2017. 2. 10., 2017. 7. 26.〉

② 영 별표 5 제1호바목7) 본문에서 "행정안전부령으로 정하는 터널"이란 「도로의 구조ㆍ시설 기준에 관한 규칙」 제48조에 따라 국토교통부장관이 정하는 도로의 구조 및 시설에 관한 세부기준에 의하여 물분무설비를 설치하여야 하는 터널을 말한다.

〈개정 2014. 11. 19., 2017. 2. 10., 2017. 7. 26.〉

③ 영 별표 5 제5호가목5)에서 "행정안전부령으로 정하는 터널"이란 「도로의 구조ㆍ시설 기준에 관한 규칙」 제48조에 따라 국토교통부장관이 정하는 도로의 구조 및 시설에 관한 세부기준에 의하여 제연설비를 설치하여야 하는 터널을 말한다.

〈개정 2014. 11. 19., 2017. 2. 10., 2017. 7. 26.〉

[전문개정 2014. 7. 8.]

[제목개정 2017. 2. 10.]

제7조(연소 우려가 있는 건축물의 구조)

영 별표 5 제1호사목1) 후단에서 "행정안전부령으로 정하는 연소(延燒) 우려가 있는 구조"란 다음 각 호의 기준에 모두 해당하는 구조를 말한다. 〈개정 2014. 7. 8., 2014. 11. 19., 2017. 7. 26.〉

1. 건축물대장의 건축물 현황도에 표시된 대지경계선 안에 둘 이상의 건축물이 있는 경우
2. 각각의 건축물이 다른 건축물의 외벽으로부터 수평거리가 1층의 경우에는 6미터 이하, 2

층 이상의 층의 경우에는 10미터 이하인 경우

3. 개구부(영 제2조제1호에 따른 개구부를 말한다)가 다른 건축물을 향하여 설치되어 있는 경우

[전문개정 2013. 4. 16.]

제2절 삭제 〈2015. 7. 16.〉

제8조 삭제 〈2015. 7. 16.〉

제9조 삭제 〈2015. 7. 16.〉

제10조 삭제 〈2015. 7. 16.〉

제11조 삭제 〈2015. 7. 16.〉

제12조 삭제 〈2015. 7. 16.〉

제13조 삭제 〈2015. 7. 16.〉

제3장 소방대상물의 안전관리

제1절 특정소방대상물의 소방안전관리 〈개정 2012. 2. 3.〉

제14조(소방안전관리자의 선임신고 등)

① 특정소방대상물의 관계인은 법 제20조제2항 및 법 제21조에 따라 소방안전관리자를 다음 각 호의 어느 하나에 해당하는 날부터 30일 이내에 선임하여야 한다.

〈개정 2005. 12. 21., 2009. 6. 5., 2012. 2. 3., 2015. 1. 9., 2017. 2. 10.〉

1. 신축 · 증축 · 개축 · 재축 · 대수선 또는 용도변경으로 해당 특정소방대상물의 소방안전관리자를 신규로 선임하여야 하는 경우 : 해당 특정소방대상물의 완공일(건축물의 경우에는 「건축법」 제22조에 따라 건축물을 사용할 수 있게 된 날을 말한다. 이하 이 조 및 제14조

의2에서 같다)

2. 증축 또는 용도변경으로 인하여 특정소방대상물이 영 제22조제1항에 따른 소방안전관리대상물(이하 "소방안전관리대상물"이라 한다)로 된 경우 : 증축공사의 완공일 또는 용도변경 사실을 건축물관리대장에 기재한 날

3. 특정소방대상물을 양수하거나 「민사집행법」에 의한 경매, 「채무자 회생 및 파산에 관한 법률」에 의한 환가, 「국세징수법」·「관세법」 또는 「지방세기본법」에 의한 압류재산의 매각 그 밖에 이에 준하는 절차에 의하여 관계인의 권리를 취득한 경우 : 해당 권리를 취득한 날 또는 관할 소방서장으로부터 소방안전관리자 선임 안내를 받은 날. 다만, 새로 권리를 취득한 관계인이 종전의 특정소방대상물의 관계인이 선임신고한 소방안전관리자를 해임하지 아니하는 경우를 제외한다.

4. 법 제21조에 따른 특정소방대상물의 경우 : 소방본부장 또는 소방서장이 공동 소방안전관리 대상으로 지정한 날

5. 소방안전관리자를 해임한 경우 : 소방안전관리자를 해임한 날

6. 법 제20조제3항에 따라 소방안전관리업무를 대행하는 자를 감독하는 자를 소방안전관리자로 선임한 경우로서 그 업무대행 계약이 해지 또는 종료된 경우: 소방안전관리업무 대행이 끝난 날

② 영 제22조제1항제3호 및 제4호에 따른 2급 또는 3급 소방안전관리대상물의 관계인은 제29조에 따른 소방안전관리자에 대한 강습교육이나 영 제23조제3항제5호 또는 같은 조 제4항제2호에 따른 2급 또는 3급 소방안전관리대상물의 소방안전관리에 관한 시험이 제1항에 따른 소방안전관리자 선임기간 내에 있지 아니하여 소방안전관리자를 선임할 수 없는 경우에는 소방안전관리자 선임의 연기를 신청할 수 있다. 〈개정 2012. 2. 3., 2017. 2. 10.〉

③ 제2항에 따라 소방안전관리자 선임의 연기를 신청하려는 2급 또는 3급 소방안전관리대상물의 관계인은 별지 제18호서식의 선임 연기신청서에 소방안전관리 강습교육접수증 사본 또는 소방안전관리자 시험응시표 사본을 첨부하여 소방본부장 또는 소방서장에게 제출하여야 한다. 이 경우 2급 또는 3급 소방안전관리대상물의 관계인은 소방안전관리자가 선임될 때까지 법 제20조제6항 각 호의 소방안전관리 업무를 수행하여야 한다. 〈개정 2012. 2. 3., 2017. 2. 10., 2018. 9. 5.〉

④ 소방본부장 또는 소방서장은 제3항에 따른 신청을 받은 때에는 소방안전관리자 선임기간을 정하여 2급 또는 3급 소방안전관리대상물의 관계인에게 통보하여야 한다.

〈개정 2012. 2. 3., 2017. 2. 10., 2018. 9. 5.〉

⑤ 소방안전관리대상물의 관계인은 법 제20조제2항에 따른 소방안전관리자 및 법 제21조에 따

른 공동 소방안전관리자(「기업활동 규제완화에 관한 특별조치법」 제29조제3항·제30조제2항 또는 제32조제2항에 따라 소방안전관리자를 겸임하거나 공동으로 선임되는 자를 포함한다)를 선임한 때에는 법 제20조제4항에 따라 별지 제19호서식의 소방안전관리자 선임신고서(전자문서로 된 신고서를 포함한다)에 다음 각 호의 어느 하나에 해당하는 서류(전자문서를 포함한다)를 첨부하여 소방본부장 또는 소방서장에게 제출하여야 한다. 이 경우 담당 공무원은 「전자정부법」 제36조제1항에 따른 행정정보의 공동이용을 통하여 선임된 소방안전관리자의 국가기술자격증(영 제23조제1항제2호·제3호, 같은 조 제2항제1호·제2호 및 같은 조 제3항제1호·제2호에 해당하는 사람만 해당한다)을 확인하여야 하며, 신고인이 확인에 동의하지 아니하는 경우에는 그 서류(국가기술자격증의 경우에는 그 사본을 말한다)를 제출하도록 하여야 한다.

〈개정 2005. 12. 21., 2007. 12. 13., 2010. 9. 10., 2012. 2. 3., 2015. 7. 16., 2016. 1. 26., 2017. 2. 10.〉

1. 소방시설관리사증

2. 삭제 〈2007. 12. 13.〉

3. 제35조에 따른 소방안전관리자수첩(영 제23조제1항제2호부터 제5호까지, 같은 조 제2항제2호·제3호 및 제7호, 같은 조 제3항제4호 및 제5호, 같은 조 제4항제1호 및 제2호에 해당하는 사람만 해당한다)

4. 소방안전관리대상물의 소방안전관리에 관한 업무를 감독할 수 있는 직위에 있는 자임을 증명하는 서류(법 제20조제3항에 따라 소방안전관리대상물의 관계인이 소방안전관리 업무를 대행하게 하는 경우만 해당한다) 1부

5. 「위험물안전관리법」 제19조에 따른 자체소방대장임을 증명하는 서류 또는 소방시설관리업자에게 소방안전관리 업무를 대행하게 한 사실을 증명할 수 있는 서류(법 제20조제3항에 따라 소방대상물의 자체소방대장 또는 소방시설관리업자에게 소방안전관리 업무를 대행하게 한 경우에 한한다) 1부

6. 「기업활동 규제완화에 관한 특별조치법」 제29조제3항 또는 제30조제2항에 따라 해당 특정소방대상물의 소방안전관리자를 겸임할 수 있는 안전관리자로 선임된 사실을 증명할 수 있는 서류 또는 선임사항이 기록된 자격수첩

⑥ 소방본부장 또는 소방서장은 특정소방대상물의 관계인이 법 제20조제3항에 따른 소방안전관리자를 선임하여 신고하는 경우에는 신고인에게 별지 제19호의2서식의 소방안전관리자 선임증을 발급하여야 한다. 〈신설 2014. 7. 8., 2015. 7. 16., 2017. 2. 10.〉

⑦ 특정소방대상물의 관계인은 「전자정부법」 제9조에 따라 소방청장이 설치한 전산시스템을 이용하여 제5항에 따른 소방안전관리자의 선임신고를 할 수 있으며, 이 경우 소방본부장 또

는 소방서장은 별지 제19호의2서식의 소방안전관리자 선임증을 발급하여야 한다.

〈신설 2016. 1. 26., 2017. 2. 10., 2017. 7. 26.〉

⑧ 법 제20조제4항에서 "행정안전부령으로 정하는 사항"이란 다음 각 호의 사항을 말한다.

〈신설 2017. 2. 10., 2017. 7. 26.〉

1. 소방안전관리대상물의 명칭
2. 소방안전관리자의 선임일자
3. 소방안전관리대상물의 등급
4. 소방안전관리자의 연락처

⑨ 법 제20조제4항에 따른 소방안전관리자 성명 등의 게시는 별지 제19호의3서식에 따른다.〈 신설 2017. 2. 10.〉

[제목개정 2012. 2. 3.]

제14조의2(소방안전관리보조자의 선임신고 등)

① 특정소방대상물의 관계인은 법 제20조제2항에 따라 소방안전관리자보조자를 다음 각 호의 어느 하나에 해당하는 날부터 30일 이내에 선임하여야 한다.

1. 신축 · 증축 · 개축 · 재축 · 대수선 또는 용도변경으로 해당 특정소방대상물의 소방안전관리보조자를 신규로 선임하여야 하는 경우: 해당 특정소방대상물의 완공일
2. 특정소방대상물을 양수하거나 「민사집행법」 에 의한 경매, 「채무자 회생 및 파산에 관한 법률」 에 의한 환가, 「국세징수법」 · 「관세법」 또는 「지방세기본법」 에 의한 압류재산의 매각 그 밖에 이에 준하는 절차에 의하여 관계인의 권리를 취득한 경우: 해당 권리를 취득한 날 또는 관할 소방서장으로부터 소방안전관리보조자 선임 안내를 받은 날. 다만, 새로 권리를 취득한 관계인이 종전의 특정소방대상물의 관계인이 선임신고한 소방안전관리보조자를 해임하지 아니하는 경우를 제외한다.
3. 소방안전관리보조자를 해임한 경우: 소방안전관리보조자를 해임한 날

② 영 제22조의2제1항에 따른 소방안전관리보조자를 선임하여야 하는 특정소방대상물(이하 "보조자선임대상 특정소방대상물"이라 한다)의 관계인은 제29조의 강습교육이 제1항에 따른 소방안전관리보조자 선임기간 내에 있지 아니하여 소방안전관리보조자를 선임할 수 없는 경우에는 소방안전관리보조자 선임의 연기를 신청할 수 있다. 〈신설 2018. 9. 5.〉

③ 제2항에 따라 소방안전관리보조자 선임의 연기를 신청하려는 보조자선임대상 특정소방대상물의 관계인은 별지 제18호서식의 선임 연기신청서에 소방안전관리 강습교육접수증 사본을 첨부하여 소방본부장 또는 소방서장에게 제출하여야 한다. 〈신설 2018. 9. 5.〉

④ 소방본부장 또는 소방서장은 제3항에 따라 선임 연기신청서를 제출받은 경우에는 소방안전관리보조자 선임기간을 정하여 보조자선임대상 특정소방대상물의 관계인에게 통보하여야 한다. 〈신설 2018. 9. 5.〉

⑤ 특정소방대상물의 관계인은 법 제20조제2항에 따른 소방안전관리보조자를 선임한 때에는 법 제20조제4항에 따라 별지 제19호의4서식의 소방안전관리보조자 선임신고서(전자문서로 된 신고서를 포함한다)에 다음 각 호의 어느 하나에 해당하는 서류(전자문서를 포함하며, 영 제23조제5항 각 호의 자격요건 중 해당 자격을 증명할 수 있는 서류를 말한다)를 첨부하여 소방본부장 또는 소방서장에게 제출하여야 한다. 이 경우 담당 공무원은 「전자정부법」 제36조제1항에 따른 행정정보의 공동이용을 통하여 선임된 소방안전관리보조자의 국가기술자격증(영 제23조제5항제1호에 해당하는 사람 중 같은 조 제1항제2호 · 제3호, 같은 조 제2항제1호 · 제2호, 같은 조 제3항제1호 · 제2호에 해당하는 사람 및 같은 조 제5항제2호에 해당하는 사람만 해당한다)을 확인하여야 하며, 신고인이 확인에 동의하지 아니하는 경우에는 국가기술자격증의 사본을 제출하도록 하여야 한다. 〈개정 2016. 1. 26., 2017. 2. 10., 2018. 9. 5.〉

1. 소방시설관리사증

2. 제35조에 따른 소방안전관리자수첩

3. 특급, 1급, 2급 또는 3급 소방안전관리에 관한 강습교육수료증 1부

4. 해당 소방안전관리대상물에 소방안전 관련 업무에 근무한 경력이 있는 사람임을 증명할 수 있는 서류 1부

⑥ 영 제23조제5항제2호에서 "행정안전부령으로 정하는 국가기술자격"이란 「국가기술자격법 시행규칙」 별표 2의 중직무분야에서 건축, 기계제작, 기계장비설비 · 설치, 화공, 위험물, 전기, 안전관리에 해당하는 국가기술자격을 말한다. 〈개정 2017. 2. 10., 2017. 7. 26., 2018. 9. 5.〉

⑦ 특정소방대상물의 관계인은 「전자정부법」 제9조에 따라 소방청장이 설치한 전산시스템을 이용하여 제2항에 따른 소방안전관리자보조자의 선임신고를 할 수 있으며, 이 경우 소방본부장 또는 소방서장은 별지 제19호의2서식의 소방안전관리보조자 선임증을 발급하여야 한다. 〈신설 2016. 1. 26., 2017. 2. 10., 2017. 7. 26., 2018. 9. 5.〉

[본조신설 2015. 1. 9.]

[종전 제14조의2는 제14조의3으로 이동 〈2015. 1. 9.〉]

제14조의3(자위소방대 및 초기대응체계의 구성, 운영 및 교육 등)

① 소방안전관리대상물의 소방안전관리자는 법 제20조제6항제2호에 따른 자위소방대를 다음 각 호의 기능을 효율적으로 수행할 수 있도록 편성 · 운영하되, 소방안전관리대상물의 규

모·용도 등의 특성을 고려하여 응급구조 및 방호안전기능 등을 추가하여 수행할 수 있도록 편성할 수 있다. 〈개정 2015. 1. 9.〉

1. 화재 발생 시 비상연락, 초기소화 및 피난유도

2. 화재 발생 시 인명·재산피해 최소화를 위한 조치

② 소방안전관리대상물의 소방안전관리자는 법 제20조제6항제2호에 따른 초기대응체계를 제 1항에 따른 자위소방대에 포함하여 편성하되, 화재 발생 시 초기에 신속하게 대처할 수 있도록 해당 소방안전관리대상물에 근무하는 사람의 근무위치, 근무인원 등을 고려하여 편성하여야 한다. 〈신설 2015. 1. 9.〉

③ 소방안전관리대상물의 소방안전관리자는 해당 특정소방대상물이 이용되고 있는 동안 제2항에 따른 초기대응체계를 상시적으로 운영하여야 한다. 〈신설 2015. 1. 9.〉

④ 소방안전관리대상물의 소방안전관리자는 연 1회 이상 자위소방대(초기대응체계를 포함한다)를 소집하여 그 편성 상태를 점검하고, 소방교육을 실시하여야 한다. 이 경우 초기대응체계에 편성된 근무자 등에 대하여는 화재 발생 초기대응에 필요한 기본 요령을 숙지할 수 있도록 소방교육을 실시하여야 한다. 〈개정 2015. 1. 9.〉

⑤ 소방안전관리대상물의 소방안전관리자는 제4항에 따른 소방교육을 제15조제1항에 따른 소방훈련과 병행하여 실시할 수 있다. 〈개정 2015. 1. 9.〉

⑥ 소방안전관리대상물의 소방안전관리자는 제4항에 따른 소방교육을 실시하였을 때에는 그 실시 결과를 별지 제19호의5서식의 자위소방대 및 초기대응체계 소방교육 실시 결과 기록부에 기록하고, 이를 2년간 보관하여야 한다. 〈개정 2015. 1. 9., 2017. 2. 10.〉

⑦ 소방청장은 자위소방대의 구성, 운영 및 교육, 초기대응체계의 편성·운영 등에 필요한 지침을 작성하여 배포할 수 있으며, 소방본부장 또는 소방서장은 소방안전관리대상물의 소방안전관리자가 해당 지침을 준수하도록 지도할 수 있다. 〈개정 2014. 11. 19., 2015. 1. 9., 2017. 7. 26.〉

[본조신설 2014. 7. 8.]

[제목개정 2015. 1. 9.]

[제14조의2에서 이동 〈2015. 1. 9.〉]

제14조의4(피난계획의 수립·시행)

① 법 제21조의2제1항에 따른 피난계획(이하 "피난계획"이라 한다)에는 다음 각 호의 사항이 포함되어야 한다.

1. 화재경보의 수단 및 방식

2. 층별, 구역별 피난대상 인원의 현황

3. 장애인, 노인, 임산부, 영유아 및 어린이 등 이동이 어려운 사람(이하 "재해약자"라 한다)의 현황

4. 각 거실에서 옥외(옥상 또는 피난안전구역을 포함한다)로 이르는 피난경로

5. 재해약자 및 재해약자를 동반한 사람의 피난동선과 피난방법

6. 피난시설, 방화구획, 그 밖에 피난에 영향을 줄 수 있는 제반 사항

② 소방안전관리대상물의 관계인은 해당 소방안전관리대상물의 구조·위치, 소방시설 등을 고려하여 피난계획을 수립하여야 한다. 〈개정 2019. 8. 13.〉

③ 소방안전관리대상물의 관계인은 해당 소방안전관리대상물의 피난시설이 변경된 경우에는 그 변경사항을 반영하여 피난계획을 정비하여야 한다.

④ 제1항부터 제3항까지에서 규정한 사항 외에 피난계획의 수립·시행에 필요한 세부사항은 소방청장이 정하여 고시한다. 〈개정 2017. 7. 26.〉

[본조신설 2015. 7. 16.]

제14조의5(피난유도 안내정보의 제공)

① 법 제21조의2제3항에 따른 피난유도 안내정보 제공은 다음 각 호의 어느 하나에 해당하는 방법으로 하여야 한다.

1. 연 2회 피난안내 교육을 실시하는 방법

2. 분기별 1회 이상 피난안내방송을 실시하는 방법

3. 피난안내도를 층마다 보기 쉬운 위치에 게시하는 방법

4. 엘리베이터, 출입구 등 시청이 용이한 지역에 피난안내영상을 제공하는 방법

② 제1항에서 규정한 사항 외에 피난유도 안내정보의 제공에 필요한 세부사항은 소방청장이 정하여 고시한다. 〈개정 2017. 7. 26.〉

[본조신설 2015. 7. 16.]

제15조(특정소방대상물의 근무자 및 거주자에 대한 소방훈련과 교육)

① 영 제22조의 규정에 의한 특정소방대상물의 관계인은 법 제22조제3항의 규정에 의한 소방훈련과 교육을 연 1회 이상 실시하여야 한다. 다만, 소방서장이 화재예방을 위하여 필요하다고 인정하여 2회의 범위 안에서 추가로 실시할 것을 요청하는 경우에는 소방훈련과 교육을 실시하여야 한다.

② 소방서장은 영 제22조제1항제1호 및 제2호에 따른 특급 및 1급 소방안전관리대상물의 관계인으로 하여금 제1항에 따른 소방훈련을 소방기관과 합동으로 실시하게 할 수 있다.

〈개정 2012. 2. 3.〉

③ 법 제22조의 규정에 의하여 소방훈련을 실시하여야 하는 관계인은 소방훈련에 필요한 장비 및 교재 등을 갖추어야 한다.

④ 소방안전관리대상물의 관계인은 제1항에 따른 소방훈련과 교육을 실시하였을 때에는 그 실시 결과를 별지 제20호서식의 소방훈련·교육 실시 결과 기록부에 기록하고, 이를 소방훈련과 교육을 실시한 날의 다음 날부터 2년간 보관하여야 한다. 〈개정 2012. 2. 3., 2018. 9. 5.〉

제16조(소방안전교육 대상자 등)

① 소방본부장 또는 소방서장은 법 제23조제1항의 규정에 의하여 소방안전교육을 실시하고자 하는 때에는 교육일시·장소 등 교육에 필요한 사항을 명시하여 교육일 10일전까지 교육대상자에게 통보하여야 한다.

② 법 제23조제2항에 따른 소방안전교육대상자는 다음 각 호의 어느 하나에 해당하는 특정소방대상물의 관계인으로서 관할 소방서장이 교육이 필요하다고 인정하는 사람으로 한다.

〈개정 2012. 2. 3.〉

1. 소규모의 공장·작업장·점포 등이 밀집한 지역 안에 있는 특정소방대상물
2. 주택으로 사용하는 부분 또는 층이 있는 특정소방대상물
3. 목조 또는 경량철골조 등 화재에 취약한 구조의 특정소방대상물
4. 그 밖에 화재에 대하여 취약성이 높다고 관할 소방본부장 또는 소방서장이 인정하는 특정소방대상물

③ 삭제 〈2009. 6. 5.〉

제2절 소방시설등의 자체점검

제17조(소방시설등 자체점검 기술자격자의 범위)

법 제25조제1항에서 "행정안전부령으로 정하는 기술자격자"란 소방안전관리자로 선임된 소방시설관리사 및 소방기술사를 말한다. 〈개정 2009. 6. 5., 2012. 2. 3., 2013. 3. 23., 2014. 11. 19., 2017. 7. 26.〉

제18조(소방시설등 자체점검의 구분 및 대상)

① 법 제25조제3항에 따른 소방시설등의 자체점검의 구분·대상·점검자의 자격·점검방법 및 점검횟수는 별표 1과 같고, 소방시설관리업자 또는 소방안전관리자로 선임된 소방시설관리사 및 소방기술사가 점검하는 경우 점검인력의 배치기준은 별표 2와 같다.

〈개정 2012. 2. 3., 2018. 9. 5.〉

② 법 제25조제3항에 따른 소방시설별 점검 장비는 별표 2의2와 같다.

〈개정 2013. 4. 16., 2017. 2. 10.〉

③ 소방시설관리업자는 법 제25조제1항에 따라 점검을 실시한 경우 점검이 끝난 날부터 10일 이내에 별표 2에 따른 점검인력 배치 상황을 포함한 소방시설등에 대한 자체점검실적(별표 1 제4호에 따른 외관점검은 제외한다)을 법 제45조제6항에 따라 소방시설관리업자에 대한 평가 등에 관한 업무를 위탁받은 법인 또는 단체(이하 "평가기관"이라 한다)에 통보하여야 한다. 〈신설 2012. 2. 3., 2014. 7. 8.〉

④ 제1항의 규정에 의한 자체점검 구분에 따른 점검사항·소방시설등점검표·점검인원 및 세부점검방법 그 밖의 자체점검에 관하여 필요한 사항은 소방청장이 이를 정하여 고시한다. 〈개정 2012. 2. 3., 2014. 11. 19., 2017. 7. 26.〉

제19조(점검결과보고서의 제출)

① 법 제20조제2항 전단에 따른 소방안전관리대상물의 관계인 및 「공공기관의 소방안전관리에 관한 규정」 제5조에 따라 소방안전관리자를 선임하여야 하는 공공기관의 장은 별표 1에 따른 작동기능점검을 실시한 경우 법 제25조제2항에 따라 7일 이내에 별지 제21호서식의 작동기능점검 실시 결과 보고서를 소방본부장 또는 소방서장에게 제출하여야 한다. 이 경우 소방청장이 지정하는 전산망을 통하여 그 점검결과보고서를 제출할 수 있다.

〈개정 2014. 11. 19., 2015. 1. 9., 2017. 2. 10., 2017. 7. 26., 2019. 8. 13.〉

② 법 제20조제2항 전단에 따른 소방안전관리대상물의 관계인 및 「공공기관의 소방안전관리에 관한 규정」 제5조에 따라 소방안전관리자를 선임하여야 하는 공공기관의 장은 별표 1에 따른 종합정밀점검을 실시한 경우 법 제25조제2항에 따라 7일 이내에 별지 제21호의2서식의 소방시설등 종합정밀점검 실시 결과 보고서에 제18조제4항에 따라 소방청장이 정하여 고시하는 소방시설등점검표를 첨부하여 소방본부장 또는 소방서장에게 제출하여야 한다. 이 경우 소방청장이 지정하는 전산망을 통하여 그 점검결과보고서를 제출할 수 있다. 〈개정 2014. 11. 19., 2017. 2. 10., 2017. 7. 26., 2019. 8. 13.〉

③ 법 제20조제2항 전단에 따른 소방안전관리대상물의 관계인 및 「공공기관의 소방안전관리에 관한 규정」 제5조에 따라 소방안전관리자를 선임하여야 하는 공공기관의 기관장은 법 제25조제3항에 따라 별표 1에 따른 작동기능점검을 실시한 경우 그 점검결과를 2년간 자체 보관하여야 한다. 〈개정 2017. 2. 10.〉

[전문개정 2014. 7. 8.]

제20조(소방안전관리 업무대행 등의 대가)

법 제20조제10항 및 법 제25조제4항에서 "행정안전부령으로 정하는 방식"이란 「엔지니어링산업 진흥법」 제31조에 따라 산업통상자원부장관이 인가한 엔지니어링사업대가의 기준 중 실비정액가산방식을 말한다. 〈개정 2005. 12. 21., 2009. 6. 5., 2012. 2. 3., 2013. 3. 23., 2014. 7. 8., 2014. 11. 19., 2017. 7. 26.〉

[제목개정 2014. 7. 8.]

제20조의2(우수 소방대상물의 선정 등)

① 소방청장은 법 제25조의2에 따른 우수 소방대상물의 선정 및 관계인에 대한 포상을 위하여 우수 소방대상물의 선정 방법, 평가 대상물의 범위 및 평가 절차 등에 관한 내용이 포함된 시행계획(이하"시행계획"이라 한다)을 매년 수립 · 시행하여야 한다.

〈개정 2014. 11. 19., 2017. 7. 26.〉

② 삭제 〈2015. 1. 9.〉

③ 삭제 〈2015. 1. 9.〉

④ 삭제 〈2015. 1. 9.〉

⑤ 소방청장은 제4항에 따라 우수 소방대상물로 선정된 소방대상물의 관계인 또는 소방안전관리자를 포상할 수 있다. 〈개정 2014. 11. 19., 2015. 1. 9., 2017. 7. 26.〉

⑥ 소방청장은 우수소방대상물 선정을 위하여 필요한 경우에는 소방대상물을 직접 방문하여 필요한 사항을 확인할 수 있다. 〈개정 2014. 11. 19., 2015. 1. 9., 2017. 7. 26.〉

⑦ 소방청장은 우수 소방대상물 선정 등 업무의 객관성 및 전문성을 확보하기 위하여 필요한 경우에는 다음 각 호의 어느 하나에 해당하는 사람이 2명 이상 포함된 평가위원회를 구성하여 운영할 수 있다. 이 경우 평가위원회의 위원에게는 예산의 범위에서 수당, 여비 등 필요한 경비를 지급할 수 있다. 〈개정 2014. 7. 8., 2014. 11. 19., 2015. 1. 9., 2017. 7. 26.〉

1. 소방기술사(소방안전관리자로 선임된 사람은 제외한다)

2. 소방 관련 석사 학위 이상을 취득한 사람

3. 소방 관련 법인 또는 단체에서 소방 관련 업무에 5년 이상 종사한 사람

4. 소방공무원 교육기관, 대학 또는 연구소에서 소방과 관련한 교육 또는 연구에 5년 이상 종사한 사람

⑧ 제1항부터 제7항까지에서 규정한 사항 외에 우수 소방대상물의 평가, 평가위원회 구성 · 운영, 포상의 종류 · 명칭 및 우수 소방대상물 인증표지 등에 관한 사항은 소방청장이 정하여 고시한다. 〈개정 2014. 7. 8., 2014. 11. 19., 2017. 7. 26.〉

[본조신설 2012. 2. 3.]

제20조의3(소방시설관리증의 발급)

영 제39조제5항제1호에 따라 소방시설관리증의 발급·재발급에 관한 업무를 위탁받은 법인 또는 단체(이하 "소방시설관리증발급자"라 한다)는 법 제26조제4항에 따라 소방시설관리사 시험 합격자에게 합격자 공고일부터 1개월 이내에 별지 제40호서식의 소방시설관리증을 발급하여야 하며, 이를 별지 제41호서식의 소방시설관리증 발급대장에 기록하고 관리하여야 한다.

〈개정 2017. 2. 10.〉

[본조신설 2016. 1. 26.]

제20조의4(소방시설관리증 재발급)

① 법 제26조제5항에 따라 소방시설관리사가 소방시설관리증을 잃어버리거나 못쓰게 되어 소방시설관리증의 재발급을 신청하는 때에는 별지 제40호의2서식의 소방시설관리증 재발급 신청서(전자문서로 된 신청서를 포함한다)를 소방시설관리증발급자에게 제출하여야 한다. 〈개정 2017. 2. 10.〉

② 소방시설관리증발급자는 제1항에 따라 재발급신청서를 제출받은 때에는 3일 이내에 소방시설관리증을 재발급하여야 한다. 〈개정 2017. 2. 10.〉

[본조신설 2016. 1. 26.]

제3절 소방시설관리업

제21조(소방시설관리업의 등록신청)

① 법 제29조제1항에 따라 소방시설관리업을 하려는 자는 별지 제22호서식의 소방시설관리업 등록신청서(전자문서로 된 신청서를 포함한다)에 별지 제23호서식의 기술인력연명부 및 기술자격증(자격수첩을 포함한다)을 첨부하여 시·도지사에게 제출(전자문서로 제출하는 경우를 포함한다)하여야 한다. 〈개정 2017. 2. 10.〉

② 제1항에 따른 신청서를 제출받은 담당 공무원은 「전자정부법」 제36조제1항에 따라 행정 정보의 공동이용을 통하여 법인등기부 등본(법인인 경우만 해당한다)과 제1항에 따라 제출하는 기술인력연명부에 기록된 소방기술인력의 국가기술자격증을 확인하여야 한다. 다만, 신청인이 국가기술자격증의 확인에 동의하지 아니하는 경우에는 그 사본을 제출하도록 하여야 한다. 〈신설 2006. 9. 7., 2008. 1. 24., 2010. 9. 10., 2012. 2. 3.〉

제22조(소방시설관리업의 등록증 및 등록수첩 발급 등)

① 시·도지사는 제21조에 따른 소방시설관리업의 등록신청 내용이 영 제36조제1항 및 별표 9에 따른 소방시설관리업의 등록기준에 적합하다고 인정되면 신청인에게 별지 제24호서식의 소방시설관리업등록증과 별지 제25호서식의 소방시설관리업등록수첩을 발급하고, 별지 제26호서식의 소방시설관리업등록대장을 작성하여 관리하여야 한다. 이 경우 시·도지사는 제21조제1항제1호에 따라 제출된 소방기술인력의 기술자격증(자격수첩을 포함한다)에 해당 소방기술인력이 그 소방시설관리업자 소속임을 기록하여 내주어야 한다. 〈개정 2013. 4. 16.〉

② 시·도지사는 제21조의 규정에 의하여 제출된 서류를 심사한 결과 다음 각호의 1에 해당하는 때에는 10일 이내의 기간을 정하여 이를 보완하게 할 수 있다.

1. 첨부서류가 미비되어 있는 때

2. 신청서 및 첨부서류의 기재내용이 명확하지 아니한 때

③ 시·도지사는 제1항의 규정에 의하여 소방시설관리업등록증을 교부하거나 법 제34조의 규정에 의하여 등록의 취소 또는 영업정지처분을 한 때에는 이를 시·도의 공보에 공고하여야 한다. 〈개정 2005. 12. 21.〉

[제목개정 2013. 4. 16.]

제23조(소방시설관리업의 등록증·등록수첩의 재교부 및 반납)

① 법 제29조제3항의 규정에 의하여 소방시설관리업자는 소방시설관리업등록증 또는 등록수첩을 잃어버리거나 소방시설관리업등록증 또는 등록수첩이 헐어 못쓰게 된 경우에는 시·도지사에게 소방시설관리업등록증 또는 등록수첩의 재교부를 신청할 수 있다.

② 소방시설관리업자는 제1항의 규정에 의하여 재교부를 신청하는 때에는 별지 제27호서식의 소방시설관리업등록증(등록수첩)재교부신청서(전자문서로 된 신청서를 포함한다)를 시·도지사에게 제출하여야 한다. 〈개정 2005. 12. 21.〉

③ 시·도지사는 제1항의 규정에 의한 재교부신청서를 제출받은 때에는 3일 이내에 소방시설관리업등록증 또는 등록수첩을 재교부하여야 한다.

④ 소방시설관리업자는 다음 각호의 1에 해당하는 때에는 지체없이 시·도지사에게 그 소방시설관리업등록증 및 등록수첩을 반납하여야 한다.

1. 법 제34조의 규정에 의하여 등록이 취소된 때

2. 소방시설관리업을 휴·폐업한 때

3. 제1항의 규정에 의하여 재교부를 받은 때. 다만, 등록증 또는 등록수첩을 잃어버리고 재교부를 받은 경우에는 이를 다시 찾은 때에 한한다.

제24조(등록사항의 변경신고 사항)

법 제31조에서 "행정안전부령이 정하는 중요사항"이라 함은 다음 각호의 1에 해당하는 사항을 말한다. 〈개정 2009. 6. 5., 2013. 3. 23., 2014. 11. 19., 2017. 7. 26.〉

1. 명칭 · 상호 또는 영업소소재지
2. 대표자
3. 기술인력

제25조(등록사항의 변경신고 등)

① 소방시설관리업자는 법 제31조의 규정에 의하여 등록사항의 변경이 있는 때에는 변경일부터 30일 이내에 별지 제28호서식의 소방시설관리업등록사항변경신고서(전자문서로 된 신고서를 포함한다)에 그 변경사항별로 다음 각 호의 구분에 의한 서류(전자문서를 포함한다)를 첨부하여 시 · 도지사에게 제출하여야 한다. 〈개정 2005. 12. 21., 2006. 9. 7.〉

1. 명칭 · 상호 또는 영업소소재지를 변경하는 경우 : 소방시설관리업등록증 및 등록수첩
2. 대표자를 변경하는 경우 : 소방시설관리업등록증 및 등록수첩
3. 기술인력을 변경하는 경우
   가. 소방시설관리업등록수첩
   나. 변경된 기술인력의 기술자격증(자격수첩)
   다. 별지 제23호서식의 기술인력연명부

② 제1항제1호 또는 제2호에 따른 신고서를 제출받은 담당 공무원은 「전자정부법」 제36조제1항에 따라 법인등기부 등본(법인인 경우에 한한다) 또는 사업자등록증 사본(개인인 경우에 한한다)을 확인하여야 한다. 다만, 신고인이 확인에 동의하지 아니하는 경우에는 이를 첨부하도록 하여야 한다. 〈신설 2006. 9. 7., 2008. 1. 24., 2010. 9. 10.〉

③ 시 · 도지사는 제1항의 규정에 의하여 변경신고를 받은 때에는 5일 이내에 소방시설관리업등록증 및 등록수첩을 새로 교부하거나 제1항의 규정에 의하여 제출된 소방시설관리업등록증 및 등록수첩과 기술인력의 기술자격증(자격수첩)에 그 변경된 사항을 기재하여 교부하여야 한다. 〈개정 2006. 9. 7.〉

④ 시 · 도지사는 제1항의 규정에 의하여 변경신고를 받은 때에는 별지 제26호서식의 소방시설관리업등록대장에 변경사항을 기재하고 관리하여야 한다. 〈개정 2006. 9. 7.〉

제26조(지위승계신고 등)

① 법 제32조제1항 또는 제2항의 규정에 의하여 소방시설관리업자의 지위를 승계한 자는 그 지

위를 승계한 날부터 30일 이내에 법 제32조제3항의 규정에 의하여 상속인, 영업을 양수한 자 또는 시설의 전부를 인수한 자는 법 별지 제29호서식의 소방시설관리업지위승계신고서(전자문서로 된 신고서를 포함한다)에, 합병후 존속하는 법인 또는 합병에 의하여 설립되는 법인은 별지 제30호서식의 소방시설관리업합병신고서(전자문서로 된 신고서를 포함한다)에 각각 다음 각 호의 서류(전자문서를 포함한다)를 첨부하여 시·도지사에게 제출하여야 한다. 〈개정 2005. 12. 21., 2006. 9. 7.〉

1. 소방시설관리업등록증 및 등록수첩
2. 계약서사본 등 지위승계를 증명하는 서류 1부
3. 삭제 〈2006. 9. 7.〉
4. 삭제 〈2006. 9. 7.〉
5. 별지 제23호서식의 소방기술인력연명부 및 기술자격증(자격수첩)
6. 영 별표 8 제2호의 장비기준에 따른 장비명세서 1부

② 제1항에 따른 신고서를 제출받은 담당 공무원은 「전자정부법」 제36조제1항에 따라 행정정보의 공동이용을 통하여 다음 각 호의 서류를 확인하여야 한다. 다만, 신고인이 사업자등록증 및 국가기술자격증의 확인에 동의하지 않는 때에는 그 사본을 첨부하도록 하여야 한다. 〈신설 2006. 9. 7., 2008. 1. 24., 2010. 9. 10., 2012. 2. 3.〉

1. 법인등기부 등본(지위승계인이 법인인 경우에 한한다)
2. 사업자등록증(지위승계인이 개인인 경우만 해당한다)
3. 제21조에 따라 제출하는 기술인력연명부에 기록된 소방기술인력의 국가기술자격증

③ 시·도지사는 제1항의 규정에 의하여 신고를 받은 때에는 소방시설관리업등록증 및 등록수첩을 새로 교부하고, 기술인력의 자격증 및 자격수첩에 그 변경사항을 기재하여 교부하며, 별지 제26호서식의 소방시설관리업등록대장에 지위승계에 관한 사항을 기재하고 관리하여야 한다. 〈개정 2006. 9. 7.〉

제26조의2(자체점검 시의 기술인력 참여 기준)

법 제33조제3항에 따라 소방시설관리업자가 자체점검을 할 때 참여시켜야 하는 기술인력의 기준은 다음 각 호와 같다. 〈개정 2017. 2. 10.〉

1. 작동기능점검(영 제22조제1항 각 호의 소방안전관리대상물만 해당한다) 및 종합정밀점검: 소방시설관리사와 영 별표 9 제2호의 보조기술인력
2. 그 밖의 특정소방대상물에 대한 작동기능점검: 소방시설관리사 또는 영 별표 9 제2호의 보조기술인력

3. 삭제 〈2017. 2. 10.〉

[본조신설 2014. 7. 8.]

[종전 제26조의2는 제26조의3으로 이동 〈2014. 7. 8.〉]

제26조의3(점검능력 평가의 신청 등)

① 법 제33조의2에 따라 점검능력을 평가받으려는 소방시설관리업자는 별지 제30호의2서식의 소방시설등 점검능력 평가신청서(전자문서로 된 신청서를 포함한다)에 다음 각 호의 서류(전자문서를 포함한다)를 첨부하여 평가기관에 매년 2월 15일까지 제출하여야 한다.

1. 소방시설등의 점검실적을 증명하는 서류로서 다음 각 목의 구분에 따른 서류

가. 국내 소방시설등에 대한 점검실적: 발주자가 별지 제30호의3서식에 따라 발급한 소방시설등의 점검실적 증명서 및 세금계산서(공급자 보관용) 사본

나. 해외 소방시설등에 대한 점검실적: 외국환은행이 발행한 외화입금증명서 및 재외공관장이 발행한 해외점검실적 증명서 또는 관리계약서 사본

다. 주한 외국군의 기관으로부터 도급받은 소방시설등에 대한 점검실적: 외국환은행이 발행한 외화입금증명서 및 도급계약서 사본

2. 소방시설관리업등록수첩 사본

3. 별지 제30호의4서식의 소방기술인력 보유 현황 및 국가기술자격증 사본 등 이를 증명할 수 있는 서류

4. 별지 제30호의5서식의 신인도평가 가점사항 신고서 및 가점 사항을 확인할 수 있는 다음 각 목의 해당 서류

가. 품질경영인증서(ISO 9000 시리즈) 사본

나. 소방시설등의 점검 관련 표창 사본

다. 특허증 사본

라. 소방시설관리업 관련 기술 투자를 증명할 수 있는 서류

② 제1항에 따른 신청을 받은 평가기관의 장은 제1항 각 호의 서류가 첨부되어 있지 않은 경우에는 신청인으로 하여금 15일 이내의 기간을 정하여 보완하게 할 수 있다.

③ 제1항에도 불구하고 다음 각 호의 어느 하나에 해당하는 자는 2월 15일 후에 점검능력 평가를 신청할 수 있다.

1. 법 제29조에 따라 신규로 소방시설관리업의 등록을 한 자

2. 법 제32조제1항 또는 제2항에 따라 소방시설관리업자의 지위를 승계한 자

[본조신설 2012. 2. 3.]

[제26조의2에서 이동, 종전 제26조의3은 제26조의4로 이동 〈2014. 7. 8.〉]

제26조의4(점검능력의 평가)

① 법 제33조의2에 따른 점검능력 평가 항목은 다음과 같다. 〈개정 2013. 4. 16.〉

1. 대행실적(법 제20조제3항에 따라 소방안전관리 업무를 대행하여 수행한 실적을 말한다)

2. 점검실적(법 제25조제1항에 따른 소방시설등에 대한 점검실적을 말한다). 이 경우 점검실적은 제18조제1항 및 별표 2에 따른 점검인력 배치기준에 적합한 것으로 확인된 경우만 인정한다.

3. 기술력

4. 경력

5. 신인도

② 평가기관은 점검능력 평가 결과를 매년 7월 31일까지 1개 이상의 일간신문(「신문 등의 진흥에 관한 법률」 제9조제1항에 따라 전국을 보급지역으로 등록한 일간신문을 말한다) 또는 평가기관의 인터넷 홈페이지를 통하여 공시하고, 시·도지사에게 이를 통보하여야 한다.

③ 점검능력 평가 결과는 소방시설관리업자가 도급받을 수 있는 1건의 점검 도급금액으로 하고, 점검능력 평가의 유효기간은 평가 결과를 공시한 날(이하 이 조에서 "정기공시일"이라 한다)부터 1년간으로 한다. 다만, 제4항 및 제26조의3제3항에 해당하는 자에 대한 점검능력 평가 결과가 정기공시일 후에 공시된 경우에는 그 평가 결과를 공시한 날부터 다음 해의 정기공시일 전날까지를 유효기간으로 한다. 〈개정 2017. 2. 10.〉

④ 평가기관은 제26조의3에 따라 제출된 서류의 일부가 거짓으로 확인된 경우에는 확인된 날부터 10일 이내에 점검능력을 새로 평가하여 공시하고, 시·도지사에게 이를 통보하여야 한다. 〈개정 2017. 2. 10.〉

⑤ 제2항 및 제4항에 따라 점검능력 평가 결과를 통보받은 시·도지사는 해당 소방시설관리업자의 등록수첩에 그 사실을 기록하여 발급하여야 한다.

⑥ 점검능력 평가에 따른 수수료(제1항에 따른 점검인력 배치기준 적합 여부 확인에 관한 수수료를 포함한다)는 평가기관이 정하여 소방청장의 승인을 받아야 한다. 이 경우 소방청장은 승인한 수수료 관련 사항을 고시하여야 한다. 〈개정 2014. 11. 19., 2017. 7. 26.〉

⑦ 제1항의 평가 항목에 대한 세부적인 평가기준은 소방청장이 정하여 고시한다. 〈개정 2014. 11. 19., 2017. 7. 26.〉

[본조신설 2012. 2. 3.]

[제26조의3에서 이동, 종전 제26조의4는 제26조의5로 이동 〈2014. 7. 8.〉]

제26조의5(점검기록표)

소방시설관리업자는 법 제33조의3에 따라 별표 3의 점검기록표에 점검과 관련된 사항을 기록하여야 한다.

[본조신설 2012. 2. 3.]

[제26조의4에서 이동 〈2014. 7. 8.〉]

제27조(과징금을 부과할 위반행위의 종별과 과징금의 부과금액 등)

법 제35조제2항에 따라 과징금을 부과하는 위반행위의 종별과 그에 대한 과징금의 부과기준은 별표 4와 같다. 〈개정 2012. 2. 3.〉

제28조(과징금 징수절차)

법 제35조제2항에 따른 과징금의 징수절차에 관하여는 「국고금관리법 시행규칙」을 준용한다.

[전문개정 2009. 6. 5.]

제4장 소방안전관리자 등에 대한 교육 등 〈개정 2012. 2. 3.〉

제1절 소방안전관리자의 강습교육 〈개정 2012. 2. 3.〉

제29조(소방안전관리자에 대한 강습교육의 실시)

① 법 제41조제1항에 따른 소방안전관리자의 강습교육의 일정·횟수 등에 관하여 필요한 사항은 한국소방안전원의 장(이하 "안전원장"이라 한다)이 연간계획을 수립하여 실시하여야 한다. 〈개정 2012. 2. 3., 2018. 9. 5.〉

② 안전원장은 법 제41조제1항의 규정에 의한 강습교육을 실시하고자 하는 때에는 강습교육실시 20일전까지 일시·장소 그 밖의 강습교육실시에 관하여 필요한 사항을 한국소방안전원의 인터넷 홈페이지 및 게시판에 공고하여야 한다. 〈개정 2018. 9. 5.〉

③ 안전원장은 강습교육을 실시한 때에는 수료자에게 별지 제31호서식의 수료증을 교부하고 별지 제32호서식의 강습교육수료자 명부대장을 강습교육의 종류별로 작성·보관하여야 한다.

〈개정 2018. 9. 5.〉

④ 제1항의 규정에 의하여 강습교육을 받는 자가 3시간 이상 결강한 때에는 수료증을 교부하지 아니한다.

[제목개정 2012. 2. 3.]

제30조(강습교육 수강신청 등)

① 법 제41조제1항에 따른 강습교육을 받고자 하는 자는 강습교육의 종류별로 별지 제33호서식의 강습교육원서(전자문서로 된 원서를 포함한다)에 다음 각 호의 서류(전자문서를 포함한다)를 첨부하여 안전원장에게 제출하여야 한다.

〈개정 2005. 12. 21., 2008. 1. 24., 2010. 9. 10., 2012. 2. 3., 2018. 9. 5.〉

1. 사진(가로 3.5센티미터×세로 4.5센티미터) 1매
2. 위험물안전관리자수첩 사본(위험물안전관리법령에 의하여 안전관리자 강습교육을 수료한 자에 한한다) 1부
3. 재직증명서(공공기관에 재직하는 자에 한한다)
4. 소방안전관리자 경력증명서(특급 또는 1급 소방안전관리대상물의 소방안전관리에 관한 강습교육을 받으려는 사람만 해당한다)

② 안전원장은 강습교육원서를 접수한 때에는 수강증을 교부하여야 한다. 〈개정 2018. 9. 5.〉

제31조(강습교육의 강사)

강습교육을 담당할 강사는 과목별로 소방에 관한 학식과 경험이 풍부한 자 중에서 안전원장이 위촉한다. 〈개정 2012. 2. 3., 2018. 9. 5.〉

제32조(강습교육의 과목, 시간 및 운영방법 등)

특급, 1급, 2급 및 3급 소방안전관리대상물의 소방안전관리에 관한 강습교육과 「공공기관의 소방안전관리에 관한 규정」 제5조제1항제2호나목에 따른 공공기관 소방안전관리자에 대한 강습교육의 과목, 시간 및 운영방법 등은 별표 5와 같다. 〈개정 2017. 2. 10.〉

[전문개정 2012. 2. 3.]

[제목개정 2017. 2. 10.]

제2절 소방안전관리대상물의 소방안전관리에 관한 시험 등 〈개정 2012. 2. 3.〉

제33조 삭제 〈2017. 2. 10.〉

제34조(시험방법, 시험의 공고 및 합격자 결정 등)

① 영 제23조제1항제5호에 따른 특급 소방안전관리대상물의 소방안전관리에 관한 시험(이하 "특급 소방안전관리자시험"이라 한다)은 선택형과 서술형으로 구분하여 실시하고, 영 제23조제2항제7호에 따른 1급 소방안전관리대상물의 소방안전관리에 관한 시험(이하 "1급 소방안전관리자시험"이라 한다), 같은 조 제3항제5호에 따른 2급 소방안전관리대상물의 소방안전관리에 관한 시험(이하 "2급 소방안전관리자시험"이라 한다) 및 같은 조 제4항제2호에 따른 3급 소방안전관리대상물의 소방안전관리에 관한 시험(이하 "3급 소방안전관리자시험"이라 한다)은 선택형을 원칙으로 하되, 기입형을 덧붙일 수 있다. 〈개정 2017. 2. 10.〉

② 소방청장은 특급, 1급, 2급 또는 3급 소방안전관리자시험을 실시하고자 하는 때에는 응시자격·시험과목·일시·장소 및 응시절차 등에 관하여 필요한 사항을 모든 응시 희망자가 알 수 있도록 시험 시행일 30일 전에 일간신문 또는 인터넷 홈페이지에 공고하여야 한다.
〈개정 2005. 12. 21., 2012. 2. 3., 2014. 11. 19., 2017. 2. 10., 2017. 7. 26.〉

③ 소방안전관리자시험에 응시하고자 하는 자는 별지 제34호서식의 특급, 1급, 2급 또는 3급 소방안전관리자시험 응시원서에 사진(가로 3.5센티미터×세로 4.5센티미터) 2매와 학력·경력 증명서류(해당하는 사람만 제출하되, 특급·1급·2급 또는 3급 소방안전관리에 대한 강습교육 수료증을 포함한다)를 첨부하여 소방청장에게 제출하여야 한다.
〈개정 2012. 2. 3., 2014. 11. 19., 2017. 2. 10., 2017. 7. 26.〉

④ 소방청장은 제3항에 따른 특급, 1급, 2급 또는 3급 소방안전관리자시험응시원서를 접수한 때에는 응시표를 발급하여야 한다. 〈개정 2012. 2. 3., 2014. 11. 19., 2017. 2. 10., 2017. 7. 26.〉

⑤ 특급, 1급, 2급 또는 3급 소방안전관리자시험의 과목은 각각 제32조 및 별표 5에 따른 특급, 1급, 2급 또는 3급 소방안전관리대상물의 소방안전관리에 관한 강습교육의 과목으로 한다. 〈개정 2013. 4. 16., 2017. 2. 10.〉

⑥ 제1항의 규정에 의한 시험에 있어서는 매과목 100점을 만점으로 하여 매과목 40점 이상, 전 과목 평균 70점 이상을 득점한 자를 합격자로 한다. 〈개정 2019. 8. 13.〉

⑦ 시험문제의 출제방법, 시험위원의 위촉, 합격자의 발표, 응시수수료 및 부정행위자에 대한 조치 등 시험실시에 관하여 필요한 사항은 소방청장이 이를 정하여 고시한다.
〈개정 2014. 11. 19., 2017. 7. 26.〉

제35조(소방안전관리자수첩의 발급)

① 다음 각 호의 어느 하나에 해당하는 자가 소방안전관리자수첩을 발급받고자 하는 때에는 소방청장에게 소방안전관리자수첩의 발급을 신청할 수 있다.

〈개정 2012. 2. 3., 2014. 11. 19., 2017. 2. 10., 2017. 7. 26.〉

1. 제34조에 따라 특급, 1급, 2급 또는 3급 소방안전관리자시험에 합격한 자

2. 영 제23조제1항제2호부터 제4호까지, 같은 조 제2항제2호ㆍ제3호, 같은 조 제3항제4호 및 같은 조 제4항제1호에 해당하는 사람

② 소방청장은 제1항에 따라 소방안전관리자수첩의 발급을 신청받은 때에는 신청인에게 특급, 1급, 2급 또는 3급 소방안전관리대상물 소방안전관리자수첩 중 해당하는 수첩을 발급하여야 한다. 〈개정 2012. 2. 3., 2014. 11. 19., 2017. 2. 10., 2017. 7. 26.〉

③ 소방청장은 제1항에 따른 수첩을 발급받은 자가 그 수첩을 잃어버리거나 수첩이 헐어 못쓰게 되어 수첩의 재발급을 신청한 때에는 수첩을 재발급하여야 한다.

〈개정 2012. 2. 3., 2014. 11. 19., 2017. 7. 26.〉

④ 소방안전관리자수첩의 서식 그 밖에 소방안전관리자수첩의 발급ㆍ재발급에 관하여 필요한 사항은 소방청장이 이를 정하여 고시한다. 〈개정 2012. 2. 3., 2014. 11. 19., 2017. 7. 26.〉

[제목개정 2012. 2. 3.]

제3절 소방안전관리자의 실무교육 〈개정 2012. 2. 3.〉

제36조(소방안전관리자 및 소방안전관리보조자의 실무교육 등)

① 안전원장은 법 제41조제1항에 따른 소방안전관리자 및 소방안전관리보조자에 대한 실무교육의 교육대상, 교육일정 등 실무교육에 필요한 계획을 수립하여 매년 소방청장의 승인을 얻어 교육실시 30일 전까지 교육대상자에게 통보하여야 한다.

〈개정 2014. 11. 19., 2015. 1. 9., 2017. 7. 26., 2018. 9. 5.〉

② 소방안전관리자는 그 선임된 날부터 6개월 이내에 법 제41조제1항에 따른 실무교육을 받아야 하며, 그 후에는 2년마다(최초 실무교육을 받은 날을 기준일로 하여 매 2년이 되는 해의 기준일과 같은 날 전까지를 말한다) 1회 이상 실무교육을 받아야 한다. 다만, 소방안전관리 강습교육 또는 실무교육을 받은 후 1년 이내에 소방안전관리자로 선임된 사람은 해당 강습교육 또는 실무교육을 받은 날에 실무교육을 받은 것으로 본다. 〈개정 2017. 2. 10.〉

③ 소방안전관리보조자는 그 선임된 날부터 6개월(영 제23조제5항제4호에 따라 소방안전관리보조자로 지정된 사람의 경우 3개월을 말한다) 이내에 법 제41조에 따른 실무교육을 받아야 하며, 그 후에는 2년마다(최초 실무교육을 받은 날을 기준일로 하여 매 2년이 되는 해의 기준일과 같은 날 전까지를 말한다) 1회 이상 실무교육을 받아야 한다. 다만, 소방안전관리자 강습교육 또는 실무교육이나 소방안전관리보조자 실무교육을 받은 후 1년 이내에 소방안전관

리보조자로 선임된 사람은 해당 강습교육 또는 실무교육을 받은 날에 실무교육을 받은 것으로 본다. 〈개정 2015. 1. 9., 2017. 2. 10.〉

④ 소방본부장 또는 소방서장은 제14조 및 제14조의2에 따라 소방안전관리자나 소방안전관리보조자의 선임신고를 받은 경우에는 신고일부터 1개월 이내에 별지 제42호서식에 따라 그 내용을 안전원장에게 통보하여야 한다. 〈신설 2015. 1. 9., 2018. 9. 5.〉

[전문개정 2014. 7. 8.]
[제목개정 2015. 1. 9.]

제37조(실무교육의 과목 및 시간)

제36조제1항에 따른 실무교육의 과목 및 시간은 별표 5의2와 같다.

[전문개정 2013. 4. 16.]

제38조(실무교육 수료 사항의 기재 및 실무교육 결과의 통보 등)

① 안전원장은 제36조제1항에 따른 실무교육을 수료한 사람의 소방안전관리자수첩 또는 기술자격증에 실무교육 수료 사항을 기록하여 발급하고, 별지 제35호서식의 실무교육수료자명부를 작성하여 관리하여야 한다. 〈개정 2018. 9. 5.〉

② 안전원장은 해당 연도의 실무교육이 끝난 날부터 30일 이내에 그 결과를 제36조제4항에 따른 통보를 한 소방본부장 또는 소방서장에게 알려야 한다. 〈개정 2015. 1. 9., 2018. 9. 5.〉

③ 안전원장은 해당 연도의 실무교육 결과를 다음 연도 1월 31일까지 소방청장에게 보고하여야 한다. 〈개정 2014. 11. 19., 2017. 7. 26., 2018. 9. 5.〉

[전문개정 2013. 4. 16.]

제39조(실무교육의 강사)

실무교육을 담당하는 강사는 과목별로 소방 또는 안전관리에 관한 학식과 경험이 풍부한 자 중에서 안전원장이 위촉한다. 〈개정 2012. 2. 3., 2018. 9. 5.〉

제40조(소방안전관리자의 업무정지)

① 소방본부장 또는 소방서장은 소방안전관리자가 제36조제1항에 따른 실무교육을 받지 아니하면 법 제41조제2항에 따라 실무교육을 받을 때까지 그 업무의 정지 및 소방안전관리자수첩의 반납을 명할 수 있다.

② 소방본부장 또는 소방서장은 제1항에 따라 소방안전관리자 업무의 정지를 명하였을 때에는

그 사실을 시·도의 공보에 공고하고, 안전원장에게 통보하며, 소방안전관리자수첩에 적어 소방안전관리자에게 내주어야 한다. 〈개정 2018. 9. 5.〉

[전문개정 2013. 4. 16.]

제5장 보칙

제41조(한국소방안전원이 갖추어야 하는 시설기준 등) 법 제45조제5항에 따라서 위탁받은 업무를 수행하는 한국소방안전원이 갖추어야 하는 시설기준은 별표 6과 같다. 〈개정 2012. 2. 3., 2018. 9. 5.〉

[제목개정 2018. 9. 5.]

제42조(서식)

① 삭제 〈2012. 2. 3.〉

② 영 제33조제1항의 규정에 의한 소방시설관리사시험응시원서는 별지 제37호서식과 같다.

③ 영 제33조제3항의 규정에 의한 경력(재직)증명원은 별지 제38호서식과 같다.

④ 삭제 〈2016. 1. 26.〉

제43조(수수료 및 교육비)

① 법 제47조에 따른 수수료 또는 교육비는 별표 7과 같다. 〈개정 2012. 2. 3.〉

② 별표 7의 수수료 또는 교육비를 반환하는 경우에는 다음 각 호의 구분에 따라 반환하여야 한다. 〈개정 2011. 3. 31., 2013. 4. 16.〉

1. 수수료 또는 교육비를 과오납한 경우: 그 과오납한 금액의 전부

2. 시험시행기관 또는 교육실시기관의 귀책사유로 시험에 응시하지 못하거나 교육을 받지 못한 경우: 납입한 수수료 또는 교육비의 전부

3. 원서접수기간 또는 교육신청기간 내에 접수를 철회한 경우: 납입한 수수료 또는 교육비의 전부

4. 시험시행일 또는 교육실시일 20일 전까지 접수를 취소하는 경우: 납입한 수수료 또는 교육비의 전부

5. 시험시행일 또는 교육실시일 10일 전까지 접수를 취소하는 경우: 납입한 수수료 또는 교육비의 100분의 50

③ 법 제47조에 따라 수수료 또는 교육비를 납부하는 경우에는 정보통신망을 이용하여 전자화
폐 · 전자결제 등의 방법으로 할 수 있다. 〈신설 2011. 3. 31.〉

[전문개정 2010. 1. 15.]

제44조(행정처분의 기준)

법 제28조 및 법 제34조에 따른 소방시설관리사 및 소방시설관리업의 등록의 취소(자격취소를
포함한다) · 영업정지(자격정지를 포함한다) 등 행정처분의 기준은 별표 8과 같다.

〈개정 2012. 2. 3., 2015. 7. 16.〉

제44조의2(조치명령 등의 연기 신청 등)

① 법 제47조의2제1항에 따른 조치명령 · 선임명령 또는 이행명령(이하 "조치명령 등"이라 한
다)의 연기를 신청하려는 관계인 등은 영 제38조의2제2항에 따라 조치명령 등의 이행기간 만
료 5일 전까지 별지 제43호서식에 따른 조치명령 등의 연기신청서에 조치명령 등을 이행할
수 없음을 증명할 수 있는 서류를 첨부하여 소방청장, 소방본부장 또는 소방서장에게 제출하
여야 한다. 〈개정 2017. 7. 26.〉
② 제1항에 따른 신청서를 제출받은 소방청장, 소방본부장 또는 소방서장은 신청받은 날부터 3
일 이내에 조치명령 등의 연기 여부를 결정하여 별지 제44호서식의 조치명령 등의 연기 통지
서를 관계인 등에게 통지하여야 한다. 〈개정 2017. 7. 26.〉

[본조신설 2015. 7. 16.]

제44조의3(위반행위 신고 내용 처리결과의 통지 등)

① 소방본부장 또는 소방서장은 법 제47조의3제2항에 따라 위반행위의 신고 내용을 확인하여
이를 처리한 경우에는 처리한 날부터 10일 이내에 별지 제45호서식의 위반행위 신고 내용 처
리결과 통지서를 신고자에게 통지해야 한다.
② 제1항에 따른 통지는 우편, 팩스, 정보통신망, 전자우편 또는 휴대전화 문자메시지 등의 방법
으로 할 수 있다.

[본조신설 2019. 4. 15.]

제45조(규제의 재검토)

소방청장은 다음 각 호의 사항에 대하여 다음 각 호의 기준일을 기준으로 3년마다(매 3년이 되
는 해의 기준일과 같은 날 전까지를 말한다) 그 타당성을 검토하여 개선 등의 조치를 하여야 한다.

〈개정 2014. 11. 19., 2015. 1. 9., 2017. 7. 26.〉

1. 삭제 〈2015. 7. 16.〉

1의2. 삭제 〈2018. 9. 5.〉

1의3. 삭제 〈2018. 9. 5.〉

1의4. 제14조의3에 따른 자위소방대 및 초기대응체계의 구성·운영 및 교육: 2015년 1월 1일

1의5. 제15조에 따른 특정소방대상물의 근무자 및 거주자에 대한 소방훈련과 교육: 2015년 1월 1일

1의6. 제17조에 따른 소방시설등 자체점검 기술자격자의 범위: 2015년 1월 1일

2. 제18조 및 별표 1에 따른 소방시설등 자체점검의 구분 및 대상: 2015년 1월 1일

3. 제19조에 따른 점검결과보고서의 제출 대상, 제출 기한 및 보관 기준: 2015년 1월 1일

4. 삭제   〈2018. 9. 5.〉

5. 제25조에 따른 등록사항의 변경신고 등: 2015년 1월 1일

6. 삭제   〈2018. 9. 5.〉

7. 제36조, 제37조 및 별표 5의2에 따른 소방안전관리자 및 소방안전관리보조자의 실무교육 등: 2015년 1월 1일

8. 제44조 및 별표 8에 따른 행정처분기준: 2015년 1월 1일

[본조신설 2014. 7. 8.]

부칙 〈제132호, 2019. 8. 13.〉

제1조(시행일)

이 규칙은 2020년 1월 1일부터 시행한다. 다만, 별표 8 제1호다목 전단의 개정규정은 공포한 날부터 시행하고, 제19조제1항 전단, 같은 조 제2항 및 별표 1 제3호가목의 개정규정은 공포 후 1년이 경과한 날부터 시행한다.

제2조(점검결과보고서 제출에 관한 경과조치)

제19조제1항 전단 및 같은 조 제2항의 개정규정에도 불구하고 부칙 제1조 단서에 따른 시행일 전에 작동기능점검 또는 종합정밀점검을 실시한 경우에는 종전의 규정에 따른다.

제3조(행정처분 기준 변경에 관한 경과조치)

이 규칙 시행 전의 위반행위에 대해서는 별표 8 제1호다목 전단의 개정규정에도 불구하고 종전의 규정에 따른다.

제4부

위험물안전관리법

제1장 총칙

제1조 목적

이 법은 위험물의 저장·취급 및 운반과 이에 따른 안전관리에 관한 사항을 규정함으로써 위험물로 인한 위해를 방지하여 공공의 안전을 확보함을 목적으로 한다.

제2조(정의)

① 이 법에서 사용하는 용어의 정의는 다음과 같다.

1. "위험물"이라 함은 인화성 또는 발화성 등의 성질을 가지는 것으로서 대통령령이 정하는 물품을 말한다.

2. "지정수량"이라 함은 위험물의 종류별로 위험성을 고려하여 대통령령이 정하는 수량으로서 제6호의 규정에 의한 제조소등의 설치허가 등에 있어서 최저의 기준이 되는 수량을 말한다.

3. "제조소"라 함은 위험물을 제조할 목적으로 지정수량 이상의 위험물을 취급하기 위하여 제6조제1항의 규정에 따른 허가(동조제3항의 규정에 따라 허가가 면제된 경우 및 제7조제2항의 규정에 따라 협의로써 허가를 받은 것으로 보는 경우를 포함한다. 이하 제4호 및 제5호에서 같다)를 받은 장소를 말한다.

4. "저장소"라 함은 지정수량 이상의 위험물을 저장하기 위한 대통령령이 정하는 장소로서 제6조제1항의 규정에 따른 허가를 받은 장소를 말한다.

5. "취급소"라 함은 지정수량 이상의 위험물을 제조외의 목적으로 취급하기 위한 대통령령이 정하는 장소로서 제6조제1항의 규정에 따른 허가를 받은 장소를 말한다.

6. "제조소등"이라 함은 제3호 내지 제5호의 제조소·저장소 및 취급소를 말한다.

② 이 법에서 사용하는 용어의 정의는 제1항에서 규정하는 것을 제외하고는 「소방기본법」, 「화재예방, 소방시설 설치·유지 및 안전관리에 관한 법률」 및 「소방시설공사업법」에서 정하는 바에 따른다. 〈개정 2014. 12. 30., 2017. 3. 21.〉

제3조(적용제외)

이 법은 항공기·선박(선박법 제1조의2제1항의 규정에 따른 선박을 말한다)·철도 및 궤도에 의한 위험물의 저장·취급 및 운반에 있어서는 이를 적용하지 아니한다. 〈개정 2007. 8. 3.〉

제3조의2(국가의 책무)

① 국가는 위험물에 의한 사고를 예방하기 위하여 다음 각 호의 사항을 포함하는 시책을 수립·시행하여야 한다.

   1. 위험물의 유통·실태 분석

   2. 위험물에 의한 사고 유형의 분석

   3. 사고 예방을 위한 안전기술 개발

   4. 전문인력 양성

   5. 그 밖에 사고 예방을 위하여 필요한 사항

② 국가는 지방자치단체가 위험물에 의한 사고의 예방·대비 및 대응을 위한 시책을 추진하는 데에 필요한 행정적·재정적 지원을 하여야 한다.

[본조신설 2016. 1. 27.]

제4조(지정수량 미만인 위험물의 저장·취급)

지정수량 미만인 위험물의 저장 또는 취급에 관한 기술상의 기준은 특별시·광역시·특별자치시·도 및 특별자치도(이하 "시·도"라 한다)의 조례로 정한다.　　　　　〈개정 2014. 12. 30.〉

제5조(위험물의 저장 및 취급의 제한)

① 지정수량 이상의 위험물을 저장소가 아닌 장소에서 저장하거나 제조소등이 아닌 장소에서 취급하여서는 아니된다.

② 제1항의 규정에 불구하고 다음 각 호의 어느 하나에 해당하는 경우에는 제조소등이 아닌 장소에서 지정수량 이상의 위험물을 취급할 수 있다. 이 경우 임시로 저장 또는 취급하는 장소에서의 저장 또는 취급의 기준과 임시로 저장 또는 취급하는 장소의 위치·구조 및 설비의 기준은 시·도의 조례로 정한다.　　　　　〈개정 2016. 1. 27.〉

   1. 시·도의 조례가 정하는 바에 따라 관할소방서장의 승인을 받아 지정수량 이상의 위험물을 90일 이내의 기간동안 임시로 저장 또는 취급하는 경우

   2. 군부대가 지정수량 이상의 위험물을 군사목적으로 임시로 저장 또는 취급하는 경우

③ 제조소등에서의 위험물의 저장 또는 취급에 관하여는 다음 각 호의 중요기준 및 세부기준에 따라야 한다.　　　〈개정 2008. 2. 29., 2013. 3. 23., 2014. 11. 19., 2016. 1. 27., 2017. 7. 26.〉

   1. 중요기준 : 화재 등 위해의 예방과 응급조치에 있어서 큰 영향을 미치거나 그 기준을 위반하는 경우 직접적으로 화재를 일으킬 가능성이 큰 기준으로서 행정안전부령이 정하는 기준

2. 세부기준 : 화재 등 위해의 예방과 응급조치에 있어서 중요기준보다 상대적으로 적은 영향을 미치거나 그 기준을 위반하는 경우 간접적으로 화재를 일으킬 수 있는 기준 및 위험물의 안전관리에 필요한 표시와 서류 · 기구 등의 비치에 관한 기준으로서 행정안전부령이 정하는 기준

④ 제1항의 규정에 따른 제조소등의 위치 · 구조 및 설비의 기술기준은 행정안전부령으로 정한다.
〈개정 2008. 2. 29., 2013. 3. 23., 2014. 11. 19., 2017. 7. 26.〉

⑤ 둘 이상의 위험물을 같은 장소에서 저장 또는 취급하는 경우에 있어서 당해 장소에서 저장 또는 취급하는 각 위험물의 수량을 그 위험물의 지정수량으로 각각 나누어 얻은 수의 합계가 1 이상인 경우 당해 위험물은 지정수량 이상의 위험물로 본다.

제2장 위험물시설의 설치 및 변경

제6조(위험물시설의 설치 및 변경 등)

① 제조소등을 설치하고자 하는 자는 대통령령이 정하는 바에 따라 그 설치장소를 관할하는 특별시장·광역시장·특별자치시장·도지사 또는 특별자치도지사(이하 "시·도지사"라 한다)의 허가를 받아야 한다. 제조소등의 위치·구조 또는 설비 가운데 행정안전부령이 정하는 사항을 변경하고자 하는 때에도 또한 같다.

〈개정 2008. 2. 29., 2013. 3. 23., 2014. 11. 19., 2014. 12. 30., 2017. 7. 26.〉

② 제조소등의 위치·구조 또는 설비의 변경없이 당해 제조소등에서 저장하거나 취급하는 위험물의 품명·수량 또는 지정수량의 배수를 변경하고자 하는 자는 변경하고자 하는 날의 1일 전까지 행정안전부령이 정하는 바에 따라 시·도지사에게 신고하여야 한다.

〈개정 2008. 2. 29., 2013. 3. 23., 2014. 11. 19., 2016. 1. 27., 2017. 7. 26.〉

③ 제1항 및 제2항의 규정에 불구하고 다음 각 호의 어느 하나에 해당하는 제조소등의 경우에는 허가를 받지 아니하고 당해 제조소등을 설치하거나 그 위치·구조 또는 설비를 변경할 수 있으며, 신고를 하지 아니하고 위험물의 품명·수량 또는 지정수량의 배수를 변경할 수 있다.

〈개정 2016. 1. 27.〉

1. 주택의 난방시설(공동주택의 중앙난방시설을 제외한다)을 위한 저장소 또는 취급소
2. 농예용·축산용 또는 수산용으로 필요한 난방시설 또는 건조시설을 위한 지정수량 20배 이하의 저장소

제7조(군용위험물시설의 설치 및 변경에 대한 특례)

① 군사목적 또는 군부대시설을 위한 제조소등을 설치하거나 그 위치·구조 또는 설비를 변경하고자 하는 군부대의 장은 대통령령이 정하는 바에 따라 미리 제조소등의 소재지를 관할하는 시·도지사와 협의하여야 한다.

② 군부대의 장이 제1항의 규정에 따라 제조소등의 소재지를 관할하는 시·도지사와 협의한 경우에는 제6조제1항의 규정에 따른 허가를 받은 것으로 본다.

③ 군부대의 장은 제1항의 규정에 따라 협의한 제조소등에 대하여는 제8조 및 제9조의 규정에 불구하고 탱크안전성능검사와 완공검사를 자체적으로 실시할 수 있다. 이 경우 완공검사를 자체적으로 실시한 군부대의 장은 지체없이 행정안전부령이 정하는 사항을 시·도지사에게 통보하

여야 한다. <개정 2008. 2. 29., 2013. 3. 23., 2014. 11. 19., 2017. 7. 26.>

제8조(탱크안전성능검사)

① 위험물을 저장 또는 취급하는 탱크로서 대통령령이 정하는 탱크(이하 "위험물탱크"라 한다)가 있는 제조소등의 설치 또는 그 위치 · 구조 또는 설비의 변경에 관하여 제6조제1항의 규정에 따른 허가를 받은 자가 위험물탱크의 설치 또는 그 위치 · 구조 또는 설비의 변경공사를 하는 때에는 제9조제1항의 규정에 따른 완공검사를 받기 전에 제5조제4항의 규정에 따른 기술기준에 적합한지의 여부를 확인하기 위하여 시 · 도지사가 실시하는 탱크안전성능검사를 받아야 한다. 이 경우 시 · 도지사는 제6조제1항의 규정에 따른 허가를 받은 자가 제16조제1항의 규정에 따른 탱크안전성능시험자 또는 「소방산업의 진흥에 관한 법률」 제14조에 따른 한국소방산업기술원(이하 "기술원"이라 한다)로부터 탱크안전성능시험을 받은 경우에는 대통령령이 정하는 바에 따라 당해 탱크안전성능검사의 전부 또는 일부를 면제할 수 있다. <개정 2008. 6. 5.>

② 제1항의 규정에 따른 탱크안전성능검사의 내용은 대통령령으로 정하고, 탱크안전성능검사의 실시 등에 관하여 필요한 사항은 행정안전부령으로 정한다.

<개정 2008. 2. 29., 2013. 3. 23., 2014. 11. 19., 2017. 7. 26.>

제9조(완공검사)

① 제6조제1항의 규정에 따른 허가를 받은 자가 제조소등의 설치를 마쳤거나 그 위치 · 구조 또는 설비의 변경을 마친 때에는 당해 제조소등마다 시 · 도지사가 행하는 완공검사를 받아 제5조제4항의 규정에 따른 기술기준에 적합하다고 인정받은 후가 아니면 이를 사용하여서는 아니된다. 다만, 제조소등의 위치 · 구조 또는 설비를 변경함에 있어서 제6조제1항 후단의 규정에 따른 변경허가를 신청하는 때에 화재예방에 관한 조치사항을 기재한 서류를 제출하는 경우에는 당해 변경공사와 관계가 없는 부분은 완공검사를 받기 전에 미리 사용할 수 있다.

② 제1항 본문의 규정에 따른 완공검사를 받고자 하는 자가 제조소등의 일부에 대한 설치 또는 변경을 마친 후 그 일부를 미리 사용하고자 하는 경우에는 당해 제조소등의 일부에 대하여 완공검사를 받을 수 있다.

제10조(제조소등 설치자의 지위승계)

① 제조소등의 설치자(제6조제1항의 규정에 따라 허가를 받아 제조소등을 설치한 자를 말한다. 이하 같다)가 사망하거나 그 제조소등을 양도 · 인도한 때 또는 법인인 제조소등의 설치자의 합병이 있는 때에는 그 상속인, 제조소등을 양수 · 인수한 자 또는 합병후 존속하는 법인이나 합병에

의하여 설립되는 법인은 그 설치자의 지위를 승계한다.

② 민사집행법에 의한 경매, 「채무자 회생 및 파산에 관한 법률」에 의한 환가, 국세징수법·관세법 또는 「지방세징수법」에 따른 압류재산의 매각과 그 밖에 이에 준하는 절차에 따라 제조소등의 시설의 전부를 인수한 자는 그 설치자의 지위를 승계한다.

〈개정 2005. 3. 31., 2010. 3. 31., 2016. 12. 27.〉

③ 제1항 또는 제2항의 규정에 따라 제조소등의 설치자의 지위를 승계한 자는 행정안전부령이 정하는 바에 따라 승계한 날부터 30일 이내에 시·도지사에게 그 사실을 신고하여야 한다.

〈개정 2008. 2. 29., 2013. 3. 23., 2014. 11. 19., 2017. 7. 26.〉

제11조(제조소등의 폐지)

제조소등의 관계인(소유자·점유자 또는 관리자를 말한다. 이하 같다)은 당해 제조소등의 용도를 폐지(장래에 대하여 위험물시설로서의 기능을 완전히 상실시키는 것을 말한다)한 때에는 행정안전부령이 정하는 바에 따라 제조소등의 용도를 폐지한 날부터 14일 이내에 시·도지사에게 신고하여야 한다. 〈개정 2008. 2. 29., 2013. 3. 23., 2014. 11. 19., 2017. 7. 26.〉

제12조(제조소등 설치허가의 취소와 사용정지 등)

시·도지사는 제조소등의 관계인이 다음 각 호의 어느 하나에 해당하는 때에는 행정안전부령이 정하는 바에 따라 제6조제1항의 규정에 따른 허가를 취소하거나 6월 이내의 기간을 정하여 제조소등의 전부 또는 일부의 사용정지를 명할 수 있다.

〈개정 2008. 2. 29., 2013. 3. 23., 2014. 11. 19., 2014. 12. 30., 2016. 1. 27., 2017. 7. 26.〉

1. 제6조제1항 후단의 규정에 따른 변경허가를 받지 아니하고 제조소등의 위치·구조 또는 설비를 변경한 때
2. 제9조의 규정에 따른 완공검사를 받지 아니하고 제조소등을 사용한 때
3. 제14조제2항의 규정에 따른 수리·개조 또는 이전의 명령을 위반한 때
4. 제15조제1항 및 제2항의 규정에 따른 위험물안전관리자를 선임하지 아니한 때
5. 제15조제5항을 위반하여 대리자를 지정하지 아니한 때
6. 제18조제1항의 규정에 따른 정기점검을 하지 아니한 때
7. 제18조제2항의 규정에 따른 정기검사를 받지 아니한 때
8. 제26조의 규정에 따른 저장·취급기준 준수명령을 위반한 때

제13조(과징금처분)

① 시 · 도지사는 제12조 각 호의 어느 하나에 해당하는 경우로서 제조소등에 대한 사용의 정지가 그 이용자에게 심한 불편을 주거나 그 밖에 공익을 해칠 우려가 있는 때에는 사용정지처분에 갈음하여 2억원 이하의 과징금을 부과할 수 있다. 〈개정 2016. 1. 27.〉

② 제1항의 규정에 따른 과징금을 부과하는 위반행위의 종별 · 정도 등에 따른 과징금의 금액 그 밖의 필요한 사항은 행정안전부령으로 정한다.

〈개정 2008. 2. 29., 2013. 3. 23., 2014. 11. 19., 2017. 7. 26.〉

③ 시 · 도지사는 제1항의 규정에 따른 과징금을 납부하여야 하는 자가 납부기한까지 이를 납부하지 아니한 때에는 「지방행정제재 · 부과금의 징수 등에 관한 법률」에 따라 징수한다.

〈개정 2013. 8. 6., 2020. 3. 24.〉

제14조(위험물시설의 유지 · 관리)

① 제조소등의 관계인은 당해 제조소등의 위치 · 구조 및 설비가 제5조제4항의 규정에 따른 기술 기준에 적합하도록 유지 · 관리하여야 한다.

② 시 · 도지사, 소방본부장 또는 소방서장은 제1항의 규정에 따른 유지 · 관리의 상황이 제5조제4 항의 규정에 따른 기술기준에 부적합하다고 인정하는 때에는 그 기술기준에 적합하도록 제조 소등의 위치 · 구조 및 설비의 수리 · 개조 또는 이전을 명할 수 있다.

제15조(위험물안전관리자)

① 제조소등[제6조제3항의 규정에 따라 허가를 받지 아니하는 제조소등과 이동탱크저장소(차량에 고정된 탱크에 위험물을 저장 또는 취급하는 저장소를 말한다)를 제외한다. 이하 이 조에서 같 다]의 관계인은 위험물의 안전관리에 관한 직무를 수행하게 하기 위하여 제조소등마다 대통령 령이 정하는 위험물의 취급에 관한 자격이 있는 자(이하 "위험물취급자격자"라 한다)를 위험물 안전관리자(이하 "안전관리자"라 한다)로 선임하여야 한다. 다만, 제조소등에서 저장 · 취급하 는 위험물이 「화학물질관리법」에 따른 유독물질에 해당하는 경우 등 대통령령이 정하는 경 우에는 당해 제조소등을 설치한 자는 다른 법률에 의하여 안전관리업무를 하는 자로 선임된 자 가운데 대통령령이 정하는 자를 안전관리자로 선임할 수 있다. 〈개정 2013. 6. 4.〉

② 제1항의 규정에 따라 안전관리자를 선임한 제조소등의 관계인은 그 안전관리자를 해임하거나 안전관리자가 퇴직한 때에는 해임하거나 퇴직한 날부터 30일 이내에 다시 안전관리자를 선임 하여야 한다.

③ 제조소등의 관계인은 제1항 및 제2항에 따라 안전관리자를 선임한 경우에는 선임한 날부터 14 일 이내에 행정안전부령으로 정하는 바에 따라 소방본부장 또는 소방서장에게 신고하여야 한 다. 〈개정 2014. 12. 30., 2017. 7. 26.〉

④ 제조소등의 관계인이 안전관리자를 해임하거나 안전관리자가 퇴직한 경우 그 관계인 또는 안 전관리자는 소방본부장이나 소방서장에게 그 사실을 알려 해임되거나 퇴직한 사실을 확인받을 수 있다. 〈신설 2014. 12. 30.〉

⑤ 제1항의 규정에 따라 안전관리자를 선임한 제조소등의 관계인은 안전관리자가 여행 · 질병 그 밖의 사유로 인하여 일시적으로 직무를 수행할 수 없거나 안전관리자의 해임 또는 퇴직과 동시

에 다른 안전관리자를 선임하지 못하는 경우에는 국가기술자격법에 따른 위험물의 취급에 관한 자격취득자 또는 위험물안전에 관한 기본지식과 경험이 있는 자로서 행정안전부령이 정하는 자를 대리자(代理者)로 지정하여 그 직무를 대행하게 하여야 한다. 이 경우 대리자가 안전관리자의 직무를 대행하는 기간은 30일을 초과할 수 없다.

〈개정 2008. 2. 29., 2013. 3. 23., 2014. 11. 19., 2014. 12. 30., 2017. 7. 26.〉

⑥ 안전관리자는 위험물을 취급하는 작업을 하는 때에는 작업자에게 안전관리에 관한 필요한 지시를 하는 등 행정안전부령이 정하는 바에 따라 위험물의 취급에 관한 안전관리와 감독을 하여야 하고, 제조소등의 관계인과 그 종사자는 안전관리자의 위험물 안전관리에 관한 의견을 존중하고 그 권고에 따라야 한다. 〈개정 2008. 2. 29., 2013. 3. 23., 2014. 11. 19., 2014. 12. 30., 2017. 7. 26.〉

⑦ 제조소등에 있어서 위험물취급자격자가 아닌 자는 안전관리자 또는 제5항에 따른 대리자가 참여한 상태에서 위험물을 취급하여야 한다. 〈개정 2014. 12. 30.〉

⑧ 다수의 제조소등을 동일인이 설치한 경우에는 제1항의 규정에 불구하고 관계인은 대통령령이 정하는 바에 따라 1인의 안전관리자를 중복하여 선임할 수 있다. 이 경우 대통령령이 정하는 제조소등의 관계인은 제5항에 따른 대리자의 자격이 있는 자를 각 제조소등별로 지정하여 안전관리자를 보조하게 하여야 한다. 〈개정 2014. 12. 30.〉

⑨ 제조소등의 종류 및 규모에 따라 선임하여야 하는 안전관리자의 자격은 대통령령으로 정한다.

〈개정 2014. 12. 30.〉

제16조(탱크시험자의 등록 등)

① 시·도지사 또는 제조소등의 관계인은 안전관리업무를 전문적이고 효율적으로 수행하기 위하여 탱크안전성능시험자(이하 "탱크시험자"라 한다)로 하여금 이 법에 의한 검사 또는 점검의 일부를 실시하게 할 수 있다.

② 탱크시험자가 되고자 하는 자는 대통령령이 정하는 기술능력·시설 및 장비를 갖추어 시·도지사에게 등록하여야 한다.

③ 제2항의 규정에 따라 등록한 사항 가운데 행정안전부령이 정하는 중요사항을 변경한 경우에는 그 날부터 30일 이내에 시·도지사에게 변경신고를 하여야 한다.

〈개정 2008. 2. 29., 2013. 3. 23., 2014. 11. 19., 2017. 7. 26.〉

④ 다음 각 호의 어느 하나에 해당하는 자는 탱크시험자로 등록하거나 탱크시험자의 업무에 종사할 수 없다. 〈개정 2005. 3. 31., 2014. 12. 30., 2016. 1. 27., 2017. 3. 21.〉

1. 피성년후견인 또는 피한정후견인

2. 삭제 〈2006. 9. 22.〉

3. 이 법, 「소방기본법」, 「화재예방, 소방시설 설치·유지 및 안전관리에 관한 법률」 또는 「소방시설공사업법」에 따른 금고 이상의 실형의 선고를 받고 그 집행이 종료(집행이 종료된 것으로 보는 경우를 포함한다)되거나 집행이 면제된 날부터 2년이 지나지 아니한 자

4. 이 법, 「소방기본법」, 「화재예방, 소방시설 설치·유지 및 안전관리에 관한 법률」 또는 「소방시설공사업법」에 따른 금고 이상의 형의 집행유예 선고를 받고 그 유예기간 중에 있는 자

5. 제5항의 규정에 따라 탱크시험자의 등록이 취소(제1호에 해당하여 자격이 취소된 경우는 제외한다)된 날부터 2년이 지나지 아니한 자

6. 법인으로서 그 대표자가 제1호 내지 제5호의 1에 해당하는 경우

⑤ 시·도지사는 탱크시험자가 다음 각 호의 어느 하나에 해당하는 경우에는 행정안전부령으로 정하는 바에 따라 그 등록을 취소하거나 6월 이내의 기간을 정하여 업무의 정지를 명할 수 있다. 다만, 제1호 내지 제3호에 해당하는 경우에는 그 등록을 취소하여야 한다.

⟨개정 2008. 2. 29., 2013. 3. 23., 2014. 11. 19., 2016. 1. 27., 2017. 7. 26.⟩

1. 허위 그 밖의 부정한 방법으로 등록을 한 경우

2. 제4항 각 호의 어느 하나의 등록의 결격사유에 해당하게 된 경우

3. 등록증을 다른 자에게 빌려준 경우

4. 제2항의 규정에 따른 등록기준에 미달하게 된 경우

5. 탱크안전성능시험 또는 점검을 허위로 하거나 이 법에 의한 기준에 맞지 아니하게 탱크안전성능시험 또는 점검을 실시하는 경우 등 탱크시험자로서 적합하지 아니하다고 인정하는 경우

⑥ 탱크시험자는 이 법 또는 이 법에 의한 명령에 따라 탱크안전성능시험 또는 점검에 관한 업무를 성실히 수행하여야 한다.

제17조(예방규정)

① 대통령령이 정하는 제조소등의 관계인은 당해 제조소등의 화재예방과 화재 등 재해발생시의 비상조치를 위하여 행정안전부령이 정하는 바에 따라 예방규정을 정하여 당해 제조소등의 사용을 시작하기 전에 시·도지사에게 제출하여야 한다. 예방규정을 변경한 때에도 또한 같다.

⟨개정 2008. 2. 29., 2013. 3. 23., 2014. 11. 19., 2017. 7. 26.⟩

② 시·도지사는 제1항의 규정에 따라 제출한 예방규정이 제5조제3항의 규정에 따른 기준에 적합하지 아니하거나 화재예방이나 재해발생시의 비상조치를 위하여 필요하다고 인정하는 때에는

이를 반려하거나 그 변경을 명할 수 있다.

③ 제1항의 규정에 따른 제조소등의 관계인과 그 종업원은 예방규정을 충분히 잘 익히고 준수하여야 한다.

제18조(정기점검 및 정기검사)

① 대통령령이 정하는 제조소등의 관계인은 그 제조소등에 대하여 행정안전부령이 정하는 바에 따라 제5조제4항의 규정에 따른 기술기준에 적합한지의 여부를 정기적으로 점검하고 점검결과를 기록하여 보존하여야 한다.　　　　　〈개정 2008. 2. 29., 2013. 3. 23., 2014. 11. 19., 2017. 7. 26.〉

② 제1항의 규정에 따른 정기점검의 대상이 되는 제조소등의 관계인 가운데 대통령령이 정하는 제조소등의 관계인은 행정안전부령이 정하는 바에 따라 소방본부장 또는 소방서장으로부터 당해 제조소등이 제5조제4항의 규정에 따른 기술기준에 적합하게 유지되고 있는지의 여부에 대하여 정기적으로 검사를 받아야 한다.　　　　　〈개정 2008. 2. 29., 2013. 3. 23., 2014. 11. 19., 2017. 7. 26.〉

제19조(자체소방대)

다량의 위험물을 저장·취급하는 제조소등으로서 대통령령이 정하는 제조소등이 있는 동일한 사업소에서 대통령령이 정하는 수량 이상의 위험물을 저장 또는 취급하는 경우 당해 사업소의 관계인은 대통령령이 정하는 바에 따라 당해 사업소에 자체소방대를 설치하여야 한다.

제4장 위험물의 운반 등

제20조(위험물의 운반)

① 위험물의 운반은 그 용기·적재방법 및 운반방법에 관한 다음 각 호의 중요기준과 세부기준에 따라 행하여야 한다. 〈개정 2008. 2. 29., 2013. 3. 23., 2014. 11. 19., 2016. 1. 27., 2017. 7. 26.〉

  1. 중요기준 : 화재 등 위해의 예방과 응급조치에 있어서 큰 영향을 미치거나 그 기준을 위반하는 경우 직접적으로 화재를 일으킬 가능성이 큰 기준으로서 행정안전부령이 정하는 기준

  2. 세부기준 : 화재 등 위해의 예방과 응급조치에 있어서 중요기준보다 상대적으로 적은 영향을 미치거나 그 기준을 위반하는 경우 간접적으로 화재를 일으킬 수 있는 기준 및 위험물의 안전관리에 필요한 표시와 서류·기구 등의 비치에 관한 기준으로서 행정안전부령이 정하는 기준

② 제1항에 따라 운반용기에 수납된 위험물을 지정수량 이상으로 차량에 적재하여 운반하는 차량의 운전자(이하 "위험물운반자"라 한다)는 다음 각 호의 어느 하나에 해당하는 요건을 갖추어야 한다. 〈신설 2020. 6. 9.〉

  1. 「국가기술자격법」에 따른 위험물 분야의 자격을 취득할 것

  2. 제28조제1항에 따른 교육을 수료할 것

③ 시·도지사는 운반용기를 제작하거나 수입한 자 등의 신청에 따라 제1항의 규정에 따른 운반용기를 검사할 수 있다. 다만, 기계에 의하여 하역하는 구조로 된 대형의 운반용기로서 행정안전부령이 정하는 것을 제작하거나 수입한 자 등은 행정안전부령이 정하는 바에 따라 당해 용기를 사용하거나 유통시키기 전에 시·도지사가 실시하는 운반용기에 대한 검사를 받아야 한다. 〈개정 2005. 8. 4., 2008. 2. 29., 2013. 3. 23., 2014. 11. 19., 2014. 12. 30., 2017. 7. 26., 2020. 6. 9.〉

제21조(위험물의 운송)

① 이동탱크저장소에 의하여 위험물을 운송하는 자(운송책임자 및 이동탱크저장소운전자를 말하며, 이하 "위험물운송자"라 한다)는 제20조제2항 각 호의 어느 하나에 해당하는 요건을 갖추어야 한다. 〈개정 2020. 6. 9.〉

② 대통령령이 정하는 위험물의 운송에 있어서는 운송책임자(위험물 운송의 감독 또는 지원을 하는 자를 말한다. 이하 같다)의 감독 또는 지원을 받아 이를 운송하여야 한다. 운송책임자의 범위, 감독 또는 지원의 방법 등에 관한 구체적인 기준은 행정안전부령으로 정한다.

〈개정 2008. 2. 29., 2013. 3. 23., 2014. 11. 19., 2017. 7. 26.〉

③ 위험물운송자는 이동탱크저장소에 의하여 위험물을 운송하는 때에는 행정안전부령으로 정하는 기준을 준수하는 등 당해 위험물의 안전확보를 위하여 세심한 주의를 기울여야 한다.

〈개정 2008. 2. 29., 2013. 3. 23., 2014. 11. 19., 2014. 12. 30., 2017. 7. 26.〉

제5장 감독 및 조치명령

제22조(출입·검사 등)

① 소방청장(중앙119구조본부장 및 그 소속 기관의 장을 포함한다. 이하 제22조의2에서 같다), 시·도지사, 소방본부장 또는 소방서장은 위험물의 저장 또는 취급에 따른 화재의 예방 또는 진압대책을 위하여 필요한 때에는 위험물을 저장 또는 취급하고 있다고 인정되는 장소의 관계인에 대하여 필요한 보고 또는 자료제출을 명할 수 있으며, 관계공무원으로 하여금 당해 장소에 출입하여 그 장소의 위치·구조·설비 및 위험물의 저장·취급상황에 대하여 검사하게 하거나 관계인에게 질문하게 하고 시험에 필요한 최소한의 위험물 또는 위험물로 의심되는 물품을 수거하게 할 수 있다. 다만, 개인의 주거는 관계인의 승낙을 얻은 경우 또는 화재발생의 우려가 커서 긴급한 필요가 있는 경우가 아니면 출입할 수 없다. 〈개정 2016. 1. 27., 2017. 7. 26.〉

② 소방공무원 또는 국가경찰공무원은 위험물운반자 또는 위험물운송자의 요건을 확인하기 위하여 필요하다고 인정하는 경우에는 주행 중인 위험물 운반 차량 또는 이동탱크저장소를 정지시켜 해당 위험물운반자 또는 위험물운송자에게 그 자격을 증명할 수 있는 국가기술자격증 또는 교육수료증의 제시를 요구할 수 있으며, 이를 제시하지 아니한 경우에는 주민등록증, 여권, 운전면허증 등 신원확인을 위한 증명서를 제시할 것을 요구하거나 신원확인을 위한 질문을 할 수 있다. 이 직무를 수행하는 경우에 있어서 소방공무원과 국가경찰공무원은 긴밀히 협력하여야 한다. 〈개정 2006. 2. 21., 2014. 12. 30., 2020. 6. 9.〉

③ 제1항의 규정에 따른 출입·검사 등은 그 장소의 공개시간이나 근무시간내 또는 해가 뜬 후부터 해가 지기 전까지의 시간내에 행하여야 한다. 다만, 건축물 그 밖의 공작물의 관계인의 승낙을 얻은 경우 또는 화재발생의 우려가 커서 긴급한 필요가 있는 경우에는 그러하지 아니하다.

④ 제1항 및 제2항의 규정에 의하여 출입·검사 등을 행하는 관계공무원은 관계인의 정당한 업무를 방해하거나 출입·검사 등을 수행하면서 알게 된 비밀을 다른 자에게 누설하여서는 아니된다.

⑤ 시·도지사, 소방본부장 또는 소방서장은 탱크시험자에게 탱크시험자의 등록 또는 그 업무에 관하여 필요한 보고 또는 자료제출을 명하거나 관계공무원으로 하여금 당해 사무소에 출입하여 업무의 상황·시험기구·장부·서류와 그 밖의 물건을 검사하게 하거나 관계인에게 질문하게 할 수 있다. 〈개정 2020. 6. 9.〉

⑥ 제1항·제2항 및 제5항의 규정에 따라 출입·검사 등을 하는 관계공무원은 그 권한을 표시하는 증표를 지니고 관계인에게 이를 내보여야 한다.

제22조의2(위험물 누출 등의 사고 조사)

① 소방청장, 소방본부장 또는 소방서장은 위험물의 누출 · 화재 · 폭발 등의 사고가 발생한 경우 사고의 원인 및 피해 등을 조사하여야 한다. 〈개정 2017. 7. 26.〉

② 제1항에 따른 조사에 관하여는 제22조제1항 · 제3항 · 제4항 및 제6항을 준용한다.

③ 소방청장, 소방본부장 또는 소방서장은 제1항에 따른 사고 조사에 필요한 경우 자문을 하기 위하여 관련 분야에 전문지식이 있는 사람으로 구성된 사고조사위원회를 둘 수 있다.

〈개정 2017. 7. 26.〉

④ 제3항에 따른 사고조사위원회의 구성과 운영 등에 필요한 사항은 대통령령으로 정한다.

[본조신설 2016. 1. 27.]

제23조(탱크시험자에 대한 명령)

시 · 도지사, 소방본부장 또는 소방서장은 탱크시험자에 대하여 당해 업무를 적정하게 실시하게 하기 위하여 필요하다고 인정하는 때에는 감독상 필요한 명령을 할 수 있다.

제24조(무허가장소의 위험물에 대한 조치명령)

시 · 도지사, 소방본부장 또는 소방서장은 위험물에 의한 재해를 방지하기 위하여 제6조제1항의 규정에 따른 허가를 받지 아니하고 지정수량 이상의 위험물을 저장 또는 취급하는 자(제6조제3항의 규정에 따라 허가를 받지 아니하는 자를 제외한다)에 대하여 그 위험물 및 시설의 제거 등 필요한 조치를 명할 수 있다.

제25조(제조소등에 대한 긴급 사용정지명령 등)

시 · 도지사, 소방본부장 또는 소방서장은 공공의 안전을 유지하거나 재해의 발생을 방지하기 위하여 긴급한 필요가 있다고 인정하는 때에는 제조소등의 관계인에 대하여 당해 제조소등의 사용을 일시정지하거나 그 사용을 제한할 것을 명할 수 있다.

제26조(저장 · 취급기준 준수명령 등)

① 시 · 도지사, 소방본부장 또는 소방서장은 제조소등에서의 위험물의 저장 또는 취급이 제5조제3항의 규정에 위반된다고 인정하는 때에는 당해 제조소등의 관계인에 대하여 동항의 기준에 따라 위험물을 저장 또는 취급하도록 명할 수 있다.

② 시 · 도지사, 소방본부장 또는 소방서장은 관할하는 구역에 있는 이동탱크저장소에서의 위험물의 저장 또는 취급이 제5조제3항의 규정에 위반된다고 인정하는 때에는 당해 이동탱크저장소

의 관계인에 대하여 동항의 기준에 따라 위험물을 저장 또는 취급하도록 명할 수 있다.

③ 시 · 도지사, 소방본부장 또는 소방서장은 제2항의 규정에 따라 이동탱크저장소의 관계인에 대하여 명령을 한 경우에는 행정안전부령이 정하는 바에 따라 제6조제1항의 규정에 따라 당해 이동탱크저장소의 허가를 한 시 · 도지사, 소방본부장 또는 소방서장에게 신속히 그 취지를 통지하여야 한다. 〈개정 2008. 2. 29., 2013. 3. 23., 2014. 11. 19., 2017. 7. 26.〉

제27조(응급조치 · 통보 및 조치명령)

① 제조소등의 관계인은 당해 제조소등에서 위험물의 유출 그 밖의 사고가 발생한 때에는 즉시 그리고 지속적으로 위험물의 유출 및 확산의 방지, 유출된 위험물의 제거 그 밖에 재해의 발생방지를 위한 응급조치를 강구하여야 한다.

② 제1항의 사태를 발견한 자는 즉시 그 사실을 소방서, 경찰서 또는 그 밖의 관계기관에 통보하여야 한다.

③ 소방본부장 또는 소방서장은 제조소등의 관계인이 제1항의 응급조치를 강구하지 아니하였다고 인정하는 때에는 제1항의 응급조치를 강구하도록 명할 수 있다.

④ 소방본부장 또는 소방서장은 그 관할하는 구역에 있는 이동탱크저장소의 관계인에 대하여 제3항의 규정의 예에 따라 제1항의 응급조치를 강구하도록 명할 수 있다.

제6장 보칙

제28조(안전교육)

① 안전관리자 · 탱크시험자 · 위험물운반자 · 위험물운송자 등 위험물의 안전관리와 관련된 업무를 수행하는 자로서 대통령령이 정하는 자는 해당 업무에 관한 능력의 습득 또는 향상을 위하여 소방청장이 실시하는 교육을 받아야 한다. 〈개정 2005. 8. 4., 2014. 11. 19., 2017. 7. 26., 2020. 6. 9.〉

② 제조소등의 관계인은 제1항의 규정에 따른 교육대상자에 대하여 필요한 안전교육을 받게 하여야 한다.

③ 제1항의 규정에 따른 교육의 과정 및 기간과 그 밖에 교육의 실시에 관하여 필요한 사항은 행정안전부령으로 정한다. 〈개정 2008. 2. 29., 2013. 3. 23., 2014. 11. 19., 2017. 7. 26.〉

④ 시 · 도지사, 소방본부장 또는 소방서장은 제1항의 규정에 따른 교육대상자가 교육을 받지 아니한 때에는 그 교육대상자가 교육을 받을 때까지 이 법의 규정에 따라 그 자격으로 행하는 행위를 제한할 수 있다.

제29조(청문)

시 · 도지사, 소방본부장 또는 소방서장은 다음 각 호의 어느 하나에 해당하는 처분을 하고자 하는 경우에는 청문을 실시하여야 한다. 〈개정 2016. 1. 27.〉

    1. 제12조의 규정에 따른 제조소등 설치허가의 취소

    2. 제16조제5항의 규정에 따른 탱크시험자의 등록취소

제30조(권한의 위임 · 위탁)

① 소방청장 또는 시 · 도지사는 이 법에 따른 권한의 일부를 대통령령이 정하는 바에 따라 시 · 도지사, 소방본부장 또는 소방서장에게 위임할 수 있다. 〈개정 2005. 8. 4., 2014. 11. 19., 2017. 7. 26.〉

② 소방청장, 시 · 도지사, 소방본부장 또는 소방서장은 이 법에 따른 업무의 일부를 대통령령이 정하는 바에 따라 소방기본법 제40조의 규정에 의한 한국소방안전원(이하 "안전원"이라 한다) 또는 기술원에 위탁할 수 있다. 〈개정 2005. 8. 4., 2008. 6. 5., 2014. 11. 19., 2017. 7. 26., 2017. 12. 26.〉

제31조(수수료 등)

다음 각 호의 어느 하나에 해당하는 승인 · 허가 · 검사 또는 교육 등을 받고자 하거나 등록 또는 신

고를 하고자 하는 자는 행정안전부령이 정하는 바에 따라 수수료 또는 교육비를 납부하여야 한다. 〈개정 2005. 8. 4., 2008. 2. 29., 2013. 3. 23., 2014. 11. 19., 2016. 1. 27., 2017. 7. 26., 2020. 6. 9.〉

1. 제5조제2항제1호의 규정에 따른 임시저장ㆍ취급의 승인
2. 제6조제1항의 규정에 따른 제조소등의 설치 또는 변경의 허가
3. 제8조의 규정에 따른 제조소등의 탱크안전성능검사
4. 제9조의 규정에 따른 제조소등의 완공검사
5. 제10조제3항의 규정에 따른 설치자의 지위승계신고
6. 제16조제2항의 규정에 따른 탱크시험자의 등록
7. 제16조제3항의 규정에 따른 탱크시험자의 등록사항 변경신고
8. 제18조제2항의 규정에 따른 정기검사
9. 제20조제3항에 따른 운반용기의 검사
10. 제28조의 규정에 따른 안전교육

제32조(벌칙적용에 있어서의 공무원 의제)

다음 각 호의 자는 형법 제129조 내지 제132조의 적용에 있어서는 이를 공무원으로 본다.

〈개정 2008. 6. 5., 2016. 1. 27., 2017. 12. 26.〉

1. 제8조제1항 후단의 규정에 따른 검사업무에 종사하는 기술원의 담당 임원 및 직원
2. 제16조제1항의 규정에 따른 탱크시험자의 업무에 종사하는 자
3. 제30조제2항의 규정에 따라 위탁받은 업무에 종사하는 안전원 및 기술원의 담당 임원 및 직원

제7장 벌칙

제33조(벌칙)

① 제조소등에서 위험물을 유출 · 방출 또는 확산시켜 사람의 생명 · 신체 또는 재산에 대하여 위험을 발생시킨 자는 1년 이상 10년 이하의 징역에 처한다.

② 제1항의 규정에 따른 죄를 범하여 사람을 상해(傷害)에 이르게 한 때에는 무기 또는 3년 이상의 징역에 처하며, 사망에 이르게 한 때에는 무기 또는 5년 이상의 징역에 처한다.

제34조(벌칙)

① 업무상 과실로 제조소등에서 위험물을 유출 · 방출 또는 확산시켜 사람의 생명 · 신체 또는 재산에 대하여 위험을 발생시킨 자는 7년 이하의 금고 또는 7천만원 이하의 벌금에 처한다.

〈개정 2016. 1. 27.〉

② 제1항의 죄를 범하여 사람을 사상(死傷)에 이르게 한 자는 10년 이하의 징역 또는 금고나 1억원 이하의 벌금에 처한다.

〈개정 2016. 1. 27.〉

제34조의2(벌칙)

제6조제1항 전단을 위반하여 제조소등의 설치허가를 받지 아니하고 제조소등을 설치한 자는 5년 이하의 징역 또는 1억원 이하의 벌금에 처한다.

[본조신설 2017. 3. 21.]

제34조의3(벌칙)

제5조제1항을 위반하여 저장소 또는 제조소등이 아닌 장소에서 지정수량 이상의 위험물을 저장 또는 취급한 자는 3년 이하의 징역 또는 3천만원 이하의 벌금에 처한다.

[본조신설 2017. 3. 21.]

제35조(벌칙)

다음 각 호의 어느 하나에 해당하는 자는 1년 이하의 징역 또는 1천만원 이하의 벌금에 처한다.

〈개정 2016. 1. 27., 2020. 6. 9.〉

1. 삭제 〈2017. 3. 21.〉

2. 삭제 〈2017. 3. 21.〉

3. 제16조제2항의 규정에 따른 탱크시험자로 등록하지 아니하고 탱크시험자의 업무를 한 자

4. 제18조제1항의 규정을 위반하여 정기점검을 하지 아니하거나 점검기록을 허위로 작성한 관계인으로서 제6조제1항의 규정에 따른 허가(제6조제3항의 규정에 따라 허가가 면제된 경우 및 제7조제2항의 규정에 따라 협의로써 허가를 받은 것으로 보는 경우를 포함한다. 이하 제5호·제6호, 제36조제6호·제7호·제10호 및 제37조제3호에서 같다)를 받은 자

5. 제18조제2항의 규정을 위반하여 정기검사를 받지 아니한 관계인으로서 제6조제1항의 규정에 따른 허가를 받은 자

6. 제19조의 규정을 위반하여 자체소방대를 두지 아니한 관계인으로서 제6조제1항의 규정에 따른 허가를 받은 자

7. 제20조제3항 단서를 위반하여 운반용기에 대한 검사를 받지 아니하고 운반용기를 사용하거나 유통시킨 자

8. 제22조제1항(제22조의2제2항에서 준용하는 경우를 포함한다)의 규정에 따른 명령을 위반하여 보고 또는 자료제출을 하지 아니하거나 허위의 보고 또는 자료제출을 한 자 또는 관계공무원의 출입·검사 또는 수거를 거부·방해 또는 기피한 자

9. 제25조의 규정에 따른 제조소등에 대한 긴급 사용정지·제한명령을 위반한 자

제36조(벌칙)

다음 각 호의 어느 하나에 해당하는 자는 1천500만원 이하의 벌금에 처한다.

〈개정 2014. 12. 30., 2016. 1. 27., 2017. 3. 21.〉

1. 제5조제3항제1호의 규정에 따른 위험물의 저장 또는 취급에 관한 중요기준에 따르지 아니한 자

2. 제6조제1항 후단의 규정을 위반하여 변경허가를 받지 아니하고 제조소등을 변경한 자

3. 제9조제1항의 규정을 위반하여 제조소등의 완공검사를 받지 아니하고 위험물을 저장·취급한 자

4. 제12조의 규정에 따른 제조소등의 사용정지명령을 위반한 자

5. 제14조제2항의 규정에 따른 수리·개조 또는 이전의 명령에 따르지 아니한 자

6. 제15조제1항 또는 제2항의 규정을 위반하여 안전관리자를 선임하지 아니한 관계인으로서 제6조제1항의 규정에 따른 허가를 받은 자

7. 제15조제5항을 위반하여 대리자를 지정하지 아니한 관계인으로서 제6조제1항의 규정에 따른 허가를 받은 자

8. 제16조제5항의 규정에 따른 업무정지명령을 위반한 자

9. 제16조제6항의 규정을 위반하여 탱크안전성능시험 또는 점검에 관한 업무를 허위로 하거나 그 결과를 증명하는 서류를 허위로 교부한 자

10. 제17조제1항 전단의 규정을 위반하여 예방규정을 제출하지 아니하거나 동조제2항의 규정에 따른 변경명령을 위반한 관계인으로서 제6조제1항의 규정에 따른 허가를 받은 자

11. 제22조제2항에 따른 정지지시를 거부하거나 국가기술자격증, 교육수료증ㆍ신원확인을 위한 증명서의 제시 요구 또는 신원확인을 위한 질문에 응하지 아니한 사람

12. 제22조제5항의 규정에 따른 명령을 위반하여 보고 또는 자료제출을 하지 아니하거나 허위의 보고 또는 자료제출을 한 자 및 관계공무원의 출입 또는 조사ㆍ검사를 거부ㆍ방해 또는 기피한 자

13. 제23조의 규정에 따른 탱크시험자에 대한 감독상 명령에 따르지 아니한 자

14. 제24조의 규정에 따른 무허가장소의 위험물에 대한 조치명령에 따르지 아니한 자

15. 제26조제1항ㆍ제2항 또는 제27조의 규정에 따른 저장ㆍ취급기준 준수명령 또는 응급조치명령을 위반한 자

제37조(벌칙)

다음 각 호의 어느 하나에 해당하는 자는 1천만원 이하의 벌금에 처한다.

〈개정 2014. 12. 30., 2016. 1. 27., 2017. 3. 21., 2020. 6. 9.〉

1. 제15조제6항을 위반하여 위험물의 취급에 관한 안전관리와 감독을 하지 아니한 자

2. 제15조제7항을 위반하여 안전관리자 또는 그 대리자가 참여하지 아니한 상태에서 위험물을 취급한 자

3. 제17조제1항 후단의 규정을 위반하여 변경한 예방규정을 제출하지 아니한 관계인으로서 제6조제1항의 규정에 따른 허가를 받은 자

4. 제20조제1항제1호의 규정을 위반하여 위험물의 운반에 관한 중요기준에 따르지 아니한 자

4의2. 제20조제2항을 위반하여 요건을 갖추지 아니한 위험물운반자

5. 제21조제1항 또는 제2항의 규정을 위반한 위험물운송자

6. 제22조제4항(제22조의2제2항에서 준용하는 경우를 포함한다)의 규정을 위반하여 관계인의 정당한 업무를 방해하거나 출입ㆍ검사 등을 수행하면서 알게 된 비밀을 누설한 자

제38조(양벌규정)

① 법인의 대표자나 법인 또는 개인의 대리인, 사용인, 그 밖의 종업원이 그 법인 또는 개인의 업

무에 관하여 제33조제1항의 위반행위를 하면 그 행위자를 벌하는 외에 그 법인 또는 개인을 5천만원 이하의 벌금에 처하고, 같은 조 제2항의 위반행위를 하면 그 행위자를 벌하는 외에 그 법인 또는 개인을 1억원 이하의 벌금에 처한다. 다만, 법인 또는 개인이 그 위반행위를 방지하기 위하여 해당 업무에 관하여 상당한 주의와 감독을 게을리하지 아니한 경우에는 그러하지 아니하다.

② 법인의 대표자나 법인 또는 개인의 대리인, 사용인, 그 밖의 종업원이 그 법인 또는 개인의 업무에 관하여 제34조부터 제37조까지의 어느 하나에 해당하는 위반행위를 하면 그 행위자를 벌하는 외에 그 법인 또는 개인에게도 해당 조문의 벌금형을 과(科)한다. 다만, 법인 또는 개인이 그 위반행위를 방지하기 위하여 해당 업무에 관하여 상당한 주의와 감독을 게을리하지 아니한 경우에는 그러하지 아니하다.

[전문개정 2010. 3. 22.]

제39조(과태료)

① 다음 각 호의 어느 하나에 해당하는 자는 200만원 이하의 과태료에 처한다.

〈개정 2014. 12. 30., 2016. 1. 27.〉

1. 제5조제2항제1호의 규정에 따른 승인을 받지 아니한 자
2. 제5조제3항제2호의 규정에 따른 위험물의 저장 또는 취급에 관한 세부기준을 위반한 자
3. 제6조제2항의 규정에 따른 품명 등의 변경신고를 기간 이내에 하지 아니하거나 허위로 한 자
4. 제10조제3항의 규정에 따른 지위승계신고를 기간 이내에 하지 아니하거나 허위로 한 자
5. 제11조의 규정에 따른 제조소등의 폐지신고 또는 제15조제3항의 규정에 따른 안전관리자의 선임신고를 기간 이내에 하지 아니하거나 허위로 한 자
6. 제16조제3항의 규정을 위반하여 등록사항의 변경신고를 기간 이내에 하지 아니하거나 허위로 한 자
7. 제18조제1항의 규정을 위반하여 점검결과를 기록·보존하지 아니한 자
8. 제20조제1항제2호의 규정에 따른 위험물의 운반에 관한 세부기준을 위반한 자
9. 제21조제3항의 규정을 위반하여 위험물의 운송에 관한 기준을 따르지 아니한 자

② 제1항의 규정에 따른 과태료는 대통령령이 정하는 바에 따라 시·도지사, 소방본부장 또는 소방서장(이하 "부과권자"라 한다)이 부과·징수한다.

③ 삭제 〈2014. 12. 30.〉

④ 삭제 〈2014. 12. 30.〉

⑤ 삭제 〈2014. 12. 30.〉

⑥ 제4조 및 제5조제2항 각 호 외의 부분 후단의 규정에 따른 조례에는 200만원 이하의 과태료를
정할 수 있다. 이 경우 과태료는 부과권자가 부과·징수한다. 〈개정 2016. 1. 27.〉

⑦ 삭제 〈2014. 12. 30.〉

부칙 〈제17380호, 2020. 6. 9.〉

제1조(시행일)

이 법은 공포 후 1년이 경과한 날부터 시행한다.

제2조(위험물운반자의 자격에 관한 경과조치)

이 법 시행 당시 위험물운반자의 업무를 수행하는 사람은 제20조제2항의 개정규정에도 불구하고 위험물운반자로 본다. 다만, 이 법 시행 이후 1년 이내에 제20조제2항의 개정규정에 따른 위험물운반자의 요건을 갖추어야 한다.

위험물안전관리법 시행령

[시행 2022. 1. 1]
[대통령령 제30839호, 2020. 7. 14, 일부개정]

제1장 총칙

제1조 **목적**

이 영은 「위험물안전관리법」에서 위임된 사항과 그 시행에 관하여 필요한 사항을 규정함을 목적으로 한다. 〈개정 2005. 5. 26.〉

제2조(위험물)

「위험물안전관리법」(이하 "법"이라 한다) 제2조제1항제1호에서 "대통령령이 정하는 물품"이라 함은 별표 1에 규정된 위험물을 말한다. 〈개정 2005. 5. 26.〉

제3조(위험물의 지정수량)

법 제2조제1항제2호에서 "대통령령이 정하는 수량"이라 함은 별표 1의 위험물별로 지정수량란에 규정된 수량을 말한다.

제4조(위험물을 저장하기 위한 장소 등)

법 제2조제1항제4호의 규정에 의한 지정수량 이상의 위험물을 저장하기 위한 장소와 그에 따른 저장소의 구분은 별표 2와 같다.

제5조(위험물을 취급하기 위한 장소 등)

법 제2조제1항제5호의 규정에 의한 지정수량 이상의 위험물을 제조 외의 목적으로 취급하기 위한 장소와 그에 따른 취급소의 구분은 별표 3과 같다.

제2장 제조소등의 허가 등

제6조(제조소등의 설치 및 변경의 허가)

① 법 제6조제1항에 따라 제조소등의 설치허가 또는 변경허가를 받으려는 자는 설치허가 또는 변경허가신청서에 행정안전부령으로 정하는 서류를 첨부하여 특별시장·광역시장·특별자치시장·도지사 또는 특별자치도지사(이하 "시·도지사"라 한다)에게 제출하여야 한다.

〈개정 2008. 12. 17., 2013. 3. 23., 2014. 11. 19., 2015. 12. 15., 2017. 7. 26.〉

② 시·도지사는 제1항에 따른 제조소등의 설치허가 또는 변경허가 신청 내용이 다음 각 호의

기준에 적합하다고 인정하는 경우에는 허가를 하여야 한다.　〈개정 2005. 5. 26., 2007. 11. 30., 2008. 12. 3., 2008. 12. 17., 2013. 2. 5., 2013. 3. 23., 2014. 11. 19., 2017. 7. 26., 2020. 7. 14.〉

1. 제조소등의 위치 · 구조 및 설비가 법 제5조제4항의 규정에 의한 기술기준에 적합할 것

2. 제조소등에서의 위험물의 저장 또는 취급이 공공의 안전유지 또는 재해의 발생방지에 지장을 줄 우려가 없다고 인정될 것

3. 다음 각 목의 제조소등은 해당 목에서 정한 사항에 대하여 「소방산업의 진흥에 관한 법률」 제14조에 따른 한국소방산업기술원(이하 "기술원"이라 한다)의 기술검토를 받고 그 결과가 행정안전부령으로 정하는 기준에 적합한 것으로 인정될 것. 다만, 보수 등을 위한 부분적인 변경으로서 소방청장이 정하여 고시하는 사항에 대해서는 기술원의 기술검토를 받지 않을 수 있으나 행정안전부령으로 정하는 기준에는 적합해야 한다.

　　가. 지정수량의 1천배 이상의 위험물을 취급하는 제조소 또는 일반취급소 : 구조 · 설비에 관한 사항

　　나. 옥외탱크저장소(저장용량이 50만 리터 이상인 것만 해당한다) 또는 암반탱크저장소 : 위험물탱크의 기초 · 지반, 탱크본체 및 소화설비에 관한 사항

③ 제2항제3호 각 목의 어느 하나에 해당하는 제조소등에 관한 설치허가 또는 변경허가를 신청하는 자는 그 시설의 설치계획에 관하여 미리 기술원의 기술검토를 받아 그 결과를 설치허가 또는 변경허가신청서류와 함께 제출할 수 있다.　〈개정 2007. 11. 30., 2008. 12. 3.〉

제7조(군용위험물시설의 설치 및 변경에 대한 특례)

① 군부대의 장은 법 제7조제1항의 규정에 의하여 군사목적 또는 군부대시설을 위한 제조소등을 설치하거나 그 위치 · 구조 또는 설비를 변경하고자 하는 경우에는 당해 제조소등의 설치공사 또는 변경공사를 착수하기 전에 그 공사의 설계도서와 행정안전부령이 정하는 서류를 시 · 도지사에게 제출하여야 한다. 다만, 국가안보상 중요하거나 국가기밀에 속하는 제조소등을 설치 또는 변경하는 경우에는 당해 공사의 설계도서의 제출을 생략할 수 있다.

〈개정 2008. 12. 17., 2013. 3. 23., 2014. 11. 19., 2017. 7. 26.〉

② 시 · 도지사는 제1항의 규정에 의하여 제출받은 설계도서와 관계서류를 검토한 후 그 결과를 당해 군부대의 장에게 통지하여야 한다. 이 경우 시 · 도지사는 검토결과를 통지하기 전에 설계도서와 관계서류의 보완요청을 할 수 있고, 보완요청을 받은 군부대의 장은 특별한 사유가 없는 한 이에 응하여야 한다.　〈개정 2006. 5. 25.〉

제8조(탱크안전성능검사의 대상이 되는 탱크 등)

① 법 제8조제1항 전단에 따라 탱크안전성능검사를 받아야 하는 위험물탱크는 제2항에 따른 탱

크안전성능검사별로 다음 각 호의 어느 하나에 해당하는 탱크로 한다.

〈개정 2005. 5. 26., 2008. 12. 17., 2013. 3. 23., 2014. 11. 19., 2015. 12. 15., 2017. 7. 26., 2019. 12. 24.〉

1. 기초 · 지반검사 : 옥외탱크저장소의 액체위험물탱크 중 그 용량이 100만리터 이상인 탱크
2. 충수(充水) · 수압검사 : 액체위험물을 저장 또는 취급하는 탱크. 다만, 다음 각 목의 어느 하나에 해당하는 탱크는 제외한다.

   가. 제조소 또는 일반취급소에 설치된 탱크로서 용량이 지정수량 미만인 것
   나. 「고압가스 안전관리법」 제17조제1항에 따른 특정설비에 관한 검사에 합격한 탱크
   다. 「산업안전보건법」 제84조제1항에 따른 안전인증을 받은 탱크
   라. 삭제 〈2006. 5. 25.〉

3. 용접부검사 : 제1호의 규정에 의한 탱크. 다만, 탱크의 저부에 관계된 변경공사(탱크의 옆판과 관련되는 공사를 포함하는 것을 제외한다)시에 행하여진 법 제18조제2항의 규정에 의한 정기검사에 의하여 용접부에 관한 사항이 행정안전부령으로 정하는 기준에 적합하다고 인정된 탱크를 제외한다.
4. 암반탱크검사 : 액체위험물을 저장 또는 취급하는 암반내의 공간을 이용한 탱크

② 법 제8조제2항의 규정에 의하여 탱크안전성능검사는 기초 · 지반검사, 충수 · 수압검사, 용접부검사 및 암반탱크검사로 구분하되, 그 내용은 별표 4와 같다.

제9조(탱크안전성능검사의 면제)

① 법 제8조제1항 후단의 규정에 의하여 시 · 도지사가 면제할 수 있는 탱크안전성능검사는 제8조제2항 및 별표 4의 규정에 의한 충수 · 수압검사로 한다.
② 위험물탱크에 대한 충수 · 수압검사를 면제받고자 하는 자는 위험물탱크안전성능시험자(이하 "탱크시험자"라 한다) 또는 기술원으로부터 충수 · 수압검사에 관한 탱크안전성능시험을 받아 법 제9조제1항의 규정에 의한 완공검사를 받기 전(지하에 매설하는 위험물탱크에 있어서는 지하에 매설하기 전)에 당해 시험에 합격하였음을 증명하는 서류(이하 "탱크시험필증"이라 한다)를 시 · 도지사에게 제출하여야 한다. 〈개정 2008. 12. 3.〉
③ 시 · 도지사는 제2항의 규정에 의하여 제출받은 탱크시험필증과 해당 위험물탱크를 확인한 결과 법 제5조제4항의 규정에 의한 기술기준에 적합하다고 인정되는 때에는 당해 충수 · 수압검사를 면제한다.

제10조(완공검사의 신청 등)

① 법 제9조의 규정에 의한 제조소등에 대한 완공검사를 받고자 하는 자는 이를 시 · 도지사에

게 신청하여야 한다.

② 제1항의 규정에 의한 신청을 받은 시·도지사는 제조소등에 대하여 완공검사를 실시하고, 완공검사를 실시한 결과 당해 제조소등이 법 제5조제4항의 규정에 의한 기술기준(탱크안전성능검사에 관련된 것을 제외한다)에 적합하다고 인정하는 때에는 완공검사필증을 교부하여야 한다.

③ 제2항의 완공검사필증을 교부받은 자는 완공검사필증을 잃어버리거나 멸실·훼손 또는 파손한 경우에는 이를 교부한 시·도지사에게 재교부를 신청할 수 있다.

④ 완공검사필증을 훼손 또는 파손하여 제3항의 규정에 의한 신청을 하는 경우에는 신청서에 당해 완공검사필증을 첨부하여 제출하여야 한다.

⑤ 제2항의 완공검사필증을 잃어버려 재교부를 받은 자는 잃어버린 완공검사필증을 발견하는 경우에는 이를 10일 이내에 완공검사필증을 재교부한 시·도지사에게 제출하여야 한다.

제3장 위험물시설의 안전관리

제11조(위험물안전관리자로 선임할 수 있는 위험물취급자격자 등)

① 법 제15조제1항 본문에서 "대통령령이 정하는 위험물의 취급에 관한 자격이 있는 자"라 함은 별표 5에 규정된 자를 말한다.

② 법 제15조제1항 단서에서 "대통령령이 정하는 경우"란 다음 각 호의 어느 하나에 해당하는 경우를 말한다. 〈개정 2005. 5. 26., 2013. 2. 5., 2014. 12. 9., 2017. 1. 26.〉

1. 제조소등에서 저장·취급하는 위험물이 「화학물질관리법」 제2조제2호에 따른 유독물질에 해당하는 경우

2. 「화재예방, 소방시설 설치·유지 및 안전관리에 관한 법률」 제2조제1항제3호에 따른 특정소방대상물의 난방·비상발전 또는 자가발전에 필요한 위험물을 저장·취급하기 위하여 설치된 저장소 또는 일반취급소가 해당 특정소방대상물 안에 있거나 인접하여 있는 경우

③ 법 제15조제1항 단서에서 "대통령령이 정하는 자"란 다음 각 호의 어느 하나에 해당하는 자를 말한다. 〈개정 2005. 5. 26., 2011. 10. 28., 2013. 2. 5., 2014. 12. 9., 2015. 12. 15., 2017. 1. 26.〉

1. 제2항제1호의 경우 : 「화학물질관리법」 제32조제1항에 따라 해당 제조소등의 유해화학물질관리자로 선임된 자로서 법 제28조 또는 「화학물질관리법」 제33조에 따라 유해화학물질 안전교육을 받은 자

2. 제2항제2호의 경우 : 「화재예방, 소방시설 설치·유지 및 안전관리에 관한 법률」 제20

조제2항 또는 「공공기관의 소방안전관리에 관한 규정」 제5조에 따라 소방안전관리자로 선임된 자로서 법 제15조제9항에 따른 위험물안전관리자(이하 "안전관리자"라 한다)의 자격이 있는 자

제12조(1인의 안전관리자를 중복하여 선임할 수 있는 경우 등)

① 법 제15조제8항 전단에 따라 다수의 제조소등을 설치한 자가 1인의 안전관리자를 중복하여 선임할 수 있는 경우는 다음 각 호의 어느 하나와 같다.
〈개정 2005. 5. 26., 2008. 12. 17., 2013. 3. 23., 2014. 11. 19., 2015. 12. 15., 2017. 7. 26.〉

1. 보일러·버너 또는 이와 비슷한 것으로서 위험물을 소비하는 장치로 이루어진 7개 이하의 일반취급소와 그 일반취급소에 공급하기 위한 위험물을 저장하는 저장소[일반취급소 및 저장소가 모두 동일구내(같은 건물 안 또는 같은 울 안을 말한다. 이하 같다)에 있는 경우에 한한다. 이하 제2호에서 같다]를 동일인이 설치한 경우

2. 위험물을 차량에 고정된 탱크 또는 운반용기에 옮겨 담기 위한 5개 이하의 일반취급소[일반취급소간의 거리(보행거리를 말한다. 제3호 및 제4호에서 같다)가 300미터 이내인 경우에 한한다]와 그 일반취급소에 공급하기 위한 위험물을 저장하는 저장소를 동일인이 설치한 경우

3. 동일구내에 있거나 상호 100미터 이내의 거리에 있는 저장소로서 저장소의 규모, 저장하는 위험물의 종류 등을 고려하여 행정안전부령이 정하는 저장소를 동일인이 설치한 경우

4. 다음 각목의 기준에 모두 적합한 5개 이하의 제조소등을 동일인이 설치한 경우

   가. 각 제조소등이 동일구내에 위치하거나 상호 100미터 이내의 거리에 있을 것

   나. 각 제조소등에서 저장 또는 취급하는 위험물의 최대수량이 지정수량의 3천배 미만일 것. 다만, 저장소의 경우에는 그러하지 아니하다.

5. 그 밖에 제1호 또는 제2호의 규정에 의한 제조소등과 비슷한 것으로서 행정안전부령이 정하는 제조소등을 동일인이 설치한 경우

② 법 제15조제8항 후단에서 "대통령령이 정하는 제조소등"이란 다음 각 호의 어느 하나에 해당하는 제조소등을 말한다.
〈개정 2005. 5. 26., 2006. 5. 25., 2015. 12. 15.〉

1. 제조소

2. 이송취급소

3. 일반취급소. 다만, 인화점이 38도 이상인 제4류 위험물만을 지정수량의 30배 이하로 취급하는 일반취급소로서 다음 각목의 1에 해당하는 일반취급소를 제외한다.

   가. 보일러·버너 또는 이와 비슷한 것으로서 위험물을 소비하는 장치로 이루어진 일반취

급소

나. 위험물을 용기에 옮겨 담거나 차량에 고정된 탱크에 주입하는 일반취급소

제13조(위험물안전관리자의 자격)

법 제15조제9항에 따라 제조소등의 종류 및 규모에 따라 선임하여야 하는 안전관리자의 자격은 별표 6과 같다. 〈개정 2015. 12. 15.〉

제14조(탱크시험자의 등록기준 등)

①법 제16조제2항의 규정에 의하여 탱크시험자가 갖추어야 하는 기술능력·시설 및 장비는 별표 7과 같다.

② 탱크시험자로 등록하고자 하는 자는 등록신청서에 행정안전부령이 정하는 서류를 첨부하여 시·도지사에게 제출하여야 한다. 〈개정 2008. 12. 17., 2013. 3. 23., 2014. 11. 19., 2017. 7. 26.〉

③ 시·도지사는 제2항에 따른 등록신청을 접수한 경우에 다음 각 호의 어느 하나에 해당하는 경우를 제외하고는 등록을 해 주어야 한다. 〈신설 2011. 12. 13.〉

1. 제1항에 따른 기술능력·시설 및 장비 기준을 갖추지 못한 경우

2. 등록을 신청한 자가 법 제16조제4항 각 호의 어느 하나에 해당하는 경우

3. 그 밖에 법, 이 영 또는 다른 법령에 따른 제한에 위반되는 경우

제15조(관계인이 예방규정을 정하여야 하는 제조소등)

법 제17조제1항에서 "대통령령이 정하는 제조소등"이라 함은 다음 각호의 1에 해당하는 제조소등을 말한다. 〈개정 2005. 5. 26., 2006. 5. 25.〉

1. 지정수량의 10배 이상의 위험물을 취급하는 제조소

2. 지정수량의 100배 이상의 위험물을 저장하는 옥외저장소

3. 지정수량의 150배 이상의 위험물을 저장하는 옥내저장소

4. 지정수량의 200배 이상의 위험물을 저장하는 옥외탱크저장소

5. 암반탱크저장소

6. 이송취급소

7. 지정수량의 10배 이상의 위험물을 취급하는 일반취급소. 다만, 제4류 위험물(특수인화물을 제외한다)만을 지정수량의 50배 이하로 취급하는 일반취급소(제1석유류·알코올류의 취급량이 지정수량의 10배 이하인 경우에 한한다)로서 다음 각목의 어느 하나에 해당하는 것을 제외한다.

가. 보일러 · 버너 또는 이와 비슷한 것으로서 위험물을 소비하는 장치로 이루어진 일반취급소

나. 위험물을 용기에 옮겨 담거나 차량에 고정된 탱크에 주입하는 일반취급소

제16조(정기점검의 대상인 제조소등)

법 제18조제1항에서 "대통령령이 정하는 제조소등"이라 함은 다음 각호의 1에 해당하는 제조소등을 말한다.

1. 제15조 각호의 1에 해당하는 제조소등

2. 지하탱크저장소

3. 이동탱크저장소

4. 위험물을 취급하는 탱크로서 지하에 매설된 탱크가 있는 제조소 · 주유취급소 또는 일반취급소

제17조(정기검사의 대상인 제조소등)

법 제18조제2항에서 "대통령령이 정하는 제조소등"이라 함은 액체위험물을 저장 또는 취급하는 50만리터 이상의 옥외탱크저장소를 말한다. 〈개정 2017. 12. 29.〉

제4장 자체소방대

제18조(자체소방대를 설치하여야 하는 사업소)

① 법 제19조에서 "대통령령이 정하는 제조소등"이란 다음 각 호의 어느 하나에 해당하는 제조소등을 말한다. 〈개정 2020. 7. 14.〉

1. 제4류 위험물을 취급하는 제조소 또는 일반취급소. 다만, 보일러로 위험물을 소비하는 일반취급소 등 행정안전부령으로 정하는 일반취급소는 제외한다.

2. 제4류 위험물을 저장하는 옥외탱크저장소

② 법 제19조에서 "대통령령이 정하는 수량 이상"이란 다음 각 호의 구분에 따른 수량을 말한다. 〈개정 2020. 7. 14.〉

1. 제1항제1호에 해당하는 경우: 제조소 또는 일반취급소에서 취급하는 제4류 위험물의 최대수량의 합이 지정수량의 3천배 이상

2. 제1항제2호에 해당하는 경우: 옥외탱크저장소에 저장하는 제4류 위험물의 최대수량이 지

정수량의 50만배 이상

③ 법 제19조의 규정에 의하여 자체소방대를 설치하는 사업소의 관계인은 별표 8의 규정에 의하여 자체소방대에 화학소방자동차 및 자체소방대원을 두어야 한다. 다만, 화재 그 밖의 재난발생시 다른 사업소 등과 상호응원에 관한 협정을 체결하고 있는 사업소에 있어서는 행정안전부령이 정하는 바에 따라 별표 8의 범위 안에서 화학소방자동차 및 인원의 수를 달리할 수 있다. 〈개정 2008. 12. 17., 2013. 3. 23., 2014. 11. 19., 2017. 7. 26.〉

제5장 위험물의 운송

제19조(운송책임자의 감독 · 지원을 받아 운송하여야 하는 위험물)

법 제21조제2항에서 "대통령령이 정하는 위험물"이라 함은 다음 각호의 1에 해당하는 위험물을 말한다.

1. 알킬알루미늄
2. 알킬리튬
3. 제1호 또는 제2호의 물질을 함유하는 위험물

제5장의2 사고조사위원회 〈신설 2020. 7. 14.〉

제19조의2(사고조사위원회의 구성 등)

① 법 제22조의2제3항에 따른 사고조사위원회(이하 이 조에서 "위원회"라 한다)는 위원장 1명을 포함하여 7명 이내의 위원으로 구성한다.

② 위원회의 위원은 다음 각 호의 어느 하나에 해당하는 사람 중에서 소방청장, 소방본부장 또는 소방서장이 임명하거나 위촉하고, 위원장은 위원 중에서 소방청장, 소방본부장 또는 소방서장이 임명하거나 위촉한다.

1. 소속 소방공무원
2. 기술원의 임직원 중 위험물 안전관리 관련 업무에 5년 이상 종사한 사람
3. 「소방기본법」 제40조에 따른 한국소방안전원의 임직원 중 위험물 안전관리 관련 업무에 5년 이상 종사한 사람
4. 위험물로 인한 사고의 원인 · 피해 조사 및 위험물 안전관리 관련 업무 등에 관한 학식과

경험이 풍부한 사람

③ 제2항제2호부터 제4호까지의 규정에 따라 위촉되는 민간위원의 임기는 2년으로 하며, 한 차례만 연임할 수 있다.

④ 위원회에 출석한 위원에게는 예산의 범위에서 수당, 여비, 그 밖에 필요한 경비를 지급할 수 있다. 다만, 공무원인 위원이 그 소관 업무와 직접적으로 관련되어 위원회에 출석하는 경우에는 지급하지 않는다.

⑤ 제1항부터 제4항까지에서 규정한 사항 외에 위원회의 구성 및 운영에 필요한 사항은 소방청장이 정하여 고시할 수 있다.

[본조신설 2020. 7. 14.]

제6장 보칙

제20조(안전교육대상자)

법 제28조제1항에서 "대통령령이 정하는 자"라 함은 다음 각호의 1에 해당하는 자를 말한다.

1. 안전관리자로 선임된 자
2. 탱크시험자의 기술인력으로 종사하는 자
3. 위험물운송자로 종사하는 자

제21조(권한의 위임)

법 제30조제1항의 규정에 의하여 다음 각호의 1에 해당하는 시·도지사의 권한은 이를 소방서장에게 위임한다. 다만, 동일한 시·도에 있는 2 이상 소방서장의 관할구역에 걸쳐 설치되는 이송취급소에 관련된 권한을 제외한다. 〈개정 2008. 12. 3.〉

1. 법 제6조제1항의 규정에 의한 제조소등의 설치허가 또는 변경허가
2. 법 제6조제2항의 규정에 의한 위험물의 품명·수량 또는 지정수량의 배수의 변경신고의 수리
3. 법 제7조제1항의 규정에 의하여 군사목적 또는 군부대시설을 위한 제조소등을 설치하거나 그 위치·구조 또는 설비의 변경에 관한 군부대의 장과의 협의
4. 법 제8조제1항의 규정에 의한 탱크안전성능검사(제22조제1항제1호의 규정에 의하여 기술원에 위탁하는 것을 제외한다)
5. 법 제9조의 규정에 의한 완공검사(제22조제1항제2호의 규정에 의하여 기술원에 위탁하는

것을 제외한다)

6. 법 제10조제3항의 규정에 의한 제조소등의 설치자의 지위승계신고의 수리

7. 법 제11조의 규정에 의한 제조소등의 용도폐지신고의 수리

8. 법 제12조의 규정에 의한 제조소등의 설치허가의 취소와 사용정지

9. 법 제13조의 규정에 의한 과징금처분

10. 법 제17조의 규정에 의한 예방규정의 수리 · 반려 및 변경명령

제22조(업무의 위탁)

① 법 제30조제2항에 따라 다음 각 호의 어느 하나에 해당하는 업무는 기술원에 위탁한다.
〈개정 2005. 5. 26., 2007. 11. 30., 2008. 12. 3., 2008. 12. 17., 2013. 3. 23., 2014. 11. 19., 2015. 12. 15., 2017. 7. 26.〉

1. 법 제8조제1항의 규정에 의한 시 · 도지사의 탱크안전성능검사 중 다음 각목의 1에 해당하는 탱크에 대한 탱크안전성능검사

   가. 용량이 100만리터 이상인 액체위험물을 저장하는 탱크

   나. 암반탱크

   다. 지하탱크저장소의 위험물탱크 중 행정안전부령이 정하는 액체위험물탱크

2. 법 제9조제1항에 따른 시 · 도지사의 완공검사에 관한 권한 중 다음 각 목의 어느 하나에 해당하는 완공검사

   가. 지정수량의 3천배 이상의 위험물을 취급하는 제조소 또는 일반취급소의 설치 또는 변경(사용 중인 제조소 또는 일반취급소의 보수 또는 부분적인 증설은 제외한다)에 따른 완공검사

   나. 옥외탱크저장소(저장용량이 50만 리터 이상인 것만 해당한다) 또는 암반탱크저장소의 설치 또는 변경에 따른 완공검사

3. 법 제18조제2항의 규정에 의한 소방본부장 또는 소방서장의 정기검사

4. 법 제20조제2항에 따른 시 · 도지사의 운반용기 검사

5. 법 제28조제1항의 규정에 의한 소방청장의 안전교육에 관한 권한 중 제20조제2호에 해당하는 자에 대한 안전교육

② 법 제30조제2항의 규정에 의하여 법 제28조제1항의 규정에 의한 소방청장의 안전교육 중 제20조제1호 및 제3호의 1에 해당하는 자에 대한 안전교육(별표 5의 안전관리자교육이수자 및 위험물운송자를 위한 안전교육을 포함한다)은 「소방기본법」 제40조의 규정에 의한 한국소방안전원에 위탁한다. 〈개정 2005. 5. 26., 2014. 11. 19., 2017. 7. 26., 2018. 6. 26.〉

제22조의2(고유식별정보의 처리)

　소방청장(법 제30조에 따라 소방청장의 권한 또는 업무를 위임 또는 위탁받은 자를 포함한다), 시·도지사(해당 권한이 위임·위탁된 경우에는 그 권한을 위임·위탁받은 자를 포함한다), 소방본부장 또는 소방서장은 다음 각 호의 사무를 수행하기 위하여 불가피한 경우 「개인정보 보호법 시행령」 제19조제1호 또는 제4호에 따른 주민등록번호 또는 외국인등록번호가 포함된 자료를 처리할 수 있다. 〈개정 2014. 11. 19., 2017. 7. 26.〉

　　1. 법 제12조에 따른 제조소등 설치허가의 취소와 사용정지등에 관한 사무

　　2. 법 제13조에 따른 과징금 처분에 관한 사무

　　3. 법 제15조에 따른 위험물안전관리자의 선임신고 등에 관한 사무

　　4. 법 제16조에 따른 탱크시험자 등록등에 관한 사무

　　5. 법 제22조에 따른 출입·검사 등의 사무

　　6. 법 제23조에 따른 탱크시험자 명령에 관한 사무

　　7. 법 제24조에 따른 무허가장소의 위험물에 대한 조치명령에 관한 사무

　　8. 법 제25조에 따른 제조소등에 대한 긴급 사용정지명령에 관한 사무

　　9. 법 제26조에 따른 저장·취급기준 준수명령에 관한 사무

　　10. 법 제27조에 따른 응급조치·통보 및 조치명령에 관한 사무

　　11. 법 제28조에 따른 안전관리자 등에 대한 교육에 관한 사무

　[본조신설 2014. 8. 6.]

　[종전 제22조의2는 제22조의3으로 이동 〈2014. 8. 6.〉]

제22조의3 삭제 〈2016. 12. 30.〉

제23조(과태료 부과기준)

　법 제39조제1항에 따른 과태료의 부과기준은 별표 9와 같다.

　[전문개정 2008. 12. 17.]

부칙 〈제30839호, 2020. 7. 14.〉

제1조(시행일)

이 영은 공포한 날부터 시행한다. 다만, 제6조제2항제3호가목의 개정규정은 2021년 1월 1일부터 시행하고, 제18조제1항제2호, 같은 조 제2항제2호 및 별표 8 제5호의 개정규정은 2022년 1월 1일부터 시행한다.

제2조(제조소등의 설치허가 또는 변경허가 기준에 관한 경과조치)

부칙 제1조 단서에 따른 시행일 전에 제6조제1항에 따라 설치허가 또는 변경허가를 신청한 경우에는 같은 조 제2항제3호가목의 개정규정에도 불구하고 종전의 규정에 따른다.

위험물안전관리법 시행규칙

[시행 2019. 1. 3]
[행정안전부령 제88호, 2019. 1. 3, 일부개정]

제1장 총칙

제1조 목적

이 규칙은 「위험물안전관리법」 및 동법 시행령에서 위임된 사항과 그 시행에 관하여 필요한 사항을 규정함을 목적으로 한다. 〈개정 2005. 5. 26.〉

제2조(정의) 이 규칙에서 사용하는 용어의 뜻은 다음과 같다.

〈개정 2005. 5. 26., 2009. 9. 15., 2013. 2. 5., 2016. 1. 22.〉

1. "고속국도"란 「도로법」 제10조제1호에 따른 고속국도를 말한다.
2. "도로"란 다음 각 목의 어느 하나에 해당하는 것을 말한다.

　가. 「도로법」 제2조제1호에 따른 도로

　나. 「항만법」 제2조제5호에 따른 항만시설 중 임항교통시설에 해당하는 도로

　다. 「사도법」 제2조의 규정에 의한 사도

　라. 그 밖에 일반교통에 이용되는 너비 2미터 이상의 도로로서 자동차의 통행이 가능한 것

3. "하천"이란 「하천법」 제2조제1호에 따른 하천을 말한다.
4. "내화구조"란 「건축법 시행령」 제2조제7호에 따른 내화구조를 말한다.
5. "불연재료"란 「건축법 시행령」 제2조제10호에 따른 불연재료 중 유리 외의 것을 말한다.

제3조(위험물 품명의 지정)

① 「위험물안전관리법 시행령」(이하 "영"이라 한다) 별표 1 제1류의 품명란 제10호에서 "행정안전부령으로 정하는 것"이라 함은 다음 각호의 1에 해당하는 것을 말한다.

〈개정 2005. 5. 26., 2009. 3. 17., 2013. 3. 23., 2014. 11. 19., 2017. 7. 26.〉

1. 과요오드산염류
2. 과요오드산
3. 크롬, 납 또는 요오드의 산화물
4. 아질산염류
5. 차아염소산염류
6. 염소화이소시아눌산

7. 퍼옥소이황산염류

8. 퍼옥소붕산염류

② 영 별표 1 제3류의 품명란 제11호에서 "행정안전부령으로 정하는 것"이라 함은 염소화규소화합물을 말한다. 〈개정 2009. 3. 17., 2013. 3. 23., 2014. 11. 19., 2017. 7. 26.〉

③ 영 별표 1 제5류의 품명란 제10호에서 "행정안전부령으로 정하는 것"이라 함은 다음 각호의 1에 해당하는 것을 말한다. 〈개정 2009. 3. 17., 2013. 3. 23., 2014. 11. 19., 2017. 7. 26.〉

1. 금속의 아지화합물

2. 질산구아니딘

④ 영 별표 1 제6류의 품명란 제4호에서 "행정안전부령으로 정하는 것"이라 함은 할로겐간화합물을 말한다. 〈개정 2009. 3. 17., 2013. 3. 23., 2014. 11. 19., 2017. 7. 26.〉

제4조(위험물의 품명)

① 제3조제1항 및 제3항 각호의 1에 해당하는 위험물은 각각 다른 품명의 위험물로 본다.

② 영 별표 1 제1류의 품명란 제11호, 동표 제2류의 품명란 제8호, 동표 제3류의 품명란 제12호, 동표 제5류의 품명란 제11호 또는 동표 제6류의 품명란 제5호의 위험물로서 당해 위험물에 함유된 위험물의 품명이 다른 것은 각각 다른 품명의 위험물로 본다.

제5조(탱크 용적의 산정기준)

① 위험물을 저장 또는 취급하는 탱크의 용량은 해당 탱크의 내용적에서 공간용적을 뺀 용적으로 한다. 이 경우 위험물을 저장 또는 취급하는 영 별표 2 제6호에 따른 차량에 고정된 탱크(이하 "이동저장탱크"라 한다)의 용량은 「자동차 및 자동차부품의 성능과 기준에 관한 규칙」에 따른 최대적재량 이하로 하여야 한다. 〈개정 2005. 5. 26., 2016. 1. 22.〉

② 제1항의 규정에 의한 탱크의 내용적 및 공간용적의 계산방법은 소방청장이 정하여 고시한다. 〈개정 2014. 11. 19., 2017. 7. 26.〉

③ 제1항의 규정에 불구하고 제조소 또는 일반취급소의 위험물을 취급하는 탱크 중 특수한 구조 또는 설비를 이용함에 따라 당해 탱크내의 위험물의 최대량이 제1항의 규정에 의한 용량 이하인 경우에는 당해 최대량을 용량으로 한다.

제2장 제조소등의 허가 및 검사의 신청 등

제6조(제조소등의 설치허가의 신청)

「위험물안전관리법」(이하 "법"이라 한다) 제6조제1항 전단 및 영 제6조제1항에 따라 제조소등의 설치허가를 받으려는 자는 별지 제1호서식 또는 별지 제2호서식의 신청서(전자문서로 된 신청서를 포함한다)에 다음 각 호의 서류(전자문서를 포함한다)를 첨부하여 특별시장·광역시장·특별자치시장·도지사 또는 특별자치도지사(이하 "시·도지사"라 한다)나 소방서장에게 제출하여야 한다. 다만, 「전자정부법」 제36조제1항에 따른 행정정보의 공동이용을 통하여 첨부서류에 대한 정보를 확인할 수 있는 경우에는 그 확인으로 첨부서류에 갈음할 수 있다.

〈개정 2005. 5. 26., 2007. 12. 3., 2008. 12. 18., 2010. 11. 8., 2016. 1. 22.〉

1. 다음 각목의 사항을 기재한 제조소등의 위치·구조 및 설비에 관한 도면
   가. 당해 제조소등을 포함하는 사업소 안 및 주위의 주요 건축물과 공작물의 배치
   나. 당해 제조소등이 설치된 건축물 안에 제조소등의 용도로 사용되지 아니하는 부분이 있는 경우 그 부분의 배치 및 구조
   다. 당해 제조소등을 구성하는 건축물, 공작물 및 기계·기구 그 밖의 설비의 배치(제조소 또는 일반취급소의 경우에는 공정의 개요를 포함한다)
   라. 당해 제조소등에서 위험물을 저장 또는 취급하는 건축물, 공작물 및 기계·기구 그 밖의 설비의 구조(주유취급소의 경우에는 별표 13 Ⅴ 제1호 각목의 규정에 의한 건축물 및 공작물의 구조를 포함한다)
   마. 당해 제조소등에 설치하는 전기설비, 피뢰설비, 소화설비, 경보설비 및 피난설비의 개요
   바. 압력안전장치·누설점검장치 및 긴급차단밸브 등 긴급대책에 관계된 설비를 설치하는 제조소등의 경우에는 당해 설비의 개요
2. 당해 제조소등에 해당하는 별지 제3호서식 내지 별지 제15호서식에 의한 구조설비명세표
3. 소화설비(소화기구를 제외한다)를 설치하는 제조소등의 경우에는 당해 설비의 설계도서
4. 화재탐지설비를 설치하는 제조소등의 경우에는 당해 설비의 설계도서
5. 50만리터 이상의 옥외탱크저장소의 경우에는 당해 옥외탱크저장소의 탱크(이하 "옥외저장탱크"라 한다)의 기초·지반 및 탱크본체의 설계도서, 공사계획서, 공사공정표, 지질조사자료 등 기초·지반에 관하여 필요한 자료와 용접부에 관한 설명서 등 탱크에 관한 자료
6. 암반탱크저장소의 경우에는 당해 암반탱크의 탱크본체·갱도(坑道) 및 배관 그 밖의 설비의 설계도서, 공사계획서, 공사공정표 및 지질·수리(水理)조사서

7. 옥외저장탱크가 지중탱크(저부가 지반면 아래에 있고 상부가 지반면 이상에 있으며 탱크 내 위험물의 최고액면이 지반면 아래에 있는 원통종형식의 위험물탱크를 말한다. 이하 같다)인 경우에는 당해 지중탱크의 지반 및 탱크본체의 설계도서, 공사계획서, 공사공정표 및 지질조사자료 등 지반에 관한 자료

8. 옥외저장탱크가 해상탱크[해상의 동일장소에 정치(定置)되어 육상에 설치된 설비와 배관 등에 의하여 접속된 위험물탱크를 말한다. 이하 같다]인 경우에는 당해 해상탱크의 탱크본체·정치설비(해상탱크를 동일장소에 정치하기 위한 설비를 말한다. 이하 같다) 그 밖의 설비의 설계도서, 공사계획서 및 공사공정표

9. 이송취급소의 경우에는 공사계획서, 공사공정표 및 별표 1의 규정에 의한 서류

10. 「소방산업의 진흥에 관한 법률」 제14조에 따른 한국소방산업기술원(이하 "기술원"라 한다)이 발급한 기술검토서(영 제6조제3항의 규정에 의하여 기술원의 기술검토를 미리 받은 경우에 한한다)

제7조(제조소등의 변경허가의 신청)

법 제6조제1항 후단 및 영 제6조제1항의 규정에 의하여 제조소등의 위치·구조 또는 설비의 변경허가를 받고자 하는 자는 별지 제16호서식 또는 별지 제17호서식의 신청서(전자문서로 된 신청서를 포함한다)에 다음 각호의 서류(전자문서를 포함한다)를 첨부하여 설치허가를 한 시·도지사 또는 소방서장에게 제출하여야 한다. 다만, 「전자정부법」 제36조제1항에 따른 행정정보의 공동이용을 통하여 첨부서류에 대한 정보를 확인할 수 있는 경우에는 그 확인으로 첨부서류에 갈음할 수 있다. 〈개정 2005. 5. 26., 2007. 12. 3., 2010. 11. 8.〉

1. 제조소등의 완공검사필증
2. 제6조제1호의 규정에 의한 서류(라목 내지 바목의 서류는 변경에 관계된 것에 한한다)
3. 제6조제2호 내지 제10호의 규정에 의한 서류 중 변경에 관계된 서류
4. 법 제9조제1항 단서의 규정에 의한 화재예방에 관한 조치사항을 기재한 서류(변경공사와 관계가 없는 부분을 완공검사 전에 사용하고자 하는 경우에 한한다)

제8조(제조소등의 변경허가를 받아야 하는 경우)

법 제6조제1항 후단에서 "행정안전부령이 정하는 사항"이라 함은 별표 1의2에 따른 사항을 말한다. 〈개정 2009. 3. 17., 2013. 3. 23., 2014. 11. 19., 2017. 7. 26.〉

[전문개정 2006. 8. 3.]

제9조(기술검토의 신청 등)

① 영 제6조제3항에 따라 기술검토를 미리 받으려는 자는 다음 각 호의 구분에 따른 신청서(전자문서로 된 신청서를 포함한다)와 서류(전자문서를 포함한다)를 기술원에 제출하여야 한다. 다만, 「전자정부법」 제36조제1항에 따른 행정정보의 공동이용을 통하여 제출하여야 하는 서류에 대한 정보를 확인할 수 있는 경우에는 그 확인으로 서류의 제출을 갈음할 수 있다. 〈개정 2008. 12. 18., 2010. 11. 8., 2013. 2. 5.〉

1. 영 제6조제2항제3호가목의 사항에 대한 기술검토 신청 : 별지 제17호의2서식의 신청서와 제6조제1호(가목은 제외한다)부터 제4호까지의 서류 중 해당 서류(변경허가와 관련된 경우에는 변경에 관계된 서류로 한정한다)

2. 영 제6조제2항제3호나목의 사항에 대한 기술검토 신청 : 별지 제18호서식의 신청서와 제6조제3호 및 같은 조 제5호부터 제8호까지의 서류 중 해당 서류(변경허가와 관련된 경우에는 변경에 관계된 서류로 한정한다)

② 기술원은 제1항에 따른 신청의 내용이 다음 각 호의 구분에 따른 기준에 적합하다고 인정되는 경우에는 기술검토서를 교부하고, 적합하지 아니하다고 인정되는 경우에는 신청인에게 서면으로 그 사유를 통보하고 보완을 요구하여야 한다. 〈개정 2008. 12. 18., 2013. 2. 5.〉

1. 영 제6조제2항제3호가목의 사항에 대한 기술검토 신청 : 별표 4 Ⅳ부터 ⅩⅡ까지의 기준, 별표 16 Ⅰ · Ⅵ · ⅩⅠ · ⅩⅡ의 기준 및 별표 17의 관련 규정

2. 영 제6조제2항제3호나목의 사항에 대한 기술검토 신청 : 별표 6 Ⅳ부터 Ⅷ까지, ⅩⅡ 및 ⅩⅢ의 기준과 별표 12 및 별표 17 Ⅰ. 소화설비의 관련 규정

[전문개정 2007. 12. 3.]

제10조(품명 등의 변경신고서)

법 제6조제2항의 규정에 의하여 저장 또는 취급하는 위험물의 품명 · 수량 또는 지정수량의 배수에 관한 변경신고를 하고자 하는 자는 별지 제19호서식의 신고서(전자문서로 된 신고서를 포함한다)에 제조소등의 완공검사필증을 첨부하여 시 · 도지사 또는 소방서장에게 제출하여야 한다.

〈개정 2005. 5. 26.〉

제11조(군용위험물시설의 설치 등에 관한 서류 등)

① 영 제7조제1항 본문에서 "행정안전부령이 정하는 서류"라 함은 군사목적 또는 군부대시설을 위한 제조소등의 설치공사 또는 변경공사에 관한 제6조 또는 제7조의 규정에 의한 서류를 말한다.

〈개정 2009. 3. 17., 2013. 3. 23., 2014. 11. 19., 2017. 7. 26.〉

② 법 제7조제3항 후단에서 "행정안전부령이 정하는 사항"이라 함은 다음 각호의 사항을 말한다. 〈개정 2009. 3. 17., 2013. 3. 23., 2014. 11. 19., 2017. 7. 26.〉

1. 제조소등의 완공일 및 사용개시일
2. 탱크안전성능검사의 결과(영 제8조제1항의 규정에 의한 탱크안전성능검사의 대상이 되는 위험물탱크가 있는 경우에 한한다)
3. 완공검사의 결과
4. 안전관리자 선임계획
5. 예방규정(영 제15조 각호의 1에 해당하는 제조소등의 경우에 한한다)

제12조(기초 · 지반검사에 관한 기준 등)

① 영 별표 4 제1호 가목에서 "행정안전부령으로 정하는 기준"이라 함은 당해 위험물탱크의 구조 및 설비에 관한 사항 중 별표 6 Ⅳ 및 Ⅴ의 규정에 의한 기초 및 지반에 관한 기준을 말한다. 〈개정 2009. 3. 17., 2013. 3. 23., 2014. 11. 19., 2017. 7. 26.〉

② 영 별표 4 제1호 나목에서 "행정안전부령으로 정하는 탱크"라 함은 지중탱크 및 해상탱크(이하 "특수액체위험물탱크"라 한다)를 말한다.
〈개정 2009. 3. 17., 2013. 3. 23., 2014. 11. 19., 2017. 7. 26.〉

③ 영 별표 4 제1호 나목에서 "행정안전부령으로 정하는 공사"라 함은 지중탱크의 경우에는 지반에 관한 공사를 말하고, 해상탱크의 경우에는 정치설비의 지반에 관한 공사를 말한다.
〈개정 2009. 3. 17., 2013. 3. 23., 2014. 11. 19., 2017. 7. 26.〉

④ 영 별표 4 제1호 나목에서 "행정안전부령으로 정하는 기준"이라 함은 지중탱크의 경우에는 별표 6 ⅩⅡ 제2호 라목의 규정에 의한 기준을 말하고, 해상탱크의 경우에는 별표 6 ⅩⅢ 제3호 라목의 규정에 의한 기준을 말한다. 〈개정 2009. 3. 17., 2013. 3. 23., 2014. 11. 19., 2017. 7. 26.〉

⑤ 법 제8조제2항에 따라 기술원은 100만리터 이상 옥외탱크저장소의 기초 · 지반검사를 「엔지니어링산업 진흥법」에 따른 엔지니어링사업자가 실시하는 기초 · 지반에 관한 시험의 과정 및 결과를 확인하는 방법으로 할 수 있다. 〈개정 2005. 5. 26., 2008. 12. 18., 2013. 2. 5.〉

제13조(충수 · 수압검사에 관한 기준 등)

① 영 별표 4 제2호에서 "행정안전부령으로 정하는 기준"이라 함은 다음 각호의 1에 해당하는 기준을 말한다. 〈개정 2009. 3. 17., 2013. 3. 23., 2014. 11. 19., 2017. 7. 26.〉

1. 100만리터 이상의 액체위험물탱크의 경우

별표 6 Ⅵ 제1호의 규정에 의한 기준[충수시험(물 외의 적당한 액체를 채워서 실시하는 시험을 포함한다. 이하 같다) 또는 수압시험에 관한 부분에 한한다]

2. 100만리터 미만의 액체위험물탱크의 경우

별표 4 Ⅸ 제1호 가목, 별표 6 Ⅵ 제1호, 별표 7 Ⅰ 제1호 마목, 별표 8 Ⅰ 제6호 · Ⅱ 제1호 · 제4호 · 제6호 · Ⅲ, 별표 9 제6호, 별표 10 Ⅱ 제1호 · Ⅹ제1호 가목, 별표 13 Ⅲ 제3호, 별표 16 Ⅰ 제1호의 규정에 의한 기준(충수시험 · 수압시험 및 그 밖의 탱크의 누설 · 변형에 대한 안전성에 관련된 탱크안전성능시험의 부분에 한한다)

② 법 제8조제2항의 규정에 의하여 기술원은 제18조제6항의 규정에 의한 이중벽탱크에 대하여 제1항제2호의 규정에 의한 수압검사를 법 제16조제1항의 규정에 의한 탱크안전성능시험자(이하 "탱크시험자"라 한다)가 실시하는 수압시험의 과정 및 결과를 확인하는 방법으로 할 수 있다. 〈개정 2008. 12. 18.〉

제14조(용접부검사에 관한 기준 등)

① 영 별표 4 제3호에서 "행정안전부령으로 정하는 기준"이라 함은 다음 각호의 1에 해당하는 기준을 말한다. 〈개정 2009. 3. 17., 2013. 3. 23., 2014. 11. 19., 2017. 7. 26.〉

1. 특수액체위험물탱크 외의 위험물탱크의 경우 : 별표 6 Ⅵ 제2호의 규정에 의한 기준

2. 지중탱크의 경우 : 별표 6 ⅩⅡ 제2호 마목4)라)의 규정에 의한 기준(용접부에 관련된 부분에 한한다)

② 법 제8조제2항의 규정에 의하여 기술원은 용접부검사를 탱크시험자가 실시하는 용접부에 관한 시험의 과정 및 결과를 확인하는 방법으로 할 수 있다. 〈개정 2008. 12. 18.〉

제15조(암반탱크검사에 관한 기준 등)

① 영 별표 4 제4호에서 "행정안전부령으로 정하는 기준"이라 함은 별표 12 Ⅰ 의 규정에 의한 기준을 말한다. 〈개정 2009. 3. 17., 2013. 3. 23., 2014. 11. 19., 2017. 7. 26.〉

② 법 제8조제2항에 따라 기술원은 암반탱크검사를 「엔지니어링산업 진흥법」에 따른 엔지니어링사업자가 실시하는 암반탱크에 관한 시험의 과정 및 결과를 확인하는 방법으로 할 수 있다. 〈개정 2005. 5. 26., 2008. 12. 18., 2013. 2. 5.〉

제16조(탱크안전성능검사에 관한 세부기준 등)

제13조부터 제15조까지에서 정한 사항 외에 탱크안전성능검사의 세부기준 · 방법 · 절차 및 탱크시험자 또는 엔지니어링사업자가 실시하는 탱크안전성능시험에 대한 기술원의 확인 등에 관하

여 필요한 사항은 소방청장이 정하여 고시한다.

〈개정 2008. 12. 18., 2014. 11. 19., 2016. 1. 22., 2017. 7. 26.〉

제17조(용접부검사의 제외기준)

① 삭제 〈2006. 8. 3.〉

② 영 제8조제1항제3호 단서의 규정에 의하여 용접부검사 대상에서 제외되는 탱크로 인정되기 위한 기준은 별표 6 Ⅵ 제2호의 규정에 의한 기준으로 한다.

[제목개정 2009. 3. 17.]

제18조(탱크안전성능검사의 신청 등)

① 법 제8조제1항에 따라 탱크안전성능검사를 받아야 하는 자는 별지 제20호서식의 신청서(전자문서로 된 신청서를 포함한다)를 해당 위험물탱크의 설치장소를 관할하는 소방서장 또는 기술원에 제출하여야 한다. 다만, 설치장소에서 제작하지 아니하는 위험물탱크에 대한 탱크안전성능검사(충수 · 수압검사에 한한다)의 경우에는 별지 제20호서식의 신청서(전자문서로 된 신청서를 포함한다)에 해당 위험물탱크의 구조명세서 1부를 첨부하여 해당 위험물탱크의 제작지를 관할하는 소방서장에게 신청할 수 있다. 〈개정 2005. 5. 26., 2007. 12. 3., 2008. 12. 18.〉

② 법 제8조제1항 후단에 따른 탱크안전성능시험을 받고자 하는 자는 별지 제20호서식의 신청서에 해당 위험물탱크의 구조명세서 1부를 첨부하여 기술원 또는 탱크시험자에게 신청할 수 있다. 〈개정 2007. 12. 3., 2008. 12. 18.〉

③ 영 제9조제2항의 규정에 의하여 충수 · 수압검사를 면제받고자 하는 자는 별지 제21호서식의 탱크시험필증에 탱크시험성적서를 첨부하여 소방서장에게 제출하여야 한다.

〈개정 2009. 9. 15.〉

④ 제1항의 규정에 의한 탱크안전성능검사의 신청시기는 다음 각호의 구분에 의한다.

1. 기초 · 지반검사 : 위험물탱크의 기초 및 지반에 관한 공사의 개시 전

2. 충수 · 수압검사 : 위험물을 저장 또는 취급하는 탱크에 배관 그 밖의 부속설비를 부착하기 전

3. 용접부검사 : 탱크본체에 관한 공사의 개시 전

4. 암반탱크검사 : 암반탱크의 본체에 관한 공사의 개시 전

⑤ 소방서장 또는 기술원은 탱크안전성능검사를 실시한 결과 제12조제1항 · 제4항, 제13조제1항, 제14조제1항 및 제15조제1항의 규정에 의한 기준에 적합하다고 인정되는 때에는 당해 탱크안전성능검사를 신청한 자에게 별지 제21호서식의 탱크검사필증을 교부하고, 적합하지 아니하다고 인정되는 때에는 신청인에게 서면으로 그 사유를 통보하여야 한다.

⑥ 영 제22조제1항제1호 다목에서 "행정안전부령이 정하는 액체위험물탱크"라 함은 별표 8 Ⅱ 의 규정에 의한 이중벽탱크를 말한다. 〈개정 2009. 3. 17., 2013. 3. 23., 2014. 11. 19., 2017. 7. 26.〉

제19조(완공검사의 신청 등)

① 법 제9조에 따라 제조소등에 대한 완공검사를 받고자 하는 자는 별지 제22호서식 또는 별 지 제23호서식의 신청서(전자문서로 된 신청서를 포함한다)에 다음 각 호의 서류(전자문서 를 포함한다)를 첨부하여 시·도지사 또는 소방서장(영 제22조제1항제2호에 따라 완공검사 를 기술원에 위탁하는 제조소등의 경우에는 기술원)에게 제출하여야 한다. 다만, 첨부서류는 완공검사를 실시할 때까지 제출할 수 있되, 「전자정부법」 제36조제1항에 따른 행정정보의 공동이용을 통하여 첨부서류에 대한 정보를 확인할 수 있는 경우에는 그 확인으로 첨부서류 를 갈음할 수 있다. 〈개정 2005. 5. 26., 2007. 12. 3., 2008. 12. 18., 2010. 11. 8.〉

1. 배관에 관한 내압시험, 비파괴시험 등에 합격하였음을 증명하는 서류(내압시험 등을 하여 야 하는 배관이 있는 경우에 한한다)

2. 소방서장, 기술원 또는 탱크시험자가 교부한 탱크검사필증 또는 탱크시험필증(해당 위험 물탱크의 완공검사를 실시하는 소방서장 또는 기술원이 그 위험물탱크의 탱크안전성능검 사를 실시한 경우는 제외한다)

3. 재료의 성능을 증명하는 서류(이중벽탱크에 한한다)

② 영 제22조제1항제2호의 규정에 의하여 기술원은 완공검사를 실시한 경우에는 완공검사결과 서를 소방서장에게 송부하고, 검사대상명·접수일시·검사일·검사번호·검사자·검사결 과 및 검사결과서 발송일 등을 기재한 완공검사업무대장을 작성하여 10년간 보관하여야 한 다. 〈개정 2008. 12. 18., 2009. 9. 15.〉

③ 영 제10조제2항의 완공검사필증은 별지 제24호서식 또는 별지 제25호서식에 의한다.

④ 영 제10조제3항의 규정에 의한 완공검사필증의 재교부신청은 별지 제26호서식의 신청서에 의한다.

제20조(완공검사의 신청시기)

법 제9조제1항의 규정에 의한 제조소등의 완공검사 신청시기는 다음 각호의 구분에 의한다.

〈개정 2006. 8. 3., 2008. 12. 18.〉

1. 지하탱크가 있는 제조소등의 경우 : 당해 지하탱크를 매설하기 전

2. 이동탱크저장소의 경우 : 이동저장탱크를 완공하고 상치장소를 확보한 후

3. 이송취급소의 경우 : 이송배관 공사의 전체 또는 일부를 완료한 후. 다만, 지하·하천 등에 매설하는 이송배관의 공사의 경우에는 이송배관을 매설하기 전

4. 전체 공사가 완료된 후에는 완공검사를 실시하기 곤란한 경우 : 다음 각목에서 정하는 시기

　가. 위험물설비 또는 배관의 설치가 완료되어 기밀시험 또는 내압시험을 실시하는 시기

　나. 배관을 지하에 설치하는 경우에는 시·도지사, 소방서장 또는 기술원이 지정하는 부분을 매몰하기 직전

　다. 기술원이 지정하는 부분의 비파괴시험을 실시하는 시기

5. 제1호 내지 제4호에 해당하지 아니하는 제조소등의 경우 : 제조소등의 공사를 완료한 후

제21조(변경공사 중 가사용의 신청)

법 제9조제1항 단서의 규정에 의하여 제조소등의 변경공사 중에 변경공사와 관계없는 부분을 사용하고자 하는 자는 별지 제16호서식 또는 별지 제17호서식의 신청서(전자문서로 된 신청서를 포함한다) 또는 별지 제27호서식의 신청서(전자문서로 된 신청서를 포함한다)에 변경공사에 따른 화재예방에 관한 조치사항을 기재한 서류(전자문서를 포함한다)를 첨부하여 시·도지사 또는 소방서장에게 신청하여야 한다. 〈개정 2005. 5. 26.〉

제22조(지위승계의 신고)

법 제10조제3항의 규정에 의하여 제조소등의 설치자의 지위승계를 신고하고자 하는 자는 별지 제28호서식의 신고서(전자문서로 된 신고서를 포함한다)에 제조소등의 완공검사필증과 지위승계를 증명하는 서류(전자문서를 포함한다)를 첨부하여 시·도지사 또는 소방서장에게 제출하여야 한다. 〈개정 2005. 5. 26.〉

제23조(용도폐지의 신고)

① 법 제11조의 규정에 의하여 제조소등의 용도폐지신고를 하고자 하는 자는 별지 제29호서식의 신고서(전자문서로 된 신고서를 포함한다)에 제조소등의 완공검사필증을 첨부하여 시·도지사 또는 소방서장에게 제출하여야 한다. 〈개정 2005. 5. 26.〉

② 제1항의 규정에 의한 신고서를 접수한 시·도지사 또는 소방서장은 당해 제조소 등을 확인하여 위험물시설의 철거 등 용도폐지에 필요한 안전조치를 한 것으로 인정하는 경우에는 당해 신고서의 사본에 수리사실을 표시하여 용도폐지신고를 한 자에게 통보하여야 한다. 〈개정 2006. 8. 3.〉

제24조(처리결과의 통보)

① 시·도지사가 영 제7조제1항의 설치·변경 관련 서류제출, 제6조의 설치허가신청, 제7조의 변경허가신청, 제10조의 품명 등의 변경신고, 제19조제1항의 완공검사신청, 제21조의 가사용승인신청, 제22조의 지위승계신고 또는 제23조제1항의 용도폐지신고를 각각 접수하고 처리한 경우 그 신청서 또는 신고서와 첨부서류의 사본 및 처리결과를 관할소방서장에게 송부하여야 한다.

② 시·도지사 또는 소방서장이 영 제7조제1항의 설치·변경 관련 서류제출, 제6조의 설치허가신청, 제7조의 변경허가신청, 제10조의 품명 등의 변경신고, 제19조제1항의 완공검사신청, 제22조의 지위승계신고 또는 제23조제1항의 용도폐지신고를 각각 접수하고 처리한 경우 그 신청서 또는 신고서와 구조설비명세표(설치허가신청 또는 변경허가신청에 한한다)의 사본 및 처리결과를 관할 시장·군수·구청장에게 송부하여야 한다.

[전문개정 2006. 8. 3.]

제25조(허가취소 등의 처분기준)

법 제12조의 규정에 의한 제조소등에 대한 허가취소 및 사용정지의 처분기준은 별표 2와 같다.

제26조(과징금의 금액)

법 제13조제1항에 따라 과징금을 부과하는 위반행위의 종류와 위반 정도 등에 따른 과징금의 금액은 다음 각 호의 구분에 따른 기준에 따라 산정한다.

1. 2016년 2월 1일부터 2018년 12월 31일까지의 기간 중에 위반행위를 한 경우: 별표 3

2. 2019년 1월 1일 이후에 위반행위를 한 경우: 별표 3의2

[전문개정 2016. 1. 22.]

제27조(과징금 징수절차)

법 제13조제2항에 따른 과징금의 징수절차에 관하여는 「국고금 관리법 시행규칙」을 준용한다. 〈개정 2005. 5. 26., 2009. 3. 17., 2016. 1. 22.〉

[제목개정 2009. 3. 17.]

제3장 제조소등의 위치·구조 및 설비의 기준

제28조(제조소의 기준)

법 제5조제4항의 규정에 의한 제조소등의 위치·구조 및 설비의 기준 중 제조소에 관한 것은 별표 4와 같다.

제29조(옥내저장소의 기준)

법 제5조제4항의 규정에 의한 제조소등의 위치·구조 및 설비의 기준 중 옥내저장소에 관한 것은 별표 5와 같다.

제30조(옥외탱크저장소의 기준)

법 제5조제4항의 규정에 의한 제조소등의 위치·구조 및 설비의 기준 중 옥외탱크저장소에 관한 것은 별표 6과 같다.

제31조(옥내탱크저장소의 기준)

법 제5조제4항의 규정에 의한 제조소등의 위치·구조 및 설비의 기준 중 옥내탱크저장소에 관한 것은 별표 7과 같다.

제32조(지하탱크저장소의 기준)

법 제5조제4항의 규정에 의한 제조소등의 위치·구조 및 설비의 기준 중 지하탱크저장소에 관한 것은 별표 8과 같다.

제33조(간이탱크저장소의 기준)

법 제5조제4항의 규정에 의한 제조소등의 위치·구조 및 설비의 기준 중 간이탱크저장소에 관한 것은 별표 9와 같다.

제34조(이동탱크저장소의 기준)

법 제5조제4항의 규정에 의한 제조소등의 위치·구조 및 설비의 기준 중 이동탱크저장소에 관한 것은 별표 10과 같다.

제35조(옥외저장소의 기준)

법 제5조제4항의 규정에 의한 제조소등의 위치·구조 및 설비의 기준 중 옥외저장소에 관한 것은 별표 11과 같다.

제36조(암반탱크저장소의 기준)

법 제5조제4항의 규정에 의한 제조소등의 위치·구조 및 설비의 기준 중 암반탱크저장소에 관한 것은 별표 12와 같다.

제37조(주유취급소의 기준)

법 제5조제4항의 규정에 의한 제조소등의 위치·구조 및 설비의 기준 중 주유취급소에 관한 것은 별표 13과 같다.

제38조(판매취급소의 기준)

법 제5조제4항의 규정에 의한 제조소등의 위치·구조 및 설비의 기준 중 판매취급소에 관한 것은 별표 14와 같다.

제39조(이송취급소의 기준)

법 제5조제4항의 규정에 의한 제조소등의 위치·구조 및 설비의 기준 중 이송취급소에 관한 것은 별표 15와 같다.

제40조(일반취급소의 기준)

법 제5조제4항의 규정에 의한 제조소등의 위치·구조 및 설비의 기준 중 일반취급소에 관한 것은 별표 16과 같다.

제41조(소화설비의 기준)

① 법 제5조제4항의 규정에 의하여 제조소등에는 화재발생시 소화가 곤란한 정도에 따라 그 소화에 적응성이 있는 소화설비를 설치하여야 한다.

② 제1항의 규정에 의한 소화가 곤란한 정도에 따른 소화난이도는 소화난이도등급Ⅰ, 소화난이도등급Ⅱ 및 소화난이도등급Ⅲ으로 구분하되, 각 소화난이도등급에 해당하는 제조소등의 규모, 저장 또는 취급하는 위험물의 품명 및 최대수량 등과 그에 따라 제조소등별로 설치하여야 하는 소화설비의 종류, 각 소화설비의 적응성 및 소화설비의 설치기준은 별표 17과 같다.

제42조(경보설비의 기준)

① 법 제5조제4항의 규정에 의하여 영 별표 1의 규정에 의한 지정수량의 10배 이상의 위험물을 저장 또는 취급하는 제조소등(이동탱크저장소를 제외한다)에는 화재발생시 이를 알릴 수 있는 경보설비를 설치하여야 한다.

② 제1항의 규정에 의한 경보설비는 자동화재탐지설비·비상경보설비(비상벨장치 또는 경종을 포함한다)·확성장치(휴대용확성기를 포함한다) 및 비상방송설비로 구분하되, 제조소등 별로 설치하여야 하는 경보설비의 종류 및 자동화재탐지설비의 설치기준은 별표 17과 같다.

③ 자동신호장치를 갖춘 스프링클러설비 또는 물분무등소화설비를 설치한 제조소등에 있어서는 제2항의 규정에 의한 자동화재탐지설비를 설치한 것으로 본다.

제43조(피난설비의 기준)

① 법 제5조제4항의 규정에 의하여 주유취급소 중 건축물의 2층 이상의 부분을 점포·휴게음식점 또는 전시장의 용도로 사용하는 것과 옥내주유취급소에는 피난설비를 설치하여야 한다.

〈개정 2010. 11. 8.〉

② 제1항의 규정에 의한 피난설비의 설치기준은 별표 17과 같다.

제44조(소화설비 등의 설치에 관한 세부기준)

제41조 내지 제43조의 규정에 의한 기준 외에 소화설비·경보설비 및 피난설비의 설치에 관하여 필요한 세부기준은 소방청장이 정하여 고시한다.　　　　　〈개정 2014. 11. 19., 2017. 7. 26.〉

제45조(소화설비 등의 형식)

소화설비·경보설비 및 피난설비는 「화재예방, 소방시설 설치·유지 및 안전관리에 관한 법률」 제36조에 따라 소방청장의 형식승인을 받은 것이어야 한다. 〈개정 2005. 5. 26., 2013. 2. 5., 2014. 11. 19., 2016. 8. 2., 2017. 7. 26.〉

제46조(화재안전기준의 적용)

제조소등에 설치하는 소화설비·경보설비 및 피난설비의 설치 기준 등에 관하여 제41조부터 제44조까지에 규정된 기준 외에는 「화재예방, 소방시설 설치·유지 및 안전관리에 관한 법률」에 따른 화재안전기준에 따른다.　　　　　　　　　　　　　　〈개정 2016. 8. 2.〉

[전문개정 2013. 2. 5.]

제47조(제조소등의 기준의 특례)

① 시 · 도지사 또는 소방서장은 다음 각호의 1에 해당하는 경우에는 이 장의 규정을 적용하지 아니한다. 〈개정 2009. 3. 17.〉

   1. 위험물의 품명 및 최대수량, 지정수량의 배수, 위험물의 저장 또는 취급의 방법 및 제조소 등의 주위의 지형 그 밖의 상황 등에 비추어 볼 때 화재의 발생 및 연소의 정도나 화재 등의 재난에 의한 피해가 이 장의 규정에 의한 제조소등의 위치 · 구조 및 설비의 기준에 의한 경우와 동등 이하가 된다고 인정되는 경우

   2. 예상하지 아니한 특수한 구조나 설비를 이용하는 것으로서 이 장의 규정에 의한 제조소등의 위치 · 구조 및 설비의 기준에 의한 경우와 동등 이상의 효력이 있다고 인정되는 경우

② 시 · 도지사 또는 소방서장은 제조소등의 기준의 특례 적용 여부를 심사함에 있어서 전문기술적인 판단이 필요하다고 인정하는 사항에 대해서는 기술원이 실시한 해당 제조소등의 안전성에 관한 평가(이하 이 조에서 "안전성 평가"라 한다)를 참작할 수 있다. 〈신설 2009. 3. 17.〉

③ 안전성 평가를 받으려는 자는 제6조제1호부터 제4호까지 및 같은 조 제7호부터 제9호까지의 규정에 따른 서류 중 해당 서류를 기술원에 제출하여 안전성 평가를 신청할 수 있다.

〈신설 2009. 3. 17.〉

④ 안전성 평가의 신청을 받은 기술원은 소방기술사, 위험물기능장 등 해당분야의 전문가가 참여하는 위원회(이하 이 조에서 "안전성평가위원회"라 한다)의 심의를 거쳐 안전성 평가 결과를 30일 이내에 신청인에게 통보하여야 한다. 〈신설 2009. 3. 17.〉

⑤ 그 밖에 안전성평가위원회의 구성 및 운영과 신청절차 등 안전성 평가에 관하여 필요한 사항은 기술원의 원장이 정한다. 〈신설 2009. 3. 17.〉

제48조(화약류에 해당하는 위험물의 특례)

염소산염류 · 과염소산염류 · 질산염류 · 유황 · 철분 · 금속분 · 마그네슘 · 질산에스테르류 · 니트로화합물 중 「총포 · 도검 · 화약류 등 단속법」에 따른 화약류에 해당하는 위험물을 저장 또는 취급하는 제조소 등에 대하여는 별표 4 Ⅱ · Ⅳ · Ⅸ · Ⅹ 및 별표 5 Ⅰ 제1호 · 제2호 · 제4호부터 제8호까지 · 제14호 · 제16호 · Ⅱ · Ⅲ을 적용하지 아니한다. 〈개정 2005. 5. 26., 2016. 1. 22.〉

제4장 위험물의 저장 및 취급의 기준

제49조(제조소등에서의 위험물의 저장 및 취급의 기준)

법 제5조제3항의 규정에 의한 제조소등에서의 위험물의 저장 및 취급에 관한 기준은 별표 18과 같다.

제5장 위험물의 운반 및 운송의 기준

제50조(위험물의 운반기준)

법 제20조제1항의 규정에 의한 위험물의 운반에 관한 기준은 별표 19와 같다.

제51조(운반용기의 검사)

① 법 제20조제2항 단서에서 "행정안전부령이 정하는 것"이라 함은 별표 20의 규정에 의한 운반 용기를 말한다. 〈개정 2009. 3. 17., 2013. 3. 23., 2014. 11. 19., 2017. 7. 26.〉

② 법 제20조제2항의 규정에 의하여 운반용기의 검사를 받고자 하는 자는 별지 제30호서 식의 신청서(전자문서로 된 신청서를 포함한다)에 용기의 설계도면과 재료에 관한 설명 서를 첨부하여 기술원에 제출하여야 한다. 다만, UN의 위험물 운송에 관한 권고(RTDG, Recommendations on the Transport of Dangerous Goods)에서 정한 기준에 따라 관련 검사기 관으로부터 검사를 받은 때에는 그러하지 아니하다. 〈개정 2005. 5. 26., 2008. 12. 18., 2016. 8. 2.〉

③ 기술원은 제2항의 규정에 의한 검사신청을 한 운반용기가 별표 19 Ⅰ의 규정에 의한 기준에 적합하고 위험물의 운반상 지장이 없다고 인정되는 때에는 별지 제31호서식의 용기검사필 증을 교부하여야 한다. 〈개정 2008. 12. 18.〉

④ 기술원의 원장은 운반용기 검사업무의 처리절차와 방법을 정하여 운용하여야 한다.
〈개정 2008. 12. 18., 2013. 2. 5., 2016. 8. 2.〉

⑤ 기술원의 원장은 전년도의 운반용기 검사업무 처리결과를 매년 1월 31일까지 시ㆍ도지사에 게 보고하여야 하고, 시ㆍ도지사는 기술원으로부터 보고받은 운반용기 검사업무 처리결과를 매년 2월 말까지 소방청장에게 제출하여야 한다. 〈신설 2016. 8. 2., 2017. 7. 26.〉

제52조(위험물의 운송기준)

① 법 제21조제2항의 규정에 의한 위험물 운송책임자는 다음 각호의 1에 해당하는 자로 한다.

1. 당해 위험물의 취급에 관한 국가기술자격을 취득하고 관련 업무에 1년 이상 종사한 경력이 있는 자

2. 법 제28조제1항의 규정에 의한 위험물의 운송에 관한 안전교육을 수료하고 관련 업무에 2년 이상 종사한 경력이 있는 자

② 법 제21조제2항의 규정에 의한 위험물 운송책임자의 감독 또는 지원의 방법과 법제21조제3항의 규정에 의한 위험물의 운송시에 준수하여야 하는 사항은 별표 21과 같다.

제6장 안전관리자 등

제53조(안전관리자의 선임신고 등)

① 제조소 등의 관계인은 법 제15조제3항에 따라 안전관리자(「기업활동 규제완화에 관한 특별조치법」 제29조제1항·제3항 및 제32조제1항에 따른 안전관리자와 제57조제1항에 따른 안전관리대행기관을 포함한다)의 선임을 신고하려는 경우에는 별지 제32호서식의 신고서(전자문서로 된 신고서를 포함한다)에 다음 각 호의 해당 서류(전자문서를 포함한다)를 첨부하여 소방본부장 또는 소방서장에게 제출하여야 한다.　　　　　〈개정 2015. 7. 17., 2016. 1. 22.〉

1. 위험물안전관리업무대행계약서(제57조제1항에 따른 안전관리대행기관에 한한다)

2. 위험물안전관리교육 수료증(제78조제1항 및 별표 24에 따른 안전관리자 강습교육을 받은 자에 한한다)

3. 위험물안전관리자를 겸직할 수 있는 관련 안전관리자로 선임된 사실을 증명할 수 있는 서류(「기업활동 규제완화에 관한 특별조치법」 제29조제1항제1호부터 제3호까지 및 제3항에 해당하는 안전관리자 또는 영 제11조제3항 각 호의 어느 하나에 해당하는 사람으로서 위험물의 취급에 관한 국가기술자격자가 아닌 사람으로 한정한다)

4. 소방공무원 경력증명서(소방공무원 경력자에 한한다)

② 제1항에 따라 신고를 받은 담당 공무원은 「전자정부법」 제36조제1항에 따른 행정정보의 공동이용을 통하여 다음 각 호의 행정정보를 확인하여야 한다. 다만, 신고인이 확인에 동의하지 아니하는 경우에는 그 서류(국가기술자격증의 경우에는 그 사본을 말한다)를 제출하도록 하여야한다.　　　　　〈개정 2010. 11. 8.〉

1. 국가기술자격증(위험물의 취급에 관한 국가기술자격자에 한한다)

2. 국가기술자격증(「기업활동 규제완화에 관한 특별조치법」 제29조제1항 및 제3항에 해당하는 자로서 국가기술자격자에 한한다)

[전문개정 2007. 12. 13.]

제54조(안전관리자의 대리자)

법 제15조제5항 전단에서 "행정안전부령이 정하는 자"란 다음 각 호의 어느 하나에 해당하는 사람을 말한다. 〈개정 2009. 3. 17., 2013. 3. 23., 2014. 11. 19., 2016. 1. 22., 2016. 8. 2., 2017. 7. 26.〉

1. 법 제28조제1항에 따른 안전교육을 받은 자

2. 삭제 〈2016. 8. 2.〉

3. 제조소등의 위험물 안전관리업무에 있어서 안전관리자를 지휘·감독하는 직위에 있는 자

제55조(안전관리자의 책무)

법 제15조제6항에 따라 안전관리자는 위험물의 취급에 관한 안전관리와 감독에 관한 다음 각 호의 업무를 성실하게 수행하여야 한다. 〈개정 2005. 5. 26., 2006. 8. 3., 2016. 1. 22.〉

1. 위험물의 취급작업에 참여하여 당해 작업이 법 제5조제3항의 규정에 의한 저장 또는 취급에 관한 기술기준과 법 제17조의 규정에 의한 예방규정에 적합하도록 해당 작업자(당해 작업에 참여하는 위험물취급자격자를 포함한다)에 대하여 지시 및 감독하는 업무

2. 화재 등의 재난이 발생한 경우 응급조치 및 소방관서 등에 대한 연락업무

3. 위험물시설의 안전을 담당하는 자를 따로 두는 제조소등의 경우에는 그 담당자에게 다음 각목의 규정에 의한 업무의 지시, 그 밖의 제조소등의 경우에는 다음 각목의 규정에 의한 업무

    가. 제조소등의 위치·구조 및 설비를 법 제5조제4항의 기술기준에 적합하도록 유지하기 위한 점검과 점검상황의 기록·보존

    나. 제조소등의 구조 또는 설비의 이상을 발견한 경우 관계자에 대한 연락 및 응급조치

    다. 화재가 발생하거나 화재발생의 위험성이 현저한 경우 소방관서 등에 대한 연락 및 응급조치

    라. 제조소등의 계측장치·제어장치 및 안전장치 등의 적정한 유지·관리

    마. 제조소등의 위치·구조 및 설비에 관한 설계도서 등의 정비·보존 및 제조소등의 구조 및 설비의 안전에 관한 사무의 관리

4. 화재 등의 재해의 방지와 응급조치에 관하여 인접하는 제조소등과 그 밖의 관련되는 시설의 관계자와 협조체제의 유지

5. 위험물의 취급에 관한 일지의 작성·기록

6. 그 밖에 위험물을 수납한 용기를 차량에 적재하는 작업, 위험물설비를 보수하는 작업 등

위험물의 취급과 관련된 작업의 안전에 관하여 필요한 감독의 수행

제56조(1인의 안전관리자를 중복하여 선임할 수 있는 저장소 등)

① 영 제12조제1항제3호에서 "행정안전부령이 정하는 저장소"라 함은 다음 각호의 1에 해당하는 저장소를 말한다.　　　〈개정 2005. 5. 26., 2009. 3. 17., 2013. 3. 23., 2014. 11. 19., 2017. 7. 26.〉

1. 10개 이하의 옥내저장소

2. 30개 이하의 옥외탱크저장소

3. 옥내탱크저장소

4. 지하탱크저장소

5. 간이탱크저장소

6. 10개 이하의 옥외저장소

7. 10개 이하의 암반탱크저장소

② 영 제12조제1항제5호에서 "행정안전부령이 정하는 제조소등"이라 함은 선박주유취급소의 고정주유설비에 공급하기 위한 위험물을 저장하는 저장소와 당해 선박주유취급소를 말한다.　　　〈개정 2009. 3. 17., 2013. 3. 23., 2014. 11. 19., 2017. 7. 26.〉

제57조(안전관리대행기관의 지정 등)

① 「기업활동 규제완화에 관한 특별조치법」 제40조제1항제3호의 규정에 의하여 위험물안전관리자의 업무를 위탁받아 수행할 수 있는 관리대행기관(이하 "안전관리대행기관"이라 한다)은 다음 각호의 1에 해당하는 기관으로서 별표 22의 안전관리대행기관의 지정기준을 갖추어 소방청장의 지정을 받아야 한다.　　　〈개정 2005. 5. 26., 2014. 11. 19., 2017. 7. 26.〉

1. 법 제16조제2항의 규정에 의한 탱크시험자로 등록한 법인

2. 다른 법령에 의하여 안전관리업무를 대행하는 기관으로 지정·승인 등을 받은 법인

② 안전관리대행기관으로 지정받고자 하는 자는 별지 제33호서식의 신청서(전자문서로 된 신청서를 포함한다)에 다음 각호의 서류(전자문서를 포함한다)를 첨부하여 소방청장에게 제출하여야 한다.　　　〈개정 2005. 5. 26., 2006. 8. 3., 2014. 11. 19., 2017. 7. 26.〉

1. 삭제 〈2006. 8. 3.〉

2. 기술인력 연명부 및 기술자격증

3. 사무실의 확보를 증명할 수 있는 서류

4. 장비보유명세서

③ 제2항의 규정에 의한 지정신청을 받은 소방청장은 자격요건·기술인력 및 시설·장비보유

현황 등을 검토하여 적합하다고 인정하는 때에는 별지 제34호서식의 위험물안전관리대행기관지정서를 발급하고, 제2항제2호의 규정에 의하여 제출된 기술인력의 기술자격증에는 그 자격자가 안전관리대행기관의 기술인력자임을 기재하여 교부하여야 한다.

〈개정 2014. 11. 19., 2017. 7. 26.〉

④ 소방청장은 안전관리대행기관에 대하여 필요한 지도 · 감독을 하여야 한다.

〈개정 2014. 11. 19., 2017. 7. 26.〉

⑤ 안전관리대행기관은 지정받은 사항의 변경이 있는 때에는 그 사유가 있는 날부터 14일 이내에, 휴업 · 재개업 또는 폐업을 하고자 하는 때에는 휴업 · 재개업 또는 폐업하고자 하는 날의 14일 전에 별지 제35호서식의 신고서(전자문서로 된 신고서를 포함한다)에 다음 각호의 구분에 의한 해당 서류(전자문서를 포함한다)를 첨부하여 소방청장에게 제출하여야 한다.

〈개정 2005. 5. 26., 2006. 8. 3., 2014. 11. 19., 2017. 7. 26.〉

1. 영업소의 소재지, 법인명칭 또는 대표자를 변경하는 경우

　가. 삭제 〈2006. 8. 3.〉

　나. 위험물안전관리대행기관지정서

2. 기술인력을 변경하는 경우

　가. 기술인력자의 연명부

　나. 변경된 기술인력자의 기술자격증

3. 휴업 · 재개업 또는 폐업을 하는 경우 : 위험물안전관리대행기관지정서

⑥ 제2항에 따른 신청서 또는 제5항제1호에 따른 신고서를 제출받은 경우에 담당공무원은 법인등기사항증명서를 제출받는 것에 갈음하여 그 내용을 「전자정부법」 제36조제1항에 따른 행정정보의 공동이용을 통하여 확인하여야 한다.　　〈신설 2006. 8. 3., 2007. 12. 3., 2010. 11. 8.〉

제58조(안전관리대행기관의 지정취소 등)

① 「기업활동 규제완화에 관한 특별조치법」 제40조제3항의 규정에 의하여 소방청장은 안전관리대행기관이 다음 각호의 1에 해당하는 때에는 별표 2의 기준에 따라 그 지정을 취소하거나 6월 이내의 기간을 정하여 그 업무의 정지를 명하거나 시정하게 할 수 있다. 다만, 제1호 내지 제3호의 1에 해당하는 때에는 그 지정을 취소하여야 한다.

〈개정 2005. 5. 26., 2014. 11. 19., 2017. 7. 26.〉

1. 허위 그 밖의 부정한 방법으로 지정을 받은 때

2. 탱크시험자의 등록 또는 다른 법령에 의하여 안전관리업무를 대행하는 기관의 지정 · 승인 등이 취소된 때

3. 다른 사람에게 지정서를 대여한 때

4. 별표 22의 안전관리대행기관의 지정기준에 미달되는 때

5. 제57조제4항의 규정에 의한 소방청장의 지도·감독에 정당한 이유 없이 따르지 아니하는 때

6. 제57조제5항의 규정에 의한 변경·휴업 또는 재개업의 신고를 연간 2회 이상 하지 아니한 때

7. 안전관리대행기관의 기술인력이 제59조의 규정에 의한 안전관리업무를 성실하게 수행하지 아니한 때

② 소방청장은 안전관리대행기관의 지정·업무정지 또는 지정취소를 한 때에는 이를 관보에 공고하여야 한다. 〈개정 2014. 11. 19., 2017. 7. 26.〉

③ 안전관리대행기관의 지정을 취소한 때에는 지정서를 회수하여야 한다.

제59조(안전관리대행기관의 업무수행)

① 안전관리대행기관은 안전관리자의 업무를 위탁받는 경우에는 영 제13조 및 영 별표 6의 규정에 적합한 기술인력을 당해 제조소등의 안전관리자로 지정하여 안전관리자의 업무를 하게 하여야 한다.

② 안전관리대행기관은 제1항의 규정에 의하여 기술인력을 안전관리자로 지정함에 있어서 1인의 기술인력을 다수의 제조소등의 안전관리자로 중복하여 지정하는 경우에는 영 제12조제1항 및 이 규칙 제56조의 규정에 적합하게 지정하거나 안전관리자의 업무를 성실히 대행할 수 있는 범위내에서 관리하는 제조소등의 수가 25를 초과하지 아니하도록 지정하여야 한다. 이 경우 각 제조소등(지정수량의 20배 이하를 저장하는 저장소는 제외한다)의 관계인은 당해 제조소등마다 위험물의 취급에 관한 국가기술자격자 또는 법 제28조제1항에 따른 안전교육을 받은 자를 안전관리원으로 지정하여 대행기관이 지정한 안전관리자의 업무를 보조하게 하여야 한다. 〈개정 2006. 8. 3., 2009. 3. 17.〉

③ 제1항에 따라 안전관리자로 지정된 안전관리대행기관의 기술인력(이하 이항에서 "기술인력"이라 한다) 또는 제2항에 따라 안전관리원으로 지정된 자는 위험물의 취급작업에 참여하여 법 제15조 및 이 규칙 제55조에 따른 안전관리자의 책무를 성실히 수행하여야 하며, 기술인력이 위험물의 취급작업에 참여하지 아니하는 경우에 기술인력은 제55조제3호 가목에 따른 점검 및 동조제6호에 따른 감독을 매월 4회(저장소의 경우에는 매월 2회) 이상 실시하여야 한다. 〈개정 2006. 8. 3., 2009. 3. 17.〉

④ 안전관리대행기관은 제1항의 규정에 의하여 안전관리자로 지정된 안전관리대행기관의 기술인력이 여행·질병 그 밖의 사유로 인하여 일시적으로 직무를 수행할 수 없는 경우에는 안전관리대행기관에 소속된 다른 기술인력을 안전관리자로 지정하여 안전관리자의 책무를 계속 수행하게 하여야 한다.

제60조(탱크시험자의 등록신청 등)

① 법 제16조제2항에 따라 탱크시험자로 등록하려는 자는 별지 제36호서식의 신청서(전자문서로 된 신청서를 포함한다)에 다음 각 호의 서류(전자문서를 포함한다)를 첨부하여 시 · 도지사에게 제출하여야 한다.　　　　　　　　　〈개정 2005. 5. 26., 2006. 8. 3., 2008. 12. 18., 2013. 2. 5.〉

1. 삭제 〈2006. 8. 3.〉

2. 기술능력자 연명부 및 기술자격증

3. 안전성능시험장비의 명세서

4. 보유장비 및 시험방법에 대한 기술검토를 기술원으로부터 받은 경우에는 그에 대한 자료

5. 「원자력안전법」에 따른 방사성동위원소이동사용허가증 또는 방사선발생장치이동사용허가증의 사본 1부

6. 사무실의 확보를 증명할 수 있는 서류

② 제1항에 따른 신청서를 제출받은 경우에 담당공무원은 법인 등기사항증명서를 제출받는 것에 갈음하여 그 내용을 「전자정부법」 제36조제1항에 따른 행정정보의 공동이용을 통하여 확인하여야 한다.　　　　　　　　　〈신설 2006. 8. 3., 2007. 12. 3., 2010. 11. 8.〉

③ 시 · 도지사는 제1항의 신청서를 접수한 때에는 15일 이내에 그 신청이 영 제14조제1항의 규정에 의한 등록기준에 적합하다고 인정하는 때에는 별지 제37호서식의 위험물탱크안전성능시험자등록증을 교부하고, 제1항의 규정에 의하여 제출된 기술인력자의 기술자격증에 그 기술인력자가 당해 탱크시험기관의 기술인력자임을 기재하여 교부하여야 한다.

〈개정 2006. 8. 3., 2009. 9. 15.〉

제61조(변경사항의 신고 등)

① 탱크시험자는 법 제16조제3항의 규정에 의하여 다음 각호의 1에 해당하는 중요사항을 변경한 경우에는 별지 제38호서식의 신고서(전자문서로 된 신고서를 포함한다)에 다음 각호의 구분에 따른 서류(전자문서를 포함한다)를 첨부하여 시 · 도지사에게 제출하여야 한다.

〈개정 2005. 5. 26., 2006. 8. 3.〉

1. 영업소 소재지의 변경 : 사무소의 사용을 증명하는 서류와 위험물탱크안전성능시험자등록증

2. 기술능력의 변경 : 변경하는 기술인력의 자격증과 위험물탱크안전성능시험자등록증

3. 대표자의 변경 : 위험물탱크안전성능시험자등록증

4. 상호 또는 명칭의 변경 : 위험물탱크안전성능시험자등록증

② 제1항에 따른 신고서를 제출받은 경우에 담당공무원은 법인 등기사항증명서를 제출받는 것

에 갈음하여 그 내용을 「전자정부법」 제36조제1항에 따른 행정정보의 공동이용을 통하여 확인하여야 한다. 〈신설 2006. 8. 3., 2007. 12. 3., 2010. 11. 8.〉

③ 시 · 도지사는 제1항의 신고서를 수리한 때에는 등록증을 새로 교부하거나 제출된 등록증에 변경사항을 기재하여 교부하고, 기술자격증에는 그 변경된 사항을 기재하여 교부하여야 한다. 〈개정 2006. 8. 3.〉

제62조(등록의 취소 등)

① 법 제16조제5항의 규정에 의한 탱크시험자의 등록취소 및 업무정지의 기준은 별표 2와 같다.

② 시 · 도지사는 법 제16조제2항에 따라 탱크시험자의 등록을 받거나 법 제16조제5항에 따라 등록의 취소 또는 업무의 정지를 한 때에는 이를 특별시 · 광역시 · 특별자치시 · 도 또는 특별자치도(이하 "시 · 도"라 한다)의 공보에 공고하여야 한다. 〈개정 2016. 1. 22.〉

③ 시 · 도지사는 탱크시험자의 등록을 취소한 때에는 등록증을 회수하여야 한다.

제7장 예방규정

제63조(예방규정의 작성 등)

① 법 제17조제1항에 따라 영 제15조 각 호의 어느 하나에 해당하는 제조소등의 관계인은 다음 각 호의 사항이 포함된 예방규정을 작성하여야 한다. 〈개정 2015. 7. 17.〉

1. 위험물의 안전관리업무를 담당하는 자의 직무 및 조직에 관한 사항

2. 안전관리자가 여행 · 질병 등으로 인하여 그 직무를 수행할 수 없을 경우 그 직무의 대리자에 관한 사항

3. 영 제18조의 규정에 의하여 자체소방대를 설치하여야 하는 경우에는 자체소방대의 편성과 화학소방자동차의 배치에 관한 사항

4. 위험물의 안전에 관계된 작업에 종사하는 자에 대한 안전교육 및 훈련에 관한 사항

5. 위험물시설 및 작업장에 대한 안전순찰에 관한 사항

6. 위험물시설 · 소방시설 그 밖의 관련시설에 대한 점검 및 정비에 관한 사항

7. 위험물시설의 운전 또는 조작에 관한 사항

8. 위험물 취급작업의 기준에 관한 사항

9. 이송취급소에 있어서는 배관공사 현장책임자의 조건 등 배관공사 현장에 대한 감독체제에 관한 사항과 배관주위에 있는 이송취급소 시설 외의 공사를 하는 경우 배관의 안전확보

에 관한 사항

10. 재난 그 밖의 비상시의 경우에 취하여야 하는 조치에 관한 사항

11. 위험물의 안전에 관한 기록에 관한 사항

12. 제조소등의 위치·구조 및 설비를 명시한 서류와 도면의 정비에 관한 사항

13. 그 밖에 위험물의 안전관리에 관하여 필요한 사항

② 예방규정은 「산업안전보건법」 제20조의 규정에 의한 안전보건관리규정과 통합하여 작성할 수 있다. 〈개정 2005. 5. 26.〉

③ 영 제15조 각 호의 어느 하나에 해당하는 제조소등의 관계인은 예방규정을 제정하거나 변경한 경우에는 별지 제39호서식의 예방규정제출서에 제정 또는 변경한 예방규정 1부를 첨부하여 시·도지사 또는 소방서장에게 제출하여야 한다. 〈개정 2009. 9. 15.〉

제8장 정기점검

제64조(정기점검의 횟수)

법 제18조제1항의 규정에 의하여 제조소등의 관계인은 당해 제조소등에 대하여 연 1회 이상 정기점검을 실시하여야 한다.

제65조(특정·준특정옥외탱크저장소의 정기점검) ①법 제18조제1항에 따라 옥외탱크저장소 중 저장 또는 취급하는 액체위험물의 최대수량이 50만리터 이상인 것(이하 "특정·준특정옥외탱크저장소"라 한다)에 대하여는 제64조에 따른 정기점검 외에 다음 각 호의 어느 하나에 해당하는 기간 이내에 1회 이상 특정·준특정옥외저장탱크(특정·준특정옥외탱크저장소의 탱크를 말한다. 이하 같다)의 구조 등에 관한 안전점검(이하 "구조안전점검"이라 한다)을 하여야 한다. 다만, 해당 기간 이내에 특정·준특정옥외저장탱크의 사용중단 등으로 구조안전점검을 실시하기가 곤란한 경우에는 별지 제39호의2서식에 따라 관할소방서장에게 구조안전점검의 실시기간 연장신청(전자문서에 의한 신청을 포함한다)을 할 수 있으며, 그 신청을 받은 소방서장은 1년(특정·준특정옥외저장탱크의 사용을 중지한 경우에는 사용중지기간)의 범위에서 실시기간을 연장할 수 있다. 〈개정 2005. 5. 26., 2008. 12. 18., 2017. 12. 29.〉

1. 제조소등의 설치허가에 따른 영 제10조제2항의 완공검사필증을 교부받은 날부터 12년

2. 법 제18조제2항의 규정에 의한 최근의 정기검사를 받은 날부터 11년

3. 제2항에 따라 특정·준특정옥외저장탱크에 안전조치를 한 후 제71조제2항에 따른 기술원에 구조안전점검시기 연장신청을 하여 해당 안전조치가 적정한 것으로 인정받은 경우에

는 법 제18조제2항에 따른 최근의 정기검사를 받은 날부터 13년

② 제1항제3호에 따른 특정·준특정옥외저장탱크의 안전조치는 특정·준특정옥외저장탱크의 부식 등에 대한 안전성을 확보하는 데 필요한 다음 각 호의 어느 하나의 조치로 한다.

〈개정 2017. 12. 29.〉

1. 특정·준특정옥외저장탱크의 부식방지 등을 위한 다음 각 목의 조치

    가. 특정·준특정옥외저장탱크의 내부의 부식을 방지하기 위한 코팅[유리입자(글래스플레이크)코팅 또는 유리섬유강화플라스틱 라이닝에 한한다] 또는 이와 동등 이상의 조치

    나. 특정·준특정옥외저장탱크의 에뉼러판 및 밑판 외면의 부식을 방지하는 조치

    다. 특정·준특정옥외저장탱크의 에뉼러판 및 밑판의 두께가 적정하게 유지되도록 하는 조치

    라. 특정·준특정옥외저장탱크에 구조상의 영향을 줄 우려가 있는 보수를 하지 아니하거나 변형이 없도록 하는 조치

    마. 현저한 부등침하가 없도록 하는 조치

    바. 지반이 충분한 지지력을 확보하는 동시에 침하에 대하여 충분한 안전성을 확보하는 조치

    사. 특정·준특정옥외저장탱크의 유지관리체제의 적정 유지

2. 위험물의 저장관리 등에 관한 다음 각목의 조치

    가. 부식의 발생에 영향을 주는 물 등의 성분의 적절한 관리

    나. 특정·준특정옥외저장탱크에 대하여 현저한 부식성이 있는 위험물을 저장하지 아니하도록 하는 조치

    다. 부식의 발생에 현저한 영향을 미치는 저장조건의 변경을 하지 아니하도록 하는 조치

    라. 특정·준특정옥외저장탱크의 에뉼러판 및 밑판의 부식율(에뉼러판 및 밑판이 부식에 의하여 감소한 값을 판의 경과연수로 나누어 얻은 값을 말한다)이 연간 0.05밀리미터 이하일 것

    마. 특정·준특정옥외저장탱크의 에뉼러판 및 밑판 외면의 부식을 방지하는 조치

    바. 특정·준특정옥외저장탱크의 에뉼러판 및 밑판의 두께가 적정하게 유지되도록 하는 조치

    사. 특정·준특정옥외저장탱크에 구조상의 영향을 줄 우려가 있는 보수를 하지 아니하거나 변형이 없도록 하는 조치

    아. 현저한 부등침하가 없도록 하는 조치

    자. 지반이 충분한 지지력을 확보하는 동시에 침하에 대하여 충분한 안전성을 확보하는 조치

    차. 특정·준특정옥외저장탱크의 유지관리체제의 적정 유지

③ 제1항제3호의 규정에 의한 신청은 별지 제40호서식 또는 별지 제41호서식의 신청서에 의한다.

[제목개정 2017. 12. 29.]

제66조(정기점검의 내용 등)

제조소등의 위치·구조 및 설비가 법 제5조제4항의 기술기준에 적합한지를 점검하는데 필요한 정기점검의 내용·방법 등에 관한 기술상의 기준과 그 밖의 점검에 관하여 필요한 사항은 소방청장이 정하여 고시한다. 〈개정 2014. 11. 19., 2017. 7. 26.〉

제67조(정기점검의 실시자)

① 제조소등의 관계인은 법 제18조제1항의 규정에 의하여 당해 제조소등의 정기점검을 안전관리자(제65조의 규정에 의한 정기점검에 있어서는 제66조의 규정에 의하여 소방청장이 정하여 고시하는 점검방법에 관한 지식 및 기능이 있는 자에 한한다) 또는 위험물운송자(이동탱크저장소의 경우에 한한다)로 하여금 실시하도록 하여야 한다. 이 경우 옥외탱크저장소에 대한 구조안전점검을 위험물안전관리자가 직접 실시하는 경우에는 점검에 필요한 영 별표 7의 인력 및 장비를 갖춘 후 이를 실시하여야 한다. 〈개정 2005. 5. 26., 2014. 11. 19., 2017. 7. 26.〉

② 제1항에도 불구하고 제조소등의 관계인은 안전관리대행기관(제65조에 따른 특정·준특정 옥외탱크저장소의 정기점검은 제외한다) 또는 탱크시험자에게 정기점검을 의뢰하여 실시할 수 있다. 이 경우 해당 제조소등의 안전관리자는 안전관리대행기관 또는 탱크시험자의 점검현장에 입회하여야 한다. 〈개정 2009. 3. 17., 2017. 12. 29.〉

제68조(정기점검의 기록·유지)

① 법 제18조제1항의 규정에 의하여 제조소등의 관계인은 정기점검 후 다음 각호의 사항을 기록하여야 한다.
1. 점검을 실시한 제조소등의 명칭
2. 점검의 방법 및 결과
3. 점검연월일
4. 점검을 한 안전관리자 또는 점검을 한 탱크시험자와 점검에 입회한 안전관리자의 성명

② 제1항의 규정에 의한 정기점검기록은 다음 각호의 구분에 의한 기간 동안 이를 보존하여야 한다.
1. 제65조제1항의 규정에 의한 옥외저장탱크의 구조안전점검에 관한 기록 : 25년(동항제3호

에 규정한 기간의 적용을 받는 경우에는 30년)

2. 제1호에 해당하지 아니하는 정기점검의 기록 : 3년

제69조(정기점검의 의뢰 등)

① 제조소등의 관계인은 법 제18조제1항의 정기점검을 제67조제2항의 규정에 의하여 탱크시험 자에게 실시하게 하는 경우에는 별지 제42호서식의 정기점검의뢰서를 탱크시험자에게 제출 하여야 한다.

② 탱크시험자는 정기점검을 실시한 결과 그 탱크 등의 유지관리상황이 적합하다고 인정되는 때에는 점검을 완료한 날부터 10일 이내에 별지 제43호서식의 정기점검결과서에 위험물탱 크안전성능시험자등록증 사본 및 시험성적서를 첨부하여 제조소등의 관계인에게 교부하고, 적합하지 아니한 경우에는 개선하여야 하는 사항을 통보하여야 한다.

③ 제2항의 규정에 의하여 개선하여야 하는 사항을 통보 받은 제조소등의 관계인은 이를 개선 한 후 다시 점검을 의뢰하여야 한다. 이 경우 탱크시험자는 정기점검결과서에 개선하게 한 사항(탱크시험자가 직접 보수한 경우에는 그 보수한 사항을 포함한다)을 기재하여야 한다.

④ 탱크시험자는 제2항의 규정에 의한 정기점검결과서를 교부한 때에는 그 내용을 정기점검대 장에 기록하고 이를 제68조제2항 각호의 규정에 의한 기간동안 보관하여야 한다.

제9장 정기검사

제70조(정기검사의 시기)

① 법 제18조제2항에 따라 정기검사를 받아야 하는 특정·준특정옥외탱크저장소의 관계인은 다음 각 호에 규정한 기간 이내에 정기검사를 받아야 한다. 다만, 재난 그 밖의 비상사태의 발생, 안전유지상의 필요 또는 사용상황 등의 변경으로 해당 시기에 정기검사를 실시하는 것 이 적당하지 아니하다고 인정되는 때에는 소방서장의 직권 또는 관계인의 신청에 따라 소방 서장이 따로 지정하는 시기에 정기검사를 받을 수 있다. 〈개정 2009. 3. 17., 2017. 12. 29.〉

1. 특정·준특정옥외탱크저장소의 설치허가에 따른 완공검사필증을 발급받은 날부터 12년

2. 최근의 정기검사를 받은 날부터 11년

② 삭제 〈2009. 3. 17.〉

③ 법 제18조제2항에 따라 정기검사를 받아야 하는 특정·준특정옥외탱크저장소의 관계인은 제1항에도 불구하고 정기검사를 제65조제1항에 따른 구조안전점검을 실시하는 때에 함께

받을 수 있다. 〈개정 2017. 12. 29.〉

제71조(정기검사의 신청 등)

① 법 제18조제2항에 따라 정기검사를 받아야 하는 특정 · 준특정옥외탱크저장소의 관계인은 별지 제44호서식의 신청서(전자문서로 된 신청서를 포함한다)에 다음 각 호의 서류(전자문서를 포함한다)를 첨부하여 기술원에 제출하고 별표 25 제8호에 따른 수수료를 기술원에 납부하여야 한다. 다만, 제2호 및 제4호의 서류는 정기검사를 실시하는 때에 제출할 수 있다.

〈개정 2005. 5. 26., 2007. 12. 3., 2008. 12. 18., 2017. 12. 29.〉

1. 별지 제5호서식의 구조설비명세표
2. 제조소등의 위치 · 구조 및 설비에 관한 도면
3. 완공검사필증
4. 밑판, 옆판, 지붕판 및 개구부의 보수이력에 관한 서류

② 제65조제1항제3호의 규정에 의한 기간 이내에 구조안전점검을 받고자 하는 자는 별지 제40호서식 또는 별지 제41호서식의 신청서(전자문서로 된 신청서를 포함한다)를 제1항의 규정에 의한 신청시에 함께 제출하여야 한다. 〈개정 2005. 5. 26.〉

③ 제70조제1항 단서의 규정에 의하여 정기검사 시기를 변경하고자 하는 자는 별지 제45호서식의 신청서(전자문서로 된 신청서를 포함한다)에 정기검사 시기의 변경을 필요로 하는 사유를 기재한 서류(전자문서를 포함한다)를 첨부하여 소방서장에게 제출하여야 한다.

〈개정 2005. 5. 26.〉

④ 기술원은 정기검사를 실시한 결과 특정 · 준특정옥외저장탱크의 수직도 · 수평도에 관한 사항(지중탱크에 대한 것을 제외한다), 특정 · 준특정옥외저장탱크의 밑판(지중탱크에 있어서는 누액방지판)의 두께에 관한 사항, 특정 · 준특정옥외저장탱크의 용접부에 관한 사항 및 특정 · 준특정옥외저장탱크의 지붕 · 옆판 · 부속설비의 외관이 제72조제4항에 따라 소방청장이 정하여 고시하는 기술상의 기준에 적합한 것으로 인정되는 때에는 검사종료일부터 10일 이내에 별지 제46호서식의 정기검사필증을 관계인에게 교부하고 그 결과보고서를 작성하여 소방서장에게 제출하여야 한다.

〈개정 2007. 12. 3., 2008. 12. 18., 2014. 11. 19., 2017. 7. 26., 2017. 12. 29.〉

⑤ 기술원은 정기검사를 실시한 결과 부적합한 경우에는 개선하여야 하는 사항을 신청자에게 통보하고 개선할 사항을 통보받은 관계인은 개선을 완료한 후 정기검사신청서를 기술원에 다시 제출하여야 한다. 〈개정 2008. 12. 18.〉

⑥ 정기검사를 받은 제조소등의 관계인과 정기검사를 실시한 기술원은 정기검사필증 등 정기

검사에 관한 서류를 당해 제조소등에 대한 차기 정기검사시까지 보관하여야 한다.

〈개정 2008. 12. 18.〉

제72조(정기검사의 방법 등)

① 정기검사는 특정·준특정옥외탱크저장소의 위치·구조 및 설비의 특성을 감안하여 안전성 확인에 적합한 검사방법으로 실시하여야 한다.　　　　　〈개정 2017. 12. 29.〉

② 특정·준특정옥외탱크저장소의 관계인이 제65조제1항에 따른 구조안전점검 시에 제71조제 4항에 따른 사항을 미리 점검한 후에 정기검사를 신청하는 때에는 그 사항에 대한 정기검사 는 전체의 검사범위중 임의의 부위를 발췌하여 검사하는 방법으로 실시한다.

〈개정 2017. 12. 29.〉

③ 특정옥외탱크저장소의 변경허가에 따른 탱크안전성능검사의 기회에 정기검사를 같이 실시 하는 경우에 있어서 검사범위가 중복되는 때에는 당해 검사범위에 대한 어느 하나의 검사를 생략한다.

④ 제1항 내지 제3항의 규정에 의한 검사방법과 판정기준 그 밖의 정기검사의 실시에 관하여 필 요한 사항은 소방청장이 정하여 고시한다.　　　　　〈개정 2014. 11. 19., 2017. 7. 26.〉

제10장 자체소방대

제73조(자체소방대의 설치 제외대상인 일반취급소)

영 제18조제1항 단서에서 "행정안전부령이 정하는 일반취급소"라 함은 다음 각호의 1에 해당하 는 일반취급소를 말한다. 〈개정 2005. 5. 26., 2006. 8. 3., 2009. 3. 17., 2013. 3. 23., 2014. 11. 19., 2017. 7. 26.〉

　　1. 보일러, 버너 그 밖에 이와 유사한 장치로 위험물을 소비하는 일반취급소

　　2. 이동저장탱크 그 밖에 이와 유사한 것에 위험물을 주입하는 일반취급소

　　3. 용기에 위험물을 옮겨 담는 일반취급소

　　4. 유압장치, 윤활유순환장치 그 밖에 이와 유사한 장치로 위험물을 취급하는 일반취급소

　　5. 「광산보안법」의 적용을 받는 일반취급소

제74조(자체소방대 편성의 특례)

영 제18조제3항 단서의 규정에 의하여 2 이상의 사업소가 상호응원에 관한 협정을 체결하고 있 는 경우에는 당해 모든 사업소를 하나의 사업소로 보고 제조소 또는 취급소에서 취급하는 제4류

위험물을 합산한 양을 하나의 사업소에서 취급하는 제4류 위험물의 최대수량으로 간주하여 동항 본문의 규정에 의한 화학소방자동차의 대수 및 자체소방대원을 정할 수 있다. 이 경우 상호응원에 관한 협정을 체결하고 있는 각 사업소의 자체소방대에는 영 제18조제3항 본문의 규정에 의한 화학소방차 대수의 2분의 1 이상의 대수와 화학소방자동차마다 5인 이상의 자체소방대원을 두어야 한다.

제75조(화학소방차의 기준 등)

① 영 별표 8 비고의 규정에 의하여 화학소방자동차(내폭화학차 및 제독차를 포함한다)에 갖추어야 하는 소화능력 및 설비의 기준은 별표 23과 같다.

② 포수용액을 방사하는 화학소방자동차의 대수는 영 제18조제3항의 규정에 의한 화학소방자동차의 대수의 3분의 2 이상으로 하여야 한다.

제11장 질문 · 검사 등

제76조(소방검사서)

법 제22조제1항의 규정에 의한 출입 · 검사 등을 행하는 관계공무원은 법 또는 법에 근거한 명령 또는 조례의 규정에 적합하지 아니한 사항을 발견한 때에는 그 내용을 기재한 별지 제47호서식의 위험물제조소등 소방검사서의 사본을 검사현장에서 제조소등의 관계인에게 교부하여야 한다. 다만, 도로상에서 주행중인 이동탱크저장소를 정지시켜 검사를 한 경우에는 그러하지 아니하다.

제77조(이동탱크저장소에 관한 통보사항)

시 · 도지사, 소방본부장 또는 소방서장은 법 제26조제3항의 규정에 의하여 이동탱크저장소의 관계인에 대하여 위험물의 저장 또는 취급기준 준수명령을 한 때에는 다음 각호의 사항을 당해 이동탱크저장소의 허가를 한 소방서장에게 통보하여야 한다.

1. 명령을 한 시 · 도지사, 소방본부장 또는 소방서장
2. 명령을 받은 자의 성명 · 명칭 및 주소
3. 명령에 관계된 이동탱크저장소의 설치자, 상치장소 및 설치 또는 변경의 허가번호
4. 위반내용
5. 명령의 내용 및 그 이행사항
6. 그 밖에 명령을 한 시 · 도지사, 소방본부장 또는 소방서장이 통보할 필요가 있다고 인정하

는 사항

제12장 보칙

제78조(안전교육)

① 법 제28조제3항의 규정에 의하여 소방청장은 안전교육을 강습교육과 실무교육으로 구분하여 실시한다. 〈개정 2014. 11. 19., 2017. 7. 26.〉

② 법 제28조제3항의 규정에 의한 안전교육의 과정·기간과 그 밖의 교육의 실시에 관한 사항은 별표 24와 같다.

③ 기술원 또는 「소방기본법」 제40조에 따른 한국소방안전원(이하 "안전원"이라 한다)은 매년 교육실시계획을 수립하여 교육을 실시하는 해의 전년도 말까지 소방청장의 승인을 받아야 하고, 해당 연도 교육실시결과를 교육을 실시한 해의 다음 연도 1월 31일까지 소방청장에게 보고하여야 한다. 〈개정 2016. 8. 2., 2017. 7. 26., 2019. 1. 3.〉

④ 소방본부장은 매년 10월말까지 관할구역 안의 실무교육대상자 현황을 안전원에 통보하고 관할구역 안에서 안전원이 실시하는 안전교육에 관하여 지도·감독하여야 한다.

〈개정 2019. 1. 3.〉

제79조(수수료 등)

① 법 제31조의 규정에 의한 수수료 및 교육비는 별표 25와 같다.

② 제1항의 규정에 의한 수수료 또는 교육비는 당해 허가 등의 신청 또는 신고시에 당해 허가 등의 업무를 직접 행하는 기관에 납부하되, 시·도지사 또는 소방서장에게 납부하는 수수료는 당해 시·도의 수입증지로 납부하여야 한다. 다만, 시·도지사 또는 소방서장은 정보통신망을 이용하여 전자화폐·전자결제 등의 방법으로 이를 납부하게 할 수 있다.

제80조 삭제 〈2013. 2. 5.〉

부칙 〈제88호, 2019. 1. 3.〉

이 규칙은 공포한 날부터 시행한다.

소방관계법규

초판 인쇄 2020년 11월 20일
초판 발행 2020년 11월 25일

지은이   편집부
펴낸이   진수진
펴낸곳   청풍출판사
주소   경기도 고양시 일산서구 덕이로 276번길 26-18
출판등록 2019년 10월 10일 제2019-000159호
전화   031-911-3416
팩스   031-911-3417